计算机系统
开发与优化实战

周文嘉　刘　盼　王钰达 等　著

人民邮电出版社

北京

图书在版编目（CIP）数据

计算机系统开发与优化实战 / 周文嘉等著. -- 北京：
人民邮电出版社，2022.8
ISBN 978-7-115-59288-0

Ⅰ．①计… Ⅱ．①周… Ⅲ．①计算机系统－系统开发
②计算机系统－系统优化 Ⅳ．①TP303

中国版本图书馆CIP数据核字(2022)第081202号

内 容 提 要

本书首先介绍通用处理器的架构，以及汇编和编译的技术；然后讲解 Linux 内存管理、Linux 进程管理，以及 GDB、trace、eBPF、SystemTap 等 Linux 系统开发工具；接着通过视频编解码主流技术和 NVIDIA 计算平台 CUDA 等讨论人工智能技术在音视频领域与自然语言处理领域的应用；最后讲解标准计算平台 OpenCL 的原理、开源硬件 soDLA、Intel 神经网络异构加速芯片、SystemC 框架。

本书适合从事企业系统开发及优化的技术人员阅读，也可供计算机相关专业的师生参考。

◆ 著　　　　周文嘉　刘　盼　王钰达　等
　　责任编辑　谢晓芳
　　责任印制　王　郁　焦志炜

◆ 人民邮电出版社出版发行　　北京市丰台区成寿寺路 11 号
　　邮编　100164　电子邮件　315@ptpress.com.cn
　　网址　https://www.ptpress.com.cn
　　大厂回族自治县聚鑫印刷有限责任公司印刷

◆ 开本：800×1000　1/16
　　印张：23.5　　　　　　　　2022 年 8 月第 1 版
　　字数：490 千字　　　　　　2022 年 8 月河北第 1 次印刷

定价：109.80 元

读者服务热线：(010)81055410　印装质量热线：(010)81055316
反盗版热线：(010)81055315
广告经营许可证：京东市监广登字 20170147 号

推荐序

计算机系统是一个耳熟能详的词。但这个词的诞生过程并不简单，它标志着计算机技术发展史上一个重要的里程碑。很长时间，计算机在人们心中就是一台一台机器。从 19 世纪初巴贝奇设计的差分机，到 20 世纪 40 年代的第一台电子计算机 ENIAC，在人们的脑海中它们充满了金属、机械、电力这些时代元素。按维基百科的词条定义，计算机就是数字电子机器（digital electronic machine）。

从何时起，"计算机"这 3 个字后面加上"系统"两个字，出现了"计算机系统"这个词？这个问题其实并没有确切的答案，我便自己尝试着做了一个不严谨的考据。仍从维基百科的词条出发，按其定义，计算机系统是包含硬件、软件和外设的完整计算机（complete computer）。我们知道，早期计算机很珍贵，软件只是硬件的附属品。因此，什么时候开始软件能与硬件平起平坐，不再附属于硬件，便是一个重要的线索。

我们可以把这个时间点指向 IBM System/360 诞生的 20 世纪 60 年代。1964 年，IBM 推出了 System/360 系列大型机，彻底改变了计算机的发展趋势。在此之前，软件是与硬件绑定的，只能在一种计算机上运行。但 System/360 使用了兼容的概念，使得一个软件在不同型号的计算机上都能运行。从此，软件不再附属于计算机硬件，软件得到了解放，成为一种产品，最终形成一个新的产业。

20 世纪 60 年代是人们真正认识到计算机系统重要性的年代。1960 年，IBM 成立了系统研究所（System Research Institute），并专门设置了"系统工程师"（System Engineer）岗位；1962 年，*IBM System Journal* 创刊，并在 1964 年发表了一期 System/360 专题文章……计算机系统这个词，从此开始深入人心。计算机系统的核心在于硬件与软件的协同。

计算机硬件核心部件在过去半个多世纪持续高速发展，尤其是处理器芯片，得益于摩尔定律，一直处于指数增长模式。20 世纪 60 年代还在为每秒完成 3 万余次运算的 System/360 喝彩的人们也许根本无法想象今天一颗邮票大小的硅片上能集成近千亿个晶体管，能达到每秒几十万亿次双精度浮点运算的性能。

然而，这些晶体管的性能得到充分利用了吗？2020 年麻省理工学院的一个科研团队在 *Science* 上发表了一篇名为 "There's Plenty of Room at the Top" 的文章，给出了他们的答案：显然没有。他们开展了一个小实验：假设用 Python 实现一个矩阵乘法的性能是 1，那么用 C 语言重写后性能可以提高 50 倍，如果能再充分挖掘硬件体系结构特性（如循环并行化、访存优化、单指令多数据流等），那么性能可以提高 63000 倍！这种跨层的软硬件协同优化存在巨大的潜力可被挖掘。

遗憾的是，真正能如此深入理解硬件体系结构、发挥硬件优势的软件开发人员依旧凤毛麟角。同样，真正能把握应用软件需求与特征并掌握操作系统运行机制的芯片研发人员也极其稀缺。但是，当前国内高校的教学体系在软硬件协同方面仍然存在一条鸿沟。虽然国内几乎所有高校都有计算机系，但大多数教学侧重软件与应用层面，即使开设与硬件体系结构相关的课程，也缺少系统的实践训练。虽然近年来国内许多高校兴办集成电路学院，但大多数课程侧重微电子，很少开设体系结构课程，更不用说操作系统这样的系统软件课程。很难想象这些学生毕业后能直接参与到处理器芯片架构、核心系统软件的设计与开发，但这种既懂硬件又懂软件的人才正是国内业界非常紧缺的。

过去几年，我们在中国科学院大学启动"一生一芯"计划，希望能为解决这种人才困境做一些贡献。"一生一芯"计划是一个实践课程，目标是让学生设计实现一款可运行操作系统的处理器芯片并完成流片，旨在让学生通过实践打通"程序→库→操作系统→指令→微结构→电路→晶体管"的知识与技能链条。目前"一生一芯"计划已经拓展到面向全国高校的学生，在第四期中，已有来自 200 多所高校的 1100 多位学生报名。

很惊喜地发现本书与"一生一芯"计划秉持相同的理念，并覆盖更宽广的领域，从底层的通用处理器架构、Linux 内核与开发工具、OpenCL 编程一直到上层的人工智能软件框架与应用。在我的印象中，国内关注基础概念、基本原理的图书已经不少，但这样侧重软硬件贯通的实战型技术类图书仍然很少。在我看来，这是一本难得的计算机系统领域的"实战手册"，可以帮助广大从业人员提升计算机系统实战技能，而这是在产业界所迫切需要的。

包云岗

中科院计算所研究员、副所长

前　　言

人工智能、物联网、芯片自主、智能驾驶等新一代信息技术是当代智能科技的主要体现。目前，计算机基础教育的作用不言而喻，它是现代智能科技发展的核心支柱。计算机技术的底层包含芯片设计，中间层涉及操作系统，上层运行软件应用程序。在科技竞争的大环境下，我们迫切需要芯片的自主研发，需要操作系统的自主研发，需要系统软件的自主研发。唯有如此，我们才可以从根本上解决"卡脖子"的问题，所以学习计算机系统知识十分重要。

回顾历史，每一次智能终端的发展都会带来翻天覆地的变化。5G 技术带来了低延时、高吞吐、广连接，促进了异构设备的蓬勃发展，我们正在进入万物互联的新世界。万物互联的世界对传统的芯片和操作系统提出了新的要求。顺应时代发展，芯片和操作系统都出现了相应的"革命"。例如，恩智浦的跨界处理器、壁仞的高端 AI GPU、谷歌的 TPU 和 Fuchsia 以及华为的鸿蒙等都是新架构。

计算机系统涉及的内容很多，包含底层处理器的架构设计、汇编和编译技术，甚至还包含操作系统的运行等。没有进行系统化的学习，我们很难从根本上理解现代计算机系统的来龙去脉，创新也就无从谈起。学习计算机系统的门槛很高，不同层级之间又是相互关联的，想要精通这些内容，没有好的学习方法是不行的。

根据"战略上藐视技术，战术上重视技术"的原则，本书首先从处理器架构的原理出发，结合汇编和编译技术，揭开硬件执行的神秘面纱；然后以 Linux 操作系统为例，讲述内核中重要的模块——内存管理和进程管理；接着讲解人工智能技术的基础技术和相关框架，以及实现人工智能加速的常见方式——使用 OpenCL；最后通过一些开源项目介绍硬件设计的常用工具和方法。希望本书能帮助读者对底层硬件设计、中间操作系统，以及目前火热的人工智能有所了解，能为国内的基础研究者提供一些帮助。

建议在阅读代码时注意逻辑性，不要过于关注细节，遇到难点可以选择性地跳过，结合整段代码要实现的功能去理解，在对整体框架有了一定的了解后再根据工作中的需要深挖细节。吾生也有涯，而知也无涯，要时刻记住自己想要解决的问题是什么，无关的内容可以先绕开。

本书主要内容

本书重点讲解计算机系统的开发与实战。全书共有 9 章，由周文嘉、刘盼、王钰达等人编写。

第 1 章以 ARM 处理器为主，介绍通用处理器的架构。该章由周文嘉主编，参与编写的有张健、邵靖杰、彭杨益、朱志方等。

第 2 章介绍汇编和编译技术。该章由周文嘉主编，参与编写的有彭东林、李雄辉、张帅、汪涛等。

第 3 章介绍 Linux 内核中对内存的管理，包括从 CPU 的角度看内存、分区页帧分配器、slab 分配器及 kmalloc 的实现、缺页异常处理等内容。该章由刘盼编写。

第 4 章介绍 Linux 内核中的进程管理，包括进程的创建、终止、调度和多核系统的负载均衡等内容。该章由刘盼编写。

第 5 章主要介绍 Linux 系统上的一些开发和调试工具。该章由周文嘉主编，参与编写的有雷波、刘雨、林舒萌、韩金科等。

第 6 章介绍人工智能技术。该章由赵刚主编，参与编写的有蒋仲明、魏凯、杨鹏、梁庆伟等。

第 7 章介绍 OpenCL 的编程技术。该章由谷镇佑编写。

第 8 章是一些基础软件开源项目的介绍。该章由张仁泽主编，参与编写的有李磊、马定桦、任泽龙等。

第 9 章介绍硬件架构。该章由余明辉主编，参与编写的有王钰达、郭论平等。

致谢

感谢 Free time team，在这个平台上大家不论学历高低，都可以一起学习，学好了还可以参与社区贡献。本书的主要开发环境是 Linux 的 Ubuntu 发行版和 x86 架构。全书包含了大量实际案例，对应源代码参见 GitHub 网站。

感谢谢晓芳在书稿撰写期间对我们的大力支持，有了她的耐心指导，本书才能顺利出版。

感谢参与本书策划与封面设计的余扬（从事网站编辑工作，爱好画画、封面设计、策划），以及童昀（在读硕士研究生，爱好策划、设计）等。

作 者 简 介

  周文嘉，目前就职于某国产 AI GPU 芯片公司，曾服务于 ARM、阿里巴巴、HTC 等公司，拥有 10 年以上工作经验，主要从事系统软件开发，涵盖系统库开发、指令集优化、Linux 内核开发等，为某些开源社贡献过一定数量的补丁，担任 Free time team 创始人，致力于免费教育事业。

  刘盼，目前就职于某国际芯片公司，曾服务于三星电子研究所、某自动驾驶科技公司，具有手机、汽车和芯片行业的工作经验，创办 4 万多人的极客社区——"人人都是极客"，担任某科技公司合伙人，是谷歌开发者社区优秀讲师。

  王钰达，加州大学伯克利分校和伊利诺伊理工学院双硕士，目前专注于 RISC-V 工具链、NVDLA 工具链、自定义自动驾驶相关加速器芯片前端和后端设计的敏捷开发。

  张帅，曾就职于 360、奇安信安全等公司，资深 Linux 高级安全专家，拥有 10 年云计算与网络安全研发工作经验，主导设计与研发国内首款 Linux 信创终端安全防御系统，拥有核心专利 10 余项。

  邵靖杰，目前就职于某国产大型机 ARM CPU 研究所，主要从事众核处理器的系统级缓存研发工作。

  张健，先后在 SUSE、华为、区块链创业公司、寒武纪等公司工作，担任工程师、架构师、技术合伙人等，研究方向包括 ARM、Linux 发行版、Linux 内核、RISC-V 和虚拟化。

  张仁泽，BiscuitOS 创始人，目前就职于某一线互联网云厂商，主攻 Linux 内存管理，多年致力于为中国 Linux 社区提供一款用于内核开发的 Linux 发行版 BiscuitOS，并坚持基于 BiscuitOS 不断向社区提供高质量开源 Linux 技术文档。

  李雄辉，目前就职于某国产 MCU 芯片公司，曾开发 JUICE VM RISC-V 虚拟机，拥有 6 年以上开发经验，主要从事物联网开发、嵌入式软件开发、Linux 内核开发等，是 JUICE VM 的作者，致力于免费教育事业。

  任泽龙，目前就职于高通公司，主要从事平台软件开发方面的工作，精通 Linux 内核开发、虚拟化及 QNX 设备驱动开发等。

  李磊，现就职于国内某大型存储公司，拥有 10 年以上工作经验，主要从事系统软件开发，精通内存管理及存储 I/O 栈。

  彭东林，目前就职于国内某云计算公司，曾服务于某国产手机和芯片公司，拥有 8 年以上工作经验，主要从事系统软件开发，熟悉 SoC、BootLoader、Linux 内核等。

刘雨，科大讯飞嵌入式开发工程师，拥有 6 年以上开发经验，主要负责 Linux 系统集成、设备驱动开发、嵌入式平台 GUI 应用框架搭建，对智能语音产品和智能视觉产品开发有丰富的经验。

林舒萌，目前就职于某国产 AI GPU 芯片公司，曾服务于 360 企业安全公司，主要从事测试开发、DevOps 方面的工作。

余明辉，目前就职于字节跳动公司，曾服务于 Intel、阿里巴巴集团，主要从事机器学习系统及神经网络加速硬件方面的研发工作。

郭论平，目前就职了 ARM 中国，曾供职于 AMD、展讯等芯片公司，曾从事 Linux 内核及驱动开发，现为一名芯片验证工程师，热衷于研究芯片设计/验证技术及底层软件开发。

谷镇佑，在音视频编解码、推流服务、视频渲染、算法实现、并行计算、性能优化等方面有 5 年以上的工作经验，目前从事某国产 AI GPU 芯片的软件生态研发工作。

蒋仲明，目前就职于某国产 AI 芯片公司，曾就职于多家多媒体芯片公司，主要从事嵌入式系统、多媒体驱动、多媒体框架、人工智能框架及人工智能算法的开发工作，致力于多媒体与人工智能芯片行业的前沿研究与产业化发展。

马定桦，一个开源软件的受益者，喜欢研究各种软硬件工具，主要从事系统软件开发，工作内容主要为 U-Boot 和 Linux 驱动开发、文件系统定制等，喜欢研究计算机体系结构、开源硬件定制等。

雷波，目前就职于国内某知名 IC 设计公司，曾任 MTK 蓝牙固件设计师、华为硬件系统设计师等，主要研究方向是嵌入式系统设计，具有丰富的嵌入式硬件和嵌入式软件设计开发经验，在通过自动化日志分析提升研发效率、通过自动测试保证高质量交付两个方面有建树。

韩金科，目前就职于滴滴出行科技有限公司，有十余年工作经验，前期主要做文件系统和内核稳定性方面的工作，之后致力于研究内核 I/O 和稳定性。

赵刚，目前就职于某国产 AI GPU 芯片公司，曾服务于龙芯、美国多核等公司，拥有 14 年以上工作经验，主要从事 OpenGL、OpenCV、OpenCL 相关软件开发，熟悉三维图形开发、图像算法优化等。

魏凯，就职于某国产 AI GPU 芯片公司，之前服务于国内视频监控产品公司，拥有 5 年以上工作经验，主要从事多媒体软件开发，包括音视频编解码驱动、多媒体框架、流媒体等。

梁庆伟，博士，目前就职于某系统优化的创业公司，曾在华为等公司做过 AI 算子优化等工作。

杨鹏，目前就职于某 AI GPU 芯片公司，担任软件工程师，从事并行化计算、CV 算法研究和加速方面的工作，硕士毕业于北京邮电大学自动化学院，主要研究方向为机器人控制与导航。

彭杨益，目前就职于某国内操作系统公司，曾服务于万物云、小红书、HTC 等公司；擅长全栈开发，热衷于软硬件结合，为谷歌、Mozilla 贡献过补丁；Free time team 重要成员，致力于免费教育事业。

汪涛，湖北省赤壁市教学研究室信息技术教研员，从教十余年，在关怀教育事业的闲暇，坚持不懈研究计算机基础技术。

朱志方，目前就职于某半导体设备公司，曾服务于自动化设备厂家，拥有 10 年左右工作经验，主要从事嵌入式软件的开发，熟悉自动化设备的设计开发、程序调试等。

服务与支持

本书由异步社区出品，社区（https://www.epubit.com/）为您提供后续服务。

提交勘误信息

作者和编辑尽最大努力来确保书中内容的准确性，但难免会存在疏漏。欢迎您将发现的问题反馈给我们，帮助我们提升图书的质量。

当您发现错误时，请登录异步社区，按书名搜索，进入本书页面，单击"提交勘误"，输入勘误信息，单击"提交"按钮即可，如下图所示。本书的作者和编辑会对您提交的勘误信息进行审核，确认并接受后，您将获赠异步社区的 100 积分。积分可用于在异步社区兑换优惠券、样书或奖品。

与我们联系

我们的联系邮箱是 contact@epubit.com.cn。

如果您对本书有任何疑问或建议，请您发邮件给我们，并请在邮件标题中注明本书书名，以便我们更高效地做出反馈。

如果您有兴趣出版图书、录制教学视频，或者参与图书翻译、技术审校等工作，可以发邮件给我们；有意出版图书的作者也可以到异步社区投稿（直接访问 www.epubit.com/contribute 即可）。

如果您所在的学校、培训机构或企业想批量购买本书或异步社区出版的其他图书，也可以发邮件给我们。

如果您在网上发现有针对异步社区出品图书的各种形式的盗版行为，包括对图书全部或部分内容的非授权传播，请您将怀疑有侵权行为的链接通过邮件发送给我们。您的这一举动是对作者权益的保护，也是我们持续为您提供有价值的内容的动力之源。

关于异步社区和异步图书

"**异步社区**"是人民邮电出版社旗下 IT 专业图书社区，致力于出版精品 IT 图书和相关学习产品，为作译者提供优质出版服务。异步社区创办于 2015 年 8 月，提供大量精品 IT 图书和电子书，以及高品质技术文章和视频课程。更多详情请访问异步社区官网 https://www.epubit.com。

"**异步图书**"是由异步社区编辑团队策划出版的精品 IT 专业图书的品牌，依托于人民邮电出版社的计算机图书出版积累和专业编辑团队，相关图书在封面上印有异步图书的 LOGO。异步图书的出版领域包括软件开发、大数据、人工智能、测试、前端、网络技术等。

异步社区

微信服务号

目　　录

第1章　通用处理器架构简介

1.1　综述

本书涉及的处理器架构内容中，绝大部分以 ARMv8 的 64 位架构为例。ARM 架构从 ARMv4 指令集开始成熟，之后每个版本都会加入很多新的处理器特性（CPU feature）。ARMv5 架构引入了 VFP-V2、Jazelle。ARMv6 架构引入了 Thumb2、TrustZone、SIMD。ARMv7 架构引入了 VFP-V3/V4、NEON（SIMD 扩展）。ARMv8 架构引入了 64 位架构，可以通过一个开关切换到传统的 32 位架构，并且对之前的大部分处理器特性做了增强。64 位平台上的虚拟地址空间也大大增加，避免了在 32 位架构上很多虚拟地址空间小导致的问题。ARMv8 引入了新的异常模式，以应对复杂的运行环境，如日益严重的系统安全问题、虚拟化等。

和 ARMv7 一样，ARMv8 分成 A、R、M 这 3 个系列，分别对应大型应用领域、嵌入式领域和微处理器领域，本书只介绍 ARMv8-A。ARMv8-A 支持 AArch32 和 AArch64 两种执行状态（execution state），分别对应 32 位和 64 位，本书只介绍 AArch64。

AArch64 提供了 31 个 64 位的通用寄存器，分别是 X0～X30。寄存器长度都是 64 位，所有指令的长度都是 32 位，其中 X30 作为函数调用链接寄存器。64 位的寄存器有程序计数器（Program Counter，PC）、栈指针（Stack Pointer，SP）寄存器，以及异常链接寄存器（Exception Link Register，ELR）。AArch64 提供了 32 个 128 位的 SIMD 寄存器，用于为整数向量运算和浮点运算提供支持。AArch64 还定义了 4 种异常级别 EL0～EL3。

除以上基本寄存器之外，ARMv8 架构还提供了功能丰富的系统控制寄存器，并且架构的每一次升级都会引入很多新的处理器特性，这些内容将会在其他章节探讨。

1.2　AArch64 寄存器堆

作为 RISC 架构，AArch64 提供了大量的通用寄存器。除通用寄存器之外，本节还会介绍特殊寄存器、系统控制寄存器、处理器状态、函数调用标准。

1.2.1　通用寄存器

通用寄存器分为两类。其中一类寄存器包括 X0～X30，用于普通的指令集，每个寄存器都有 64 位（Xn）和 32 位（Wn）两种表示形式。其中 32 位的表示形式是 64 位表示形式的低 32 位。另一类寄存器包括 V0～V31，用于浮点运算、SIMD、crypto 等领域。每个寄存器长度都是 128 位（Qn），它们有 64 位（Dn）、32 位（Sn）、16 位（Hn）、8 位（Bn）这 4 种表示形式。

以 X0 和 V0 为例，X0 是 64 位寄存器，它的低 32 位是 W0。V0 也称为 Q0，Q0 是一个 128 位的寄存器，它的低 64 位称为 D0，它的低 32 位称为 S0，它的低 16 位称为 H0，它的低 8 位称为 B0，如图 1.1 所示。

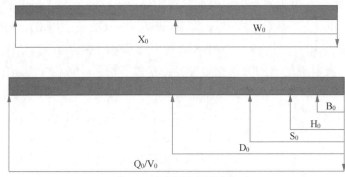

图 1.1　寄存器的表示形式

1.2.2　特殊寄存器

XZR 和 WZR 分别对应 64 位与 32 位的零寄存器。对这些寄存器进行读操作，将会获取到 0；对这些寄存器进行的写操作将会被处理器忽略。与 ARM 的 32 位架构不同，PC 寄存器已经不再是一个通用寄存器，无法直接访问。ARM 指令的长度是 4 字节，因此对于 ARMv8 上的纯 ARM 指令来说，PC 寄存器是按字节对齐的。SP 寄存器也不再是一个通用寄存器，SP 寄存器强制按 16 字节对齐。

1.2.3　系统控制寄存器

ARM 的系统控制寄存器都以"_ELx"为后缀，其中"x"表示某异常级别（Exception Level，

EL）的一个数字，如 SCTLR_EL1。后缀的数字意味着能够访问该寄存器的最低异常级别，ARM 的系统控制寄存器如表 1.1 所示。

表 1.1　ARM 的系统控制寄存器

寄存器	寄存器的访问权限
TTBR0_EL1	能在 EL1、EL2 和 EL3 访问，不能在 EL0 访问
TTBR0_EL2	能在 EL2 和 EL3 访问，不能在 EL0 和 EL1 访问
TTBR0_EL3	只能在 EL3 访问

MRS 和 MSR 指令用于读写系统控制寄存器，示例代码如下。

```
MRS     X0, SCTLR_EL1        // X0 = SCTLR_EL1
MSR     SCTLR_EL1, X0        // SCTLR_EL1 = X0
```

常用的系统控制寄存器及其功能如表 1.2 所示。

表 1.2　常用的系统控制寄存器及其功能

寄存器	名称	功能
ACTLR_ELx	辅助控制寄存器	用于控制特定处理器相关的特性
CTR_EL0	缓存寄存器	与 CPU 缓存信息相关
HCR_EL2	监督寄存器	用于控制虚拟化设定，只能在 EL2 中使用
ID_AA64ISAR0_EL1 ID_AA64ISAR1_EL1	指令实现寄存器	用来描述处理器特性是否实现的相关信息，如当前架构是否支持 CRC32 硬件指令、是否支持 AES 加密指令等
MIDR_EL1	主 ID 寄存器	用于描述处理器的身份信息
MPIDR_EL1	多处理器亲和力寄存器	在多处理器环境中，调度相关的寄存器
RNDR	随机数寄存器	返回一个 64 位的随机数
SCTLR_ELx	系统控制寄存器	用于控制 MMU、缓存、对齐检查等与 ARM 架构相关的特性
SCR_EL3	安全配置寄存器	用来控制安全状态，只能在 EL3 使用
VBAR_ELx	异常向量表基址寄存器	用来保存异常向量表的基地址

ARM 的系统控制寄存器数量庞大，详细的介绍可以参考文档 DDI0487F_b_ARMv8_arm.pdf。

1.2.4　处理器状态

AArch64 通过 PSTATE（process state）的标志位来保存处理器的状态，处理器执行指令的时候，可以读取和设置这些标志位。这些标志位既可以通过 mrs/msr 指令进行访问，也可以通过 DAIFSet、DAIFClr、SPSel、PAN、UAO 等指令直接访问。PSTATE 寄存器的标志位如表 1.3 所示。

表 1.3　PSTATE 寄存器的标志位

分类	域	描述
算术逻辑部件（Arithmetic and Logic Unit，ALU）状态标志位	N	负数状态标志位
	Z	零状态标志位
	C	进位标志位
	V	溢出标志位
异常掩码标志位	D	调试异常掩码标志位
	A	SError 中断掩码标志位
	I	IRQ 掩码标志位
	F	FIQ 掩码标志位
异常态控制标志位	SS	软件单步调试标志
	IL	非法指令执行状态标志
	nRW	当前执行状态
	EL	当前异常态级别（current exception level）
	SP	SP 寄存器选择位
访问控制标志位	PAN	特权访问禁止位
	UAO	用户访问重载
	TCO	标记检查重载
	BTYPE	分支目标识别

1.2.5　函数调用标准

1. AArch64 基本指令集函数调用规则

AArch64 提供了 31 个 64 位的通用寄存器 X0～X30，SP 寄存器已经变成了一个专用寄存器。这些寄存器的描述如表 1.4 所示。

表 1.4　AArch64 寄存器的描述

寄存器	别名	描述
SP	—	栈指针寄存器
X30	LR	链接寄存器，用来存放函数返回地址
X29	FP	栈帧寄存器，编译器可以通过开关关闭此功能，从而使其变成一个普通寄存器
X19～X28	—	被调函数负责保存的寄存器
X18	—	在特殊场合作为平台寄存器，其他情况下可以作为临时寄存器
X17	IP1	可能会被链接器使用，其他情况下可以作为临时寄存器

寄存器	别名	描述
X16	IP0	可能会被链接器使用，其他情况下可以作为临时寄存器
X9～X15	—	临时寄存器
X8	—	间接结果位置寄存器
X0～X7	—	用来传递函数参数和函数返回值

值得注意的是，X16 和 X17 寄存器在动态链接的时候，可能会被某些链接器用于实现特殊功能。X18 寄存器在 Darwin 和 Windows 平台上会保留作为平台寄存器使用。在代码优化的时候，这 3 个寄存器要谨慎使用。

2. AArch64 NEON 指令集函数调用规则

AArch64 提供了 32 个 128 位的寄存器（V0～31），可以用来进行 SIMD 和浮点运算。

其中，V0～V7 这 8 个寄存器用来传递参数和函数返回值，V8～V15 这 8 个寄存器需要由被调函数保存（只需要保存这些寄存器的低 64 位即可）。

D8～D15 是 V8～V15 寄存器的低 64 位，因此通过如下的代码片段保存 D8～D15 的内容，就可以在函数中使用 V0～V31 这 32 个寄存器了。

```
stp        d8, d9, [sp, -192]!

stp        d10, d11, [sp, 16]
stp        d12, d13, [sp, 32]
stp        d14, d15, [sp, 48]
```

3. AArch64 SVE 指令集函数调用规则

如果平台支持 SVE 扩展，那么 AArch64 会提供 32 个可变长的向量寄存器 Z0～Z31。每个寄存器都可以用来进行 SIMD 和浮点运算，其中 Z0～Z7 用来传递参数和函数返回值。Z8～Z15 这 8 个寄存器需要由被调函数保存（只需要保存这些寄存器的低 64 位即可）。

AArch64 还为 SVE 提供了 16 个断言寄存器 P0～P15，其中 P0～P3 这 4 个寄存器用来传递参数和函数返回值。

1.3 流水线

1.3.1 Cortex-A77 微架构

流水线是处理器微架构设计的一种技术，其主要目的在于提高处理器的性能。基本思想与工厂的流水线相似，将指令要完成的任务分为多个阶段，这样每个阶段都可以有一条正在执行的指令，每个阶段的指令执行完交给下一个阶段继续执行，如此可以大幅度提高处理器的指令吞吐量。

在流水线中加入超标量与乱序执行技术是现代主流高性能 CPU 的基本微架构。超标量技术是指使用多条特定执行功能的流水线，一次取多条指令同时放入不同流水线中执行。乱序执行技术是指在选择指令放入不同流水线执行时，不依赖指令顺序决定先后执行关系，只要指令所需资源已准备就绪即可执行。

由于连续的指令流之间存在很多相关性，因此处理器并不能使流水线中的指令直接地并行执行到结束。如对同一通用寄存器或同一存储器地址的先写后读（Read After Write，RAW）、先写后写（Write After Write，WAW）、先读后写（Write After Read，WAR）。在出现相关性的时候，使用很多额外的技术来处理这些情况，其中包括事务阻塞（stall）、旁路网络（bypassing network）、事务重发（replay）、寄存器重命名（register renaming）等技术。下面就基于 AArch64 中一款处理器——Cortex-A77 来简单介绍这些技术和软件优化的关系。Cortex-A77 是一款典型的超标量乱序流水线处理器，其微架构如图 1.2 所示。

简要介绍图中涉及的术语。

- ❑ 宏操作缓存：用于缓存指令译码后的宏操作。
- ❑ 返回地址栈：一种记录链接跳转类型指令将来返回时 PC 值的表，由于链接寄存器只有一个，因此一般链接跳转类型指令的返回地址会保存在栈中，此结构对这种特性进行了优化。
- ❑ 分支预测单元：通过记录曾经执行过的分支型指令的历史信息来预测将来指令流的 PC 值，如果预测错误，将会导致流水线中错误的指令全部被清除，这将严重影响性能。
- ❑ 重排序缓冲：记录指令执行的状态，对已执行完毕的指令按序使其从流水线中正式离开。
- ❑ 发射队列：存放待执行的指令信息，其中的指令准备就绪即会被交给相应的功能单元计算结果。
- ❑ 分发：将译码后的指令放入发射队列和重排序缓冲等状态信息记录表中。

此处理器的前端部分主要是分支预测、取指、译码。分支预测是为了在遇到分支指令时也可以保证连续地提供指令流而不需要等待分支类型指令的结果，通过与一个称作 L0 的 MOP（Macro-Operation，宏操作）缓存协作，最终峰值可以输出 6 路宏操作。由于有预测错误代价，因此大量使用分支型指令会严重影响处理器的吞吐量。

在后端接收 6 路宏操作进行寄存器重命名、重排序缓冲、体系结构状态提交，得到 10 路微操作并进行分发（dispatch），通过发射队列（issue queue）进入 12 路执行单元通道。发射队列分为 3 个部分——整数运算、高级 SIMD 和访存。每路执行单元不关心其他单元的执行内容及情况。所以在程序中可以利用这种设计对代码中指令的顺序进行优化，进而获得更大的吞吐量。每种不同的指令在执行级使用的功能单元不同，功能单元执行内容和数量不同会导致不同类别指令在 CPU 中的吞吐量和延迟不同。详细参数请查阅 ARM 的官方手册。

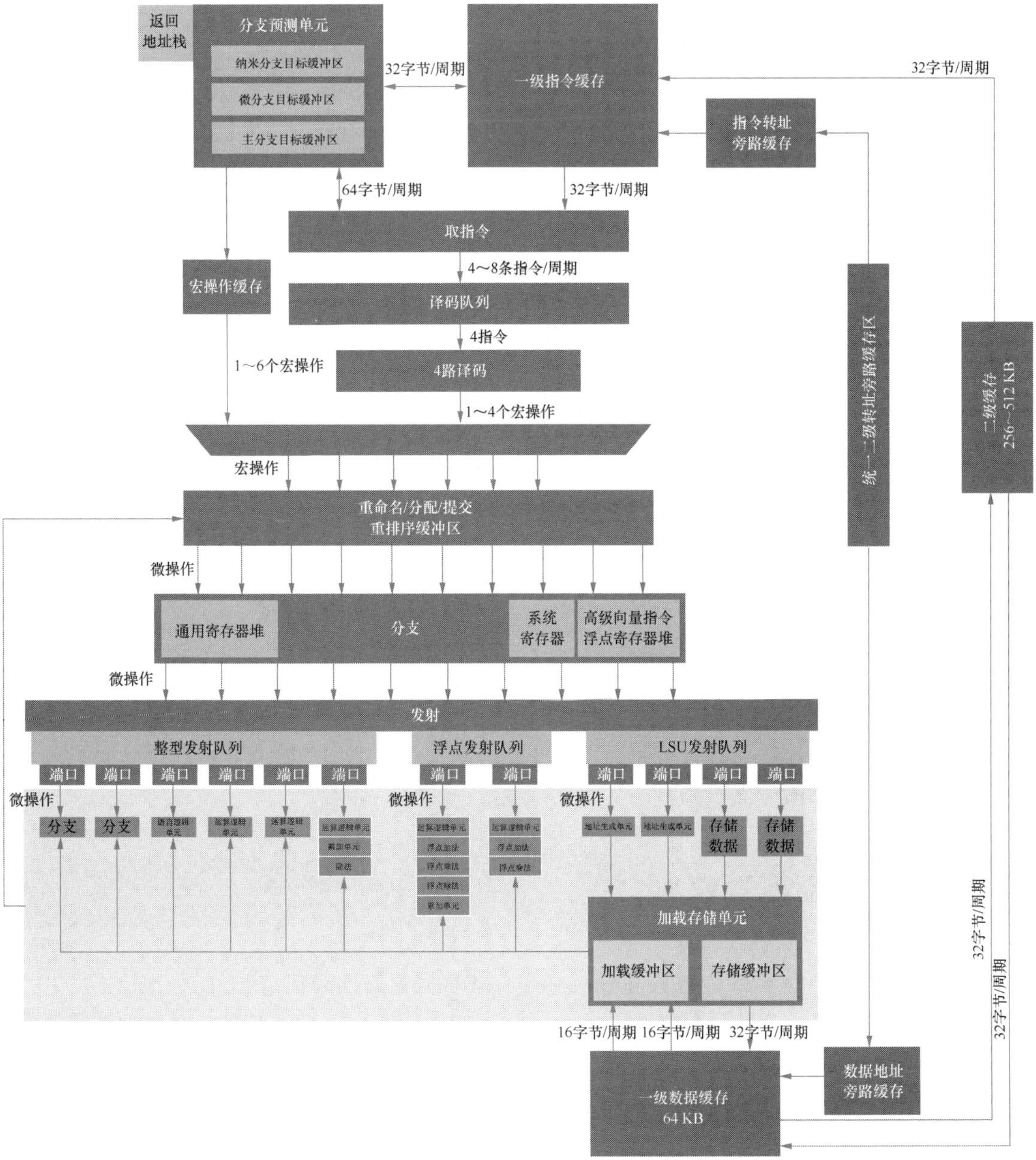

图 1.2　Cortex-A77 的微架构

1.3.2　微架构与代码优化

下面将根据 Cortex-A77 的结构特点，介绍如何在程序中针对指令吞吐量进行优化。

分发阶段经过调度分配给发射阶段中不同执行通道的微操作数量有限制。当代码中的指令堆叠不超过限制时，在分发阶段将不会出现硬件缺失导致的微操作停顿。所以尽量不要将超过限制的同类型指令堆叠在一起，这样对吞吐量是不利的，微架构缓冲将被迅速填满，阻碍后面指令的执行。将具有不同微操作且不相关的指令交错放在一起，可以达到尽可能充满执行单元通道的目的，这样利用率和吞吐量都是最优的。但这只是理想情况，大多数时候，前后指令是存在数据相关性的。这个时候，指令将会滞留在分发阶段，等待操作数准备就绪。

在上述限制内根据执行元件数量及执行元件流水线吞吐量安排同类型的指令可以得到最大的吞吐量。例如，FP divide, S-form（S 指单精度浮点型数据）指令组，AArch64 的指令有 FDIV，这是一条浮点数除法指令，使用 FP/ASIMD 0（V0）执行。SIMD 器件可以并行对 4 组数据执行相同的操作，由于除法指令使用的是迭代算法完成，因此只有一个除法操作完成了才可以进行下一个除法操作。一个除法操作的执行延迟是 7 个 CPU 周期，所以在数据不相关的时候其吞吐量为 4/7（指令数每周期），只需要将 4 条以上数据不相关的 FDIV 指令排列在一起即可达到这个最大吞吐量。这种方法等效于使用一条类似的 SIMD 指令，即指令组 ASIMD FP divide, Q-form, F32（Q-form 指 4 路数据并发，F32 指单精度浮点型数据）中的 FDIV 指令（注意，这里指令名和之前相同，但是这里使用的是 ASIMD 寄存器）。

之前简单介绍过分支预测在流水线技术中的重要性，为了配合流水线技术获得最佳性能，代码中应尽量保证在一个对齐 32 字节的存储区中放置超过 4 条分支指令。要使内存复制操作具有较大的吞吐量，建议在原本的循环中展开 6 次循环，以适应具有 6 路宏操作输出的结构，避免过多地进行无谓的分支预测。

1.4　AArch64 异常级别

AArch64 有 4 种异常级别（Exception Level）。4 种异常级别分别是 EL0、EL1、EL2、EL3，如图 1.3 所示。其中 EL0 的权限最低，EL3 的权限最高，EL2 和 EL3 两种安全级别是可选的。从信息安全的角度，系统分为安全世界（secure world）和非安全世界（non-secure world）。

从图 1.3 可以看到，在 EL0 和 EL1，都存在非安全世界和安全世界。监控模式在 EL3 实现，一般用来运行固件代码。系统管理程序在 EL2 实现，一般用来运行虚拟化程序。如果 EL2 启用，那么在 EL1 就可以运行多个操作系统（例如，一个虚拟化系统上可以运行多个 Linux 操作系统）。一个操作系统（已启用 EL1）上可以运行多个应用程序（EL0）。EL2 和 EL3 是可选的，可以按需实现。

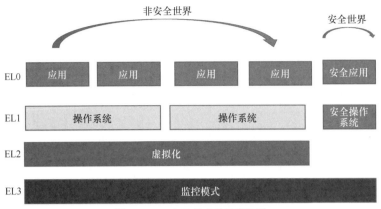

图 1.3　AArch64 的 4 种异常级别

1.5　内存模式

为了对指令乱序、数据预取等进行更好的控制，ARMv8 架构定义了两种类型的内存——普通内存和设备内存。普通内存主要用来存储数据和代码，处理器能够对这些内存做 re-order、re-size、repeate、数据预取等操作。设备内存指的是 I/O 等内存，主要用于外设。对这部分内存的访问一般会产生副作用，因此读写设备内存会有更多的限制。设备内存不允许预读。对于某些内存区域，还可以赋予可执行（executable）、可共享（shareable）、可缓存（cachcable）等属性。

1.5.1　内存对齐

近年来，ARM 服务器发展迅速，为了更好地兼容已有的服务器程序，被标记为普通内存的内存数据默认配置成可以非对齐访问。但是作为可选项，普通内存数据也可以配置成当访问非对齐内存数据时触发一个同步数据异常（synchronous data abort）。标记为设备内存的内存数据不支持非对齐访问。指令预取（instruction fetch）也必须是对齐的。

1.5.2　检查内存模式问题的工具

herd7 是一个专门用来分析和检查内存模式问题的工具，使用以下代码可以在 Ubuntu 系统上安装 herd7 工具。

```
sudo apt-get install dune
sudo apt-get install opam
git clone ******//github****/herd/herdtools7.git

cd herdtools7/
```

```
sudo make all PREFIX=/usr/local
sudo make install PREFIX=/usr/local
diyone7 -arch AArch64 PodWW L Rfe A PodRR Fre
diyone7 -arch X86 PodWW L Rfe A PodRR Fre
herd7 -model ./sc.cat SB.litmus
herd7 a.litmus
```

1.6　原子操作

ARMv6 之前的处理器不支持对称式多处理机（Symmetric Multiprocessor，SMP），也没有提供原子指令，这个时候的原子操作都是通过关中断实现的。从 ARMv7 开始引入了 LDREX/STREX 原子指令，用于提高原子操作的性能。本节内容不探讨 ARM 架构原子指令的历史，这部分内容可以参考郭健在蜗窝科技论坛上发表的文章"Linux 内核同步机制之（一）：原子操作"。本节重点讨论 ARMv8.1 新引入的大系统扩展（ARMv8.1-LSE，ARMv8.1 Large System Extension）特性，这个特性主要是针对 ARM 服务器的高性能计算（High Performance Computing，HPC）引入的，同时对 Android 这种日趋复杂的大系统是一个"利好"。

1.6.1　指令介绍

AArch64 引入了一组原子操作指令，包含 3 类，如表 1.5 所示。

表 1.5　AArch64 的原子操作指令

指令	描述
CAS、CASP	比较和交换指令
LD<OP>、ST<OP>	原子内存操作指令，其中<OP>可以是 ADD、CLR、EOR 等
SWP	交换指令

这些指令只存在于 A64 指令集中，在 ARMv8.1 上强制实现 ARMv8.1 的虚拟化扩展特性（ARMv8.1-VHE）依赖这个特性，这些指令只支持寄存器基地址的内存访问模式。通过检查系统控制寄存器 ID_AA64ISAR0 的 Atomic 控制域，判断当前的 CPU 是否支持该特性，如图 1.4 所示。处理器特性检测的更多内容可以参考 1.10 节的内容。

RNDR	TLB	TS	FHM	DP	SM4	SM3	SHA3	RDM	RES0	Atomic 23..20	CRC32	SHA2	SHA1	AES	RES0

图 1.4　处理器的特性检测

其中，ID_AA64ISAR0 是一个 64 位的控制寄存器，Atomic 控制域占用了第 20～23 位。当这 4 位的值为 0b0000 时，LSE 原子指令没有实现；当这 4 位的值为 0b0010 时，LDADD、

LDCLR、LDEOR、LDSET、LDSMAX、LDSMIN、LDUMAX、LDUMIN、CAS、CASP、SWP 这些原子指令都支持；其他的值作为保留值。更多的 LSE 原子指令可以参考文档 DDI0487F_b_ARMv8_arm.pdf。

1.6.2　原子指令使用示例

GCC-8.2 支持 ARMv8A LSE 处理器特性，如果要使能这个特性，则需要加上编译选项 -march=ARMv8-a+lse。下面是使用 C++代码实现的原子加法操作，使用两种方法通过 GCC-8.2 编译器生成汇编代码。

C++源代码如下。

```
#include <atomic>
main () {
    std::atomic<unsigned long long int> value;
    value = 1;
    ++value;
    return value;
}
```

不加 ARMv8-a+lse 编译选项生成的汇编代码如下。

```
//gcc 8.2 compiler option: -O3
main:
        sub     sp, sp, #16
        mov     x1, 1
        add     x0, sp, 8
        stlr    x1, [x0]
.L2:
        ldaxr   x1, [x0]
        add     x1, x1, 1
        stlxr   w2, x1, [x0]
        cbnz    w2, .L2
        ldar    x0, [x0]
        add     sp, sp, 16
        ret
```

添加 ARMv8-a+lse 编译选项生成的汇编代码如下。

```
//gcc 8.2 compiler option: -O3  -march=ARMv8-a+lse
main:
        sub     sp, sp, #16
        mov     x1, 1
        add     x0, sp, 8
        stlr    x1, [x0]
        mov     x1, 1
        ldaddal x1, x1, [x0]
        ldar    x0, [x0]
        add     sp, sp, 16
        ret
```

通过以上示例代码可以看到，用传统的方法实现一个加法操作需要两条传统的原子指令 LDAXR、STLXR 和一条普通指令 ADD。使能 LSE 之后，只需要一条新的原子指令 LDADDAL 即可。

1.7　处理器缓存

本节内容以 ARM Cortex A76 处理器为例进行讨论。一般来说，每个核上存在一个独立的 L1 指令缓存和一个独立的 L1 数据缓存，并且一般都会共享一个更大的、统一的 L2 缓存。通常手机厂商可能会扩展出 L3 缓存，如图 1.5 所示。本书只讨论 L1/L2 缓存，不讨论 L3 缓存。

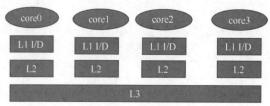

图 1.5　处理器缓存

内存管理单元（Memory Management Unit，MMU）通过转换表（translation table）和转换寄存器（translation register）来控制哪些内存被缓存。所有缓存数据都以行为单位来处理，数据在缓存中的位置是通过物理地址来确定的。缓存数据的每一行包含 tag bit、valid bit、dirty data bit。为了减少缓存争用（cache contention），ARM 缓存被设计成组相联结构。4 路组相联（4-way set-associative）结构中，缓存行的长度为 64B，采用伪最近最少使用（pseudo-LRU）替换算法。

讨论分支预测离不开缓存。如前所述，通常应用处理器（Application Processor，AP）会配备两级或者更多级的缓存，例如在每个处理器核上配备 L1 指令缓存和 L1 数据缓存，然后配备一个更大的 L2 缓存。众所周知，MMU 一般有 3 个用途——控制缓存策略，控制内存访问权限，提供虚拟地址到物理地址的转换。

1.8　系统安全增强

安全威胁是各大处理器厂商都面临的一个重要问题。本节将会对 ARM 架构引入的部分安全相关的特性做简要介绍。

1.8.1　屏障指令

为了防止边信道攻击，ARM 架构提供了一系列的屏障指令，用来保护敏感数据。主要包括 CSDB、SSBB、CFP、CSV2、CSV3 等。

1.8.2　PAN

ARMv8.1-PAN 是 PSTATE 寄存器的一个标志位，当 PAN 标志位使能的时候，可以阻止处理器在 EL1 或者 EL2 访问 EL0 对应的数据。对于 Linux 系统来说，这会阻止内核访问用户空间的敏感数据。这个特性在 ARMv8.1 上要求强制实现。

下面以内核的 copy_from_user 函数为例来看一下 PAN 的用法。它依赖内核 config: CONFIG_ARM64_PAN。以下的代码片段是 __arch_copy_from_user 的实现，这个函数的入口和结尾的地方分别会调用到 uaccess_enable_not_uao 和 uaccess_disable_not_uao。函数 uaccess_enable_not_uao 会把 PAN 标志位清零，从而使能内核对用户数据的访问。函数 uaccess_disable_not_uao 会把 PAN 标志位置 1，从而阻止内核对用户数据的访问。

```
./arch/arm64/lib/copy_from_user.S
ENTRY(__arch_copy_from_user)
     uaccess_enable_not_uao x3, x4, x5
     add    end, x0, x2
#include "copy_template.S"
     uaccess_disable_not_uao x3, x4
     mov    x0, #0
     ret
```

如果 ARM 硬件不支持 PAN 功能则可以使用代码来模拟 PAN 功能。以下代码是 Linux 内核软件模拟的 PAN 功能，实际上，这里通过使 ttbr0 指向一个非法地址来防止内核获取用户数据。

```
arch/arm64/include/asm/uaccess.h
#ifdef CONFIG_ARM64_SW_TTBR0_PAN
static inline void __uaccess_ttbr0_disable(void)
{
     unsigned long flags, ttbr;

     local_irq_save(flags);
     ttbr = read_sysreg(ttbr1_el1);
     ttbr &= ~TTBR_ASID_MASK;
     write_sysreg(ttbr - RESERVED_TTBR0_SIZE, ttbr0_el1);
      isb();
     write_sysreg(ttbr, ttbr1_el1);
     isb();
     local_irq_restore(flags);
}
```

其中 write_sysreg(ttbr - RESERVED_TTBR0_SIZE, ttbr0_el1) 这条语句中的 ttbr0 指向一个非法地址，如下所示。

```
// reserved_ttbr0 是一个全 0 的页的起始地址
#ifdef CONFIG_ARM64_SW_TTBR0_PAN
```

```
    reserved_ttbr0 = .;
    . += RESERVED_TTBR0_SIZE;
#endif
    swapper_pg_dir = .;
    . += PAGE_SIZE;
    swapper_pg_end = .;
```

1.8.3　MTE

MTE 是 ARM v8.5 引入的一个硬件特性，用来检测内存方面的问题。Google 于 2019 年在它的官方博客上宣布了对此特性的支持。MTE 包括两种执行模式：一种是精确模式（precise mode），它能提供详细的内存问题诊断信息；另一种是非精确模式（imprecise mode），它只会消耗很少的 CPU 资源，默认适合开启。

1.9　虚拟化

2012 年，Red Hat、SUSE、Debian 等发行版都具有 ARM 发行版的一些功能。每个发行版维护 10000 个左右的包，要编译和运行这些包，工作量十分庞大。

那时候量产的 ARM 系统都是 32 位的，除个别公司能买得起 ARM 公司的 ARM64 参考设计，ARM64 基本还停留在大家的脑海里面。即使在 10 年前，大家用的 PC 普遍也是 64 位系统，为什么当时的各大发行版要移植到 32 位的 ARM 系统上呢？

这些问题都需要站在体系结构的实现和演进的角度来看。

1.9.1　ARMv7a 虚拟化扩展

从服务器到嵌入式设备，虚拟化无处不在。ARM 系统目前的虚拟化支持已经比较完善了，而这些始于 2011 年，为了在演进中迭代 ARM 的虚拟化技术，ARM 公司在 32 位的 ARM 系统上推出了虚拟化扩展。当时虚拟化扩展基于 ARMv7a。在此之前，三星等公司通过 ARM 内存管理中的域（domain）机制，曾经做过 ARM 虚拟化的早期实验。

从虚拟化扩展开始，ARM 从架构上正式具备了支持主流虚拟化能力的可能。由于 ARM 的虚拟化比 x86 晚很多年，因此 ARM 系统有机会继承 x86 虚拟化设计的一些经验，例如 x86 早期的虚拟化不支持二级页表转换，需要通过影子页表（shadow page table）把一级和二级页表合二为一，这造成了虚拟机切换时的性能开销。后来 x86 为了解决这个问题，引入了扩展页表（Extended Page Table，EPT）。有了这个经验，ARM 系统在第一次做虚拟化时，就考虑到了二级页表转换的需求，也就避免了 x86 虚拟化早期在内存方面的性能瓶颈。

ARM 的虚拟化扩展在日后的 ARM64 架构中得到了继承，虽然 ARM32 和 ARM64 的 AArch64 执行状态不同，但是虚拟化的设计及其包含的寄存器都是一致的。在 ARM32 上开发的虚拟化管理层和适配的上层软件，以及与 ARM64 汇编无关的部分，都可以直接从 ARM32 移植到 ARM64，这大大缩短了 ARM64 系统上提供虚拟化支持的时间。同时，这更容易暴露出进一步的需求。下面结合技术演进介绍。

1.9.2　ARM KVM work

ARM KVM 虚拟化是 Christoffer Dall 的工作。然而，ARM KVM 虚拟化的实现和 x86 的 KVM 实现不同，站在 ARM 体系结构的设计上看，由于 ARM 已经有了安全世界和非安全世界，没有办法像 x86 一样设计出根模式（root mode）和非根模式（non-root mode）这样对称（或称为正交）的虚拟化方案。所以，ARM 的虚拟化方案是在已有的操作系统内核层和最高特权级别（安全监视级别，从非安全世界到安全世界的门卫）之间增加了一层虚拟化层。这对于 xen 这种运行在操作系统下面的虚拟化机制（即 type1 虚拟化）是可行的，但是对 KVM 来说，Linux 没办法直接运行在虚拟化层，因此在 ARM KVM 设计中，主机 Linux 内核（host Linux kernel）和虚拟机监控程序（hypervisor）之间需要频繁切换，这影响了性能。

1.9.3　ARM VHE

造成了性能影响该怎么办？ARM 没法引入根模式，怎么让主机 Linux 内核运行在虚拟化层呢？ARM 的方案是使用虚拟化主机扩展（Virtualization Host Extension，VHE）机制，在 VHE 打开的情况下，主机 Linux 内核运行在 VHE 模式，也就是原有的虚拟化层，从而避免了上述性能影响。

1.9.4　虚拟化的其他特性

除上面提到的计算和内存的虚拟化之外，虚拟化的设计还包括中断虚拟化和 I/O 虚拟化等。和 ARM 对于二级页表转换的支持一样，ARM 对于 I/O 虚拟化所需的 IOMMU 也是从 2012 年才加入的，在 ARM 系统中称为 SMMU。IOMMU 和 SMMU 的作用是对设备地址做转换。这样虚拟机中的设备就可以通过客户机物理地址（Guest Physical Address，GPA）到主机物理地址（Host Physical Address，HPA）访问实际的物理设备。如果没有这个能力，则要么需要设备直通（passthrough）到虚拟机中，或者把设备地址一次性连续地映射到虚拟机中，或者在主机（host）里面把一个物理设备模拟为多个虚拟设备。前面两种方式没法让同一个物理设备支持多个虚拟机，会限制虚拟化系统的灵活性，最后一种方式则会有性能损失，只适合对性能要求不高的设备。

1.10　更多处理器架构特性

ARMv8 是一个不断发展的架构，各种新的处理器特性不断地添加进来，因此很有必要对处理器特性、处理器架构的获取做一个深入研究。

1.10.1　获取处理器特性

用户空间的程序可以通过 AT_HWCAP 或者 AT_HWCAP2 来获取当前的 CPU 核是否支持某个特性。例如以下程序通过 HWCAP_FP 标志（hwcap flag）来检测当前 CPU 核是否支持浮点数。

```
bool floating_point_is_present(void)
{
    unsigned long hwcaps = getauxval(AT_HWCAP);
    if (hwcaps & HWCAP_FP)
        return true;
    return false;
}
```

这些信息的底层实现实际上是通过读取 ARM 的系统控制寄存器获取的，有些寄存器需要 EL1 的权限，因此会陷入内核层执行。如下代码用于获取相关寄存器的信息，完整的代码这里不展示。

```
#define get_cpu_ftr(id) ({
        unsigned long __val;
        asm("mrs %0, "#id : "=r" (__val));
        printf("%-20s: 0x%016lx\n", #id, __val);
    })
...
    get_cpu_ftr(ID_AA64ISAR0_EL1);
    get_cpu_ftr(ID_AA64ISAR1_EL1);
    get_cpu_ftr(ID_AA64MMFR0_EL1);
    get_cpu_ftr(ID_AA64MMFR1_EL1);
    get_cpu_ftr(ID_AA64PFR0_EL1);
    get_cpu_ftr(ID_AA64PFR1_EL1);
    get_cpu_ftr(ID_AA64DFR0_EL1);
    get_cpu_ftr(ID_AA64DFR1_EL1);
    get_cpu_ftr(MIDR_EL1);
    get_cpu_ftr(MPIDR_EL1);
    get_cpu_ftr(REVIDR_EL1);
```

1.10.2　运行时问题的深入讨论

细心的读者可能会发现上一节用到的 get_cpu_ftr()对于某些 ARM64 架构的机器，能够在用户空间正常运行，这个问题值得花费一些时间来研究。

　　对于一个典型的 Linux 系统，用户态对应 EL0，内核态对应 EL1，所以上面的代码在内核态正常运行。但在 EL0（用户态）为什么可以访问 EL1（内核态）的寄存器呢？

　　下面以在用户态访问 ID_AA64ISAR0_EL1 寄存器为例讨论这个问题。从 ARM 手册 DDI0487F_b_armv8_arm.pdf 中可找到如下这段伪代码。

```
if PSTATE.EL == EL0 then
    if IsFeatureImplemented("ARMv8.4-IDST") then
        if EL2Enabled() && !ELUsingAArch32(EL2) && HCR_EL2.TGE == '1' then
            AArch64.SystemAccessTrap(EL2, 0x18);
        else
            AArch64.SystemAccessTrap(EL1, 0x18);
    else
        UNDEFINED;
elsif PSTATE.EL == EL1 then
    if EL2Enabled() && !ELUsingAArch32(EL2) && HCR_EL2.TID3 == '1' then
        AArch64.SystemAccessTrap(EL2, 0x18);
    else
        return ID_AA64ISAR0_EL1;
elsif PSTATE.EL == EL2 then
    return ID_AA64ISAR0_EL1;
elsif PSTATE.EL == EL3 then
    return ID_AA64ISAR0_EL1;
```

　　从这段伪代码可以知道，当 ARMv8.4-IDST 特性实现的时候，EL0（用户态）可以通过 0x18 操作码陷入 EL1（内核态），访问 EL1 的寄存器。对应的伪代码是 AArch64.SystemAccessTrap (EL1, 0x18)。

　　以下重点分析 AArch64.SystemAccessTrap(EL1, 0x18) 在 Linux 系统上的实现。前面提到的那些指令在用户空间中都属于非法指令，将会触发一个异常。以下内容摘录自 ARM 手册。

```
D1.12 Synchronous exception types, routing and priorities
Synchronous exceptions are:
Any exception generated by attempting to execute an instruction that is UNDEFINED , including:
—Attempts to execute instructions at an inappropriate Exception level.
—Attempts to execute instructions when they are disabled.
—Attempts to execute instruction bit patterns that have not been allocated.
```

　　Linux 内核中 ARM64 架构的代码近年来更新很频繁，我们以 Linux kernel 5.7.0-rc3 代码为例。

　　中断向量表定义在 arch/arm64/kernel/entry.S 文件中，代码如下。

```
/*
 * 异常向量
 */
    .pushsection ".entry.text", "ax"
    .align  11
```

```
SYM_CODE_START(vectors)
        kernel_ventry    1, sync_invalid
        kernel_ventry    1, irq_invalid
        kernel_ventry    1, fiq_invalid
        kernel_ventry    1, error_invalid
        kernel_ventry    1, sync
        kernel_ventry    1, irq
        kernel_ventry    1, fiq_invalid
        kernel_ventry    1, error
        kernel_ventry    0, sync
        kernel_ventry    0, irq
        kernel_ventry    0, fiq_invalid
        kernel_ventry    0, error
```

用户空间碰到非法指令，会执行 kernel_ventry 0, sync。

把 kernel_ventry 宏展开，可以看到它对应函数 el0_sync。由以下代码流程和代码片段可知，el0_sync 最终会通过 0x18 调用 el0_sys，继续阅读相关代码，可以发现内核会对这条非法指令做进一步的处理。

```
el0_sync  // arch/arm64/kernel/entry.S )
    -> el0_sync_handler // arch/arm64/kernel/entry-common.c

asmlinkage void notrace el0_sync_handler(struct pt_regs *regs)
{
        unsigned long esr = read_sysreg(esr_el1);
...
        case ESR_ELx_EC_SYS64:
        case ESR_ELx_EC_WFx:
                el0_sys(regs, esr);
                break;

#define ESR_ELx_EC_SYS64        (0x18)  // arch/arm64/include/asm/esr.h
```

1.10.3　处理器架构检测

1.　通过指令获取处理器架构信息

本书后续章节会介绍一个专门用来学习内核知识的 Linux 发行版 BiscuitOS。在以下配置代码中，QEMUT 指定为./qemu-system-aarch64，CPU_TYPE 指定为 cortex-a53。

```
QEMUT=./qemu-system-aarch64
ARCH=arm64
CPU_TYPE=cortex-a53
OUTPUT=.
ROOTFS_NAME=ext4
CROSS_COMPILE=aarch64-linux-gnu
FS_TYPE=ext4
```

```
FS_TYPE_TOOLS=mkfs.ext4
ROOTFS_SIZE=1800
RAM_SIZE=512
CMDLINE="earlycon root=/dev/vda rw rootfstype=${FS_TYPE} console=ttyAMA0 init=/linuxrc
loglevel=8"
RunBiscuitOS.sh
```

启动 BiscuitOS，然后读取 cpuinfo 可以得到 CPU implementer 和 CPU part 的信息。

```
-bash-5.0$ cat /proc/cpuinfo
processor      : 0
BogoMIPS       : 125.00
Features       : fp asimd evtstrm aes pmull sha1 sha2 crc32 cpuid
CPU implementer : 0x41
CPU architecture: 8
CPU variant    : 0x0
CPU part       : 0xd03
CPU revision   : 4
```

2. 通过代码获取处理器架构信息

ARM 架构提供了 MIDR_EL1，用来描述 CPU 的主 ID 信息，从 DDI0487F_b_armv8_arm.pdf 中可以看到这个寄存器的详细描述，如图 1.6 所示。

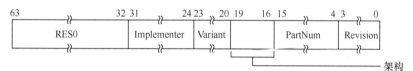

图 1.6　MIDR_EL1 的描述

MIDR_EL1 是一个 64 位的寄存器。其中，Implementer 代表 CPU implementer，从第 24 位到第 31 位，一共占 8 位；PartNum 代表 CPU part，从第 4 位到第 15 位，一共占用 12 位。它们都位于寄存器的第 32 位上，因此只需要一个 32 位的变量就可以保存这些信息。通过以下代码，我们也可以获取 CPU 的这些信息。

```c
#include <sys/auxv.h>

typedef unsigned int uint32_t;
uint32_t get_micro_arch_id(void) {
    uint32_t id;
    if ((getauxval(AT_HWCAP) & HWCAP_CPUID)) {
        asm("mrs %0, MIDR_EL1 " : "=r" (id));
    }

    return id;
}
```

3. 处理器架构举例

表 1.6 列举了主流 ARM 处理器厂商的芯片架构信息。

表 1.6　主流 ARM 处理器厂商的芯片架构信息

CPU 名称	厂商代号	CPU part
cortex-a53	0x41	0xd03
cortex-a57	0x41	0xd07
cortex-a72	0x41	0xd08
thunderxt83	0x43	0x0a3
emag	0x50	0x000
qdf24xx	0x51	0xc00

Cortex 系列都是 ARM 公司生产的芯片，厂商代号（CPU implementer）是 0x41。qdf24xx 是高通公司生产的一款芯片，厂商代号是 0x51。更多的 ARM 处理器型号信息，请参考 gcc 源代码下的 config/aarch64/aarch64-cores.def 文件。

1.10.4　ARMv8 架构主要特性

表 1.7 所示为自 ARMv8.1 以来新增的主要处理器特性，旨在让读者对 ARM 架构的发展变化有一个大概的了解。

表 1.7　自 ARMv8.1 以来新增的主要处理器特性

处理器特性	支持情况	描述
SVE	ARMv8.2，可选支持	继 NEON 之后，新一代的 SIMD 指令集
ARMv8.1-LSE	ARMv8.1，强制支持	大系统扩展，用来提升高端系统的吞吐量
ARMv8.1-PAN	ARMv8.1，强制支持	防止用户数据被非法访问
ARMv8.1-PMU	ARMv8.1，强制支持	PMU 增强
ARMv8.2-FP16	ARMv8.2，强制支持	半精度浮点指令支持
ARMv8.2-LVA	ARMv8.2，强制支持	大虚拟地址空间支持
ARMv8.2-SHA	ARMv8.2，可选支持	提供指令实现 SHA 系列算法（一种国际哈希算法标准）
ARMv8.2-SM	ARMv8.2，可选支持	提供指令实现 SM 系列算法（中国哈希算法标准）
ARMv8.3-JSconv	ARMv8.3，强制支持	双精度数转 32 位有符号整数，用于提升 JavaScript 的性能
ARMv8.3-NV	ARMv8.3，强制支持	嵌套虚拟化的支持
ARMv8.3-PAuth	ARMv8.3，强制支持	指针验证，防止黑客攻击
ARMv8.4-RAS	ARMv8.4，强制支持	对 RAS 的支持，提高服务器的稳定性、可靠性
ARMv8.5-RNG	ARMv8.5，强制支持	随机数生成
ARMv8.5-MemTag	ARMv8.5，强制支持	内存保护

1.11　主流编译器和模拟器对 **ARMv8** 架构的支持

学习一款处理架构的知识离不开实践，幸运的是 GCC 和 QEMU 模拟器一直在跟进 ARM 架构的新特性。我们可以通过 GCC 和某个特定的编译选项来学习编译器生成的汇编代码，也可以写一些与架构相关的测试代码，通过 QEMU 模拟器来运行。以下两节介绍各个版本的 GCC/QEMU 对 ARMv8 架构特性的支持。一般来说，测试一个更新的处理器架构，需要更新版本的编译器和模拟器，因此随时跟踪 GCC/QEMU 的最新版本是很有必要的。

1.11.1　GCC 对 ARMv8 架构的支持

现在较新的 Linux 发行版已经支持 GCC-7 及其以上的版本了，因此本节从 GCC-7 开始列举。GCC 可以通过-mcpu 或者-mtune 编译选项来为某特定 CPU 生成良好的优化代码。例如，查阅表 1.8 可以发现 GCC-7 支持 ARM Cortex-A73 处理器，对应的编译器内部的代号是 cortex-a73，因此使用-mcpu=cortex-a73 或者-mtune=cortex-a73 可以生成对 ARM Cortex-A73 处理器优化良好的代码。GCC 也可以生成对 big.LITTLE 架构优化良好的代码，例如，GCC-8 支持 ARM Cortex-A55/CortexA75 big.LITTLE 架构，因此使用-mcpu=cortex-a75.cortex-a55 编译选项，就可以生成对 ARM Cortex-A55/CortexA75 big.LITTLE 架构优化良好的代码。

GCC 通过-march=来指定某个 ARM 架构，查阅表 1.8 可知，GCC-8 或者以上的编译器可以通过-march=ARMv8.4-a 编译选项指定 ARMv8.4。进一步，通过-march=ARMv8.4-a+aes 编译选项打开对 ARMv8.4 AES 特性的支持。更多编译选项的解释，可以参考 GCC 的官方文档。

在撰写本书时，Ubuntu 的最新版本是 Ubuntu-20.04，因此读者可以在 Ubuntu20.04 上通过 apt-get 安装 GCC-10 来体验。表 1.8 展示了各版本 GCC 对处理器及 ARM 架构特性的支持。

表 1.8　各版本 GCC 对处理器及 ARM 架构特性的支持

GCC 版本	对处理器的支持	对架构特性的支持
GCC-7	ARM Cortex-A73(cortex-a73) Broadcom Vulcan(vulcan) Cavium ThunderX CN81xx(thunderxt81) Qualcomm Falkor(falkor)	-march 可设置为 ARMv8.3-a -msign-return-address 可设置为 none（或 au）等
GCC-8	ARM Cortex-A75(cortex-a75) ARM Cortex-A55(cortex-a55) ARM Cortex-A55/CortexA75 big.LITTLE(cortex-a75.cortex-a55)	-march 可设置为 ARMv8.4-a +aes、+sha2 +crypto、+sha3、+sm4
GCC-9	ARM Cortex-A76(cortex-a76) ARM Cortex-A55/Cortex-A76 big.LITTLE(cortex-a76.cortex-a55) ARM Neoverse N1(neoverse-n1)	-march 可设置为 ARMv8.3-a+fp16，或者 -march 可设置为 ARMv8.5-a +sb、+predres、+ssbs +memtag、+rng

续表

GCC 版本	对处理器的支持	对架构特性的支持
GCC-10	ARM Cortex-A77、ARM Cortex-A76AE ARM Cortex-A65、ARM Cortex-A65AE ARM Cortex-A34、Marvell ThunderX3	-march 可设置为 ARMv8.6-a +f32mm、+f64mm +sve2、+sve2-sm4

1.11.2　QEMU 模拟器对 ARMv8 架构的支持

QEMU 模拟器对 ARMv8 架构的新特性的支持也比较及时。表 1.9 展示了各版本 QEMU 模拟器支持的 ARMv8 架构特性。更详细的描述可以参考 QEMU 的官方网站，一般需要使用源代码编译最新的 QEMU 模拟器来获取更多功能。

表 1.9　各版本 QEMU 模拟器支持的 ARMv8 架构特性

QEMU 模拟器版本	对 ARMv8 架构特性的支持
QEMU-4.0	支持 ARMv8.0-SB、ARMv8.0-PredInv、ARMv8.1-HPD、ARMv8.1-LOR、ARMv8.2-FHM、ARMv8.3-PAuth、ARMv8.3-JSConv、ARMv8.5-BTI
QEMU-4.2	支持 SVE
QEMU-5.0	支持 ARMv8.1-VHE、ARMv8.1-VMID16、ARMv8.1-PAN、ARMv8.1-PMU、ARMv8.2-UAO、ARMv8.2-DCPoP、ARMv8.2-ATS1E1、ARMv8.2-TTCNP、ARMv8.3-RCPC、ARMv8.3-CCIDX、ARMv8.4-PMU、ARMv8.4-RCPC

第 2 章 汇编与编译技术入门

2.1 通过 C/C++学习汇编语言

2.1.1 位运算通用优化技巧

有一本年代比较久远的书 *Hacker's Delight*，这本书介绍的内容其实与汇编语言没有关系，但是值得每一位做底层库优化的工程师了解。这本书介绍了各种位运算技巧、浮点优化算法、各类基本编码优化算法等。幸运的是，在 2013 年的时候，这本书出了第 2 版。

有一道经典的面试题目，"判断一个无符号整数是否为 2 的 n 次方"。比较好的一个解答技巧就可以从这本书中找到。"$x \& (x-1)$"会把一个无符号整数的最右边的 1 位清零，例如，它会将 0b0010111 变成 0b0010110，如果 x 是 2 的 n 次方，那么 x 有且仅有一位为 1，因此 $x \& (x-1)$就会变成 0。这样，通过一条指令就能判断出某个无符号整数是否为 2 的 n 次方了。

这本书介绍大量诸如此类的小技巧，是底层优化工程师不可或缺的算法图书。

2.1.2 利用 ARM 的 ubfiz 等指令优化位操作

既然有了 *Hacker's Delight*，为什么还要介绍 ARM 的位操作指令呢？因为很多必要的功能需要很多条指令才能实现，但是处理器厂商（如 ARM 公司）可以把很多条指令简化成一条指令。

以下代码用于实现一个与操作和一个求 2 的幂的乘法操作。

```
int fun(int x) {
    x = x & 0x1fff;
    x = x*8;
```

```
    return x;
}
```

以上代码片段可以通过 ARM 的 ubfiz 优化成一条指令。下面是两段完整的测试代码。第一段是汇编代码，用来实现 ubfiz() 函数。

```
# $ cat ubfiz.S
    .align  3
    .global ubfiz
    .type   ubfiz, %function

ubfiz:
    ubfiz   x0, x1, 1, 6
    ret
```

第二段是 C 语言代码，用来调用以汇编语言实现的 ubfiz() 函数。

```
$ cat main.c
#include <stdio.h>
#include <stdlib.h>

typedef unsigned long long uint64_t;

uint64_t ubfiz(uint64_t a, uint64_t b);

int main() {
    uint64_t a = ubfiz(a, 0xf0);
    printf("a=%llx\n", a);
    return 0;
}
```

ARM 架构类似的指令还有很多，例如，CLZ 指令可以用来计算某个整数前导 0 的数目，可以用于规格化浮点数，具体请参考 ARM 手册。

2.1.3　指令与数据保序

随着优化技术的进步，为了提高性能，编译器会采取各种手段。指令乱序、存储复用很常见。但有时候一些算法具有重复性和数据局部性，这个时候编译器采取操作反而会让优化后的代码性能降低，并且增加了手工优化的难度。这个时候使用如下的屏障指令可以保证某段程序指令和数据的独立性，保证程序算法的顺序。

```
__asm__ __volatile__ ("nop":);
```

2.2　ARM64 NEON 技术

单指令多数据（Single Instruction Multiple Data，SIMD）是一种使用一条指令就可以同时处理多个数据的技术，其实现原理是把要处理的多个数据批量加载到位宽比较大的寄存器中，然后使用一条专用的指令对这些数据进行并行处理，如图 2.1 所示。SIMD 可以显著提高处理大块数据的性能，广泛应用于音视频编解码、图形处理及机器学习领域。

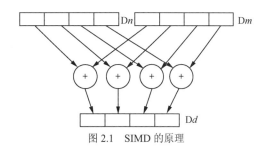

图 2.1　SIMD 的原理

　　ARM 最初是在 ARMv6 上引入 SIMD 技术的，那时 SIMD 指令只能对通用寄存器中的数据进行并行处理，而 ARMv7 新增加了 16 个 128 位的向量寄存器，专门供 SIMD 指令使用，不再支持在通用寄存器上进行 SIMD 操作，为了与前一代的 SIMD 区分，就称为 ASIMD（Advanced SIMD）技术，也就是下面要介绍的 NEON 技术。在 ARMv8 的 AArch64 执行状态下又对 NEON 做了进一步扩展，例如，将 128 位的寄存器从 16 个增加到了 32 个，为了进一步提升计算性能和程序的可移植性，ARMv8.2 中引入了可伸缩向量扩展（Scalable Vector Extension，SVE）技术，不再约定向量寄存器的位宽，但是位宽必须是 128 的整数倍，最多为 2048 位。通过 SVE 技术不用重新编译就可以让同一个可执行程序运行在不同向量位宽的 CPU 上，但是仅在 AArch64 执行状态下才能使用 SVE 指令，而在最新的 ARMv9 上又引入了 SVE2 技术，对 SVE 和 NEON 进行了扩展和增强。ARMv8 在 AArch32 执行状态下的 NEON 技术与 ARMv7 下的相同，本节只介绍 AArch64 执行状态下的 NEON 技术。

　　ARMv8 架构中的 NEON 和 SVE 就基于 SIMD 技术，并且从软件到硬件都提供了完整的实现方案。

2.2.1　NEON 寄存器

　　在支持 NEON 的 CPU 中负责执行 SIMD 指令的模块称为 NEON 单元。NEON 单元包含 32 个 128 位的向量寄存器 V0～V31，一个向量（V）寄存器（见图 2.2）可以被平均划分成若干个位宽相同的**通道**（lane）。其中，每个通道中存放的数据称为**元素**（element），并且一个向量寄存器中存放的所有元素的数据类型必须相同。NEON 指令可以对划分出的这些通道中存放的元素进行并行处理，并且保证相邻的通道互相独立，例如，即使通道 0 中存放的元素在运算时发生了溢出，也不会向通道 1 进位。

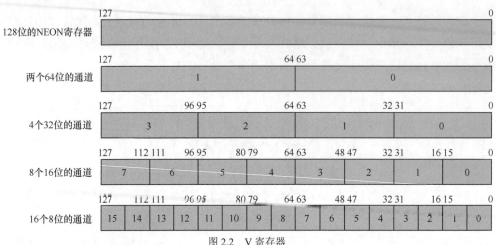

图 2.2　V 寄存器

通道的划分方式如表 2.1 所示。

表 2.1　通道的划分方式

位宽	标识	可存放的数据类型
8	B (byte)	char、unsigned char
16	H (half word)	short、unsigned short
32	S (word)	int、unsigned int
64	D (double word)	long int、unsigned long int

　　根据寄存器的划分和访问方式，在 NEON 指令中操作数的写法也会不同，分为向量和标量两种写法。其中，向量写法一次可以访问多个通道的数据，而标量写法只能访问一个通道的数据。表 2.2 所示为操作数的写法。

表 2.2　操作数的写法

操作数类型	示例	含义
向量（vector）	V0.8B	将 V0 寄存器按 8 位宽等分为 16 个通道，然后访问前 8 个通道存放的 8 个元素
	V0.16B	将 V0 寄存器按 8 位宽等分为 16 个通道，然后访问这 16 个通道存放的 16 个元素
	V0.4H	将 V0 寄存器按 16 位宽等分为 8 个通道，然后访问前 4 个通道存放的 4 个元素
	V0.2S	将 V0 寄存器按 32 位宽等分为 4 个通道，然后访问前两个通道存放的两个元素
	V0.2D	将 V0 寄存器按 64 位宽等分为两个通道，然后访问这两个通道中存放的两个元素
标量（scalar）	V0.B[0]	将 V0 寄存器按 8 位宽等分为 16 个通道，然后访问通道 0 中存放的元素
	V0.S[2]	将 V0 寄存器按 32 位宽等分为 4 个通道，然后访问通道 2 中存放的元素
	D0	只访问向量寄存器 V0 的低 64 位
	D1	只访问向量寄存器 V1 的低 64 位

需要注意的是，对于向量写法，操作数表示的通道的总的位宽必须等于 64 或者 128，否则会导致编译错误，如 V0.4B、V0.1S、V0.3S 等都是不合法的。

NEON 寄存器也可以用于浮点运算。根据浮点数的位宽，浮点寄存器可以分为如下 3 种。

- □ 16 位宽的浮点寄存器：一共有 32 个，只访问低 16 位，用 H0～H31 表示。
- □ 32 位宽的浮点寄存器：一共有 32 个，只访问低 32 位，用 S0～S31 表示。
- □ 64 位宽的浮点寄存器：一共有 32 个，只访问低 64 位，用 D0～D31 表示。

图 2.3 展示了 4 种寄存器的结构。

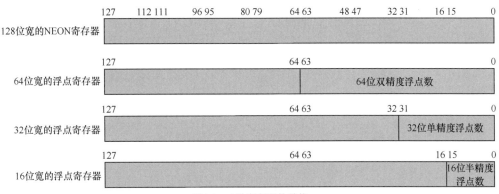

图 2.3 4 种寄存器的结构

上面提到的 V 寄存器、D 寄存器、S 寄存器及 H 寄存器在硬件实现上是复用的，用于适应不同的运算，如表 2.3 所示。

表 2.3 硬件寄存器的复用

运算类型	示例
整型向量运算	add v0.4h, v1.4h, v2.4h
浮点向量运算	faddp v0.2s,v1.2s,v2.2s
浮点标量运算	fadd s0, s1, s2 fadd d0, d1, d2
整数标量运算	add d0, d1, d2

2.2.2 调试环境

在学习 NEON 指令时，使用 QEMU 与 GDB 可以实现对 NEON 指令的单步调试，并查看执行过程中寄存器的变化。对于 QEMU，这里选用的版本是 4.1，GDB 使用的是 aarch64-linux-gnu-gdb，版本是 8.3。下面介绍调试方法。

编译指令如下。

```
aarch64-linux-gnu-gcc -g demo.c -o demo -Wall -march=armv8-a+simd-static
```

运行 qemu-aarch64，同时用 **-g** 设置等待 GDB 连接的端口号。

```
qemu-aarch64-g 1234 ./demo
```

运行 aarch64-linux-gnu-gdb。

```
aarch64-linux-gnu-gdb ./demo
(gdb) target remote :1234
(gdb) b main
(gdb) c
```

使用 s 或者 n 单步执行程序。如果你想查看寄存器的值，可以使用 info all-registers，或者 info registers；如果你只想查看向量寄存器的值，则需要使用 info vector；如果你想查看某个向量寄存器的值，可以使用 info registers v1 或 p $ v1。下面分别是 V1 寄存器按不同输出格式输出的值。

```
(gdb) info registers v1
v1               {
d = {f = {0x0, 0x7fffffffffffffff}, u = {0x0, 0x7261610000000000},
s = {0x0, 0x7261610000000000}}, s = {f = {0x0, 0x0, 0x0, 0xffffffff},
u = {0x0, 0x0, 0x0, 0x72616100}, s = {0x0, 0x0, 0x0, 0x72616100}},
h = {u = {0x0, 0x0, 0x0, 0x0, 0x0, 0x0, 0x6100, 0x7261},
s = {0x0, 0x0, 0x0, 0x0, 0x0, 0x0, 0x6100, 0x7261}},
b = {u = {0x0 <repeats 13 times>, 0x61, 0x61, 0x72},
s = {0x0 <repeats 13 times>, 0x61, 0x61, 0x72}},
q = {u = {0x72616100000000000000000000000000},
s = {0x72616100000000000000000000000000}}}


(gdb) p $v1
$1 = {
d = {f = {0, 9.2706238162132724e+242}, u = {0, 8241975445692612608},
s = {0, 8241975445692612608}},
s = {f = {0, 0, 0, 4.46408915e+30}, u = {0, 0, 0, 1918984448},
s = {0, 0, 0, 1918984448}},
h = {u = {0, 0, 0, 0, 0, 0, 24832, 29281},
s = {0, 0, 0, 0, 0, 0, 24832, 29281}},
b = {u = {0 <repeats 13 times>, 97, 97, 114},
s = {0 <repeats 13 times>, 97, 97, 114}},
q = {u = {152037611708489842003032585899268374528},
s = {152037611708489842003032585899268374528}}}
```

上面将 V1 寄存器划分为不同位宽的通道，然后按照不同的数据类型输出每个通道的值。其中，d 表示按宽度为 64 位划分为两个通道，s 表示按宽度为 32 位划分为 4 个通道，h 表示按宽度为 16 位划分为宽度为 8 个通道，b 表示按宽度为 8 位划分为 16 个通道，q 表示 128 位的通道。最后对不同通道中存放的元素分别按照浮点数、无符号数和有符号数进行输出。

2.2.3　NEON 编程

在使用 NEON 指令进行程序开发时，有如下 4 种方式。

❑　使用 NEON 汇编指令直接编写汇编代码。

❑　使用内联汇编。

- ❑　使用 NEON 内部函数。
- ❑　使用编译器向量化编译。

下面结合一个简单的向量相加的例子分别介绍上面 4 种开发方式。

1. 使用 NEON 汇编指令直接开发

下面定义了 3 个类型和大小均相同的数组 array1、array2 和 array3，将 array1 和 array2 中相同索引的元素相加，再将结果存放到 array3 中相同的位置。为了方便演示，数组的定义和输出用 C 语言代码实现，而核心的相加操作使用 NEON 汇编代码实现。

```
main.c:
 1   #include <stdio.h>
 2
 3  void array_add(unsigned char *, unsigned char *, unsigned char *);
 4
 5  int main(int argc, const char *argv[])
 6  {
 7      unsigned char array1[16] = {1, 2, 3, 4, 5, 6, 7, 8, 9, 10, 11, 12, 13, 14, 15, 16};
 8      unsigned char array2[16] = {16, 15, 14, 13, 12, 11, 10, 255, 8, 7, 6, 5, 4, 3, 2 ,1};
 9      unsigned char array3[16] = {0};
10      int i;
11
12      array_add(array3, array1, array2);
13
14      for (i = 0; i < 16; i++)
15              printf("%03u + %03u = %03u\n", array1[i], array2[i], array3[i]);
16
17      return 0;
18  }
```

下面是用汇编代码实现的加法操作，根据 AAPCS64 规范，传入的第 1 个参数 array3 的值存放在 X0 寄存器中，传入的第 2 个参数 array2 的值存放在 X1 寄存器中，传入的第 3 个参数的值存放在 X2 寄存器中。

```
neon_assembly.S:
 1          .global array_add
 2          .text
 3  array_add:
 4          ld1 {v0.16b}, [x1]
 5          ld1 {v1.16b}, [x2]
 6          add v2.16b, v0.16b, v1.16b
 7          st1 {v2.16b}, [x0]
 8          ret
```

第 4 行将 V0 划分成 16 个 8 位的通道，然后从 X1 寄存器存放的内存起始地址中读取 16 字节，从低到高依次放入对应的通道中，也就是将 array1 中的元素加载到 V0 寄存器中。

第 5 行将数组 array2 中的元素加载到 V1 寄存器中。

第 6 行执行相加操作，将 V0 寄存器和 V1 寄存器中对应的元素相加，将结果放入 V2 寄存器的对应元素中，如图 2.4 所示。

第 7 行将 V2 寄存器中存放的 16 个元素从低到高依次放入 X0 寄存器指定的内存单元中。

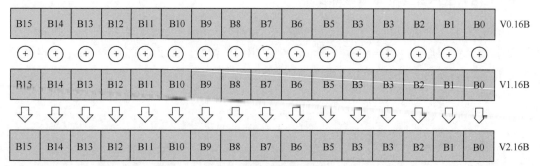

图 2.4　add 指令示意图

编译用的 Makefile 如下。

```
 1  CC=aarch64-linux-gnu-gcc
 2  CFLAGS=-Wall -march=armv8-a+simd -g
 3  ASFLAGS=-Wall -march=armv8-a+simd -g
 4  LDFLAGS=--static
 5
 6  all:array_add_assembly
 7
 8  array_add_assembly:main.o neon_assembly.o
 9      $(CC) $^ $(CFLAGS) $(LDFLAGS) -o $@
10
11  main.o:%.o:%.c
12
13  neon_assembly.o:%.o:%.S
14
15  clean:
16      rm -rf *.o array_add_assembly
17  .PHONY:clean all
```

要运行这个程序，在 PC 上需要使用 qemu-aarch64，这里采用的版本是 4.1。

```
$ qemu-aarch64 ./array_add_assembly
001 + 016 = 017
002 + 015 = 017
003 + 014 = 017
004 + 013 = 017
005 + 012 = 017
006 + 011 = 017
007 + 010 = 017
008 + 255 = 007
```

```
009 + 008 = 017
010 + 007 = 017
011 + 006 = 017
012 + 005 = 017
013 + 004 = 017
014 + 003 = 017
015 + 002 = 017
016 + 001 = 017
```

输出结果中出现了"008+255=007",这是因为根据指令每个通道占 8 位,所以相加溢出后会重新从 0 开始。此外,NEON 规定,通道中存放的元素在运算时上溢或者下溢后不会影响相邻通道中元素的值。

2. 使用内联汇编

内联汇编就是在 C 语言中直接嵌入汇编程序。内联汇编的基本形式如下。

```
asm(code[:output_operand_list[:input_operand_list[: clobber_list]]]);
```

其中,每一部分的含义如下。

- ❑ code:汇编代码,如果代码有多行,建议用"\n\t"分隔开。
- ❑ output_operand_list:在汇编代码中会被修改并作为输出的 C 语言变量,用逗号分隔开。
- ❑ input_operand_list:在汇编代码中作为输入的 C 语言表达式,用逗号分隔开。
- ❑ clobber_list:在汇编代码中会被修改但是不作为输出的寄存器或者其他值。

下面采用内联汇编的方式对上面的程序进行改写。

```
inline_main.c:
1  #include <stdio.h>
2
3  int main(int argc, const char *argv[])
4  {
5    unsigned char array1[16] = {1, 2, 3, 4, 5, 6, 7, 8, 9, 10, 11, 12, 13, 14, 15, 16};
6    unsigned char array2[16] = {16, 15, 14, 13, 12, 11, 10, 255, 8, 7, 6, 5, 4, 3, 2 ,1};
7    unsigned char array3[16] = {0};
8    int i;
9
10   asm volatile (
11       "ld1 {v0.16b}, [%x[array1]]   \n\t"
12       "ld1 {v1.16b}, [%x[array2]]   \n\t"
13       "add v2.16b, v0.16b, v1.16b  \n\t"
14       "st1 {v2.16b}, [%x[array3]]   \n\t"
15       :
16       :[array1] "r" (array1), [array2] "r" (array2), [array3] "r" (array3)
17       :"memory", "v0", "v1", "v2"
18       );
19
```

```
20    for (i = 0; i < 16; i++)
21        printf("%03u + %03u = %03u\n", array1[i], array2[i], array3[i]);
22
23    return 0;
24  }
```

在第 11 行代码中，%x[array1]表示将使用 X0 寄存器存放 array1 数组的首地址。

在第 17 行代码中，因为执行完内联汇编中的指令后，某些内存单元的内容及 V0～V2 寄存器的内容都发生了变化，所以需要将 "memory" 及被修改的寄存器名字放到内联汇编的 clobber_list 中。

关于 GCC 中内联汇编的用法，请参考 GCC 在线文档。

使用如下代码编译和运行。

```
$aarch64-linux-gnu-gcc -g -Wall -march=armv8-a+simd --static inline_main.c -o inline_main
$ qemu-aarch64 ./inline_main
```

3. 使用 NEON 内部函数

NEON 内部函数在其他一些资料里叫作 NEON Intrinsics，它在 GCC 编译器里内置了多种专门用于 NEON 运算的向量数据类型和函数，可以在 C/C++代码里直接使用，而将分配寄存器以及优化任务留给了编译器。相比直接使用汇编指令，NEON 内部函数的可移植性和可维护性大大增强。

NEON 内部函数涉及的向量数据类型将来会被编译器映射到 NEON 寄存器，而大部分 NEON 汇编指令会有对应的 NEON 内部函数。在编译时，编译器会直接将 NEON 内部函数转换为 NEON 指令，所以内部函数不是通常我们理解的函数。

在使用 NEON 内部函数时，需要包含头文件 arm_neon.h，其中声明了要用的数据类型及函数接口。

1）向量数据类型

表示向量数据类型的关键字遵循如下格式。

```
<type><size>x<number_of_lane>_t
```

例如，int16x4_t 表示将向量寄存器按宽度为 16 位划分成 8 个通道，访问前 4 个通道，每个通道中存放一个 16 位的有符号数。这里同样需要注意的是，每种向量数据类型占用的总的位宽必须等于 64 或者 128。

上面使用了一个二维的向量数据类型，有时还会用到三维的向量数据类型，其格式如下。

```
<type><size>x<number_of_lanes>x<length_of_array>_t
```

例如，int16x4x2_t 表示两个 int16x4_t，在 arm_neon.h 中的声明形式如下。

```
typedef struct int16x4x2_t
{
    int16x4_t val[2];
} int16x4x2_t;
```

上面的这个三维向量需要映射到两个 NEON 寄存器。

2）函数接口

大部分 NEON 指令由对应的内部函数实现，下面选取一部分函数进行说明。

表 2.4 列出了一部分实现加法功能的函数。

表 2.4 实现加法功能的函数

函数	寄存器映射	AArch64 汇编指令	返回值
int8x8_t vadd_s8 (int8x8_t a,int8x8_t b)	a→Vn.8B b→Vm.8B	ADD Vd.8B,Vn.8B,Vm.8B	Vd.8B
uint32x4_t vaddq_u32 (uint32x4_t a,uint32x4_t b)	a→Vn.4S b→Vm.4S	ADD Vd.4S,Vn.4S,Vm.4S	Vd.16B
uint64_t vpaddd_u64 (uint64x2_t a)	a→Vn.2D	ADDP Dd,Vn.2D	Dd

表 2.5 列出了一部分实现减法功能的函数。

表 2.5 实现减法功能的函数

函数	寄存器映射	AArch64 汇编指令	返回值
int32x4_t vsubq_s32 (int32x4_t a,int32x4_t b)	a→Vn.4S b→Vm.4S	SUB Vd.4S,Vn.4S,Vm.4S	Vd.4S

表 2.6 列出了一部分实现乘法功能的函数。

表 2.6 实现乘法功能的函数

函数	寄存器映射	AArch64 汇编指令	返回值
int32x2_t vmul_s32 (int32x2_t a,int32x2_t b)	a→Vn.2S b→Vm.2S	MUL Vd.2S,Vn.2S,Vm.2S	Vd.2S

表 2.7 列出了一部分实现复制功能的函数。

表 2.7 实现复制功能的函数

函数	寄存器映射	AArch64 汇编指令	返回值
uint8x8_t vdup_n_u8 (uint8_t value)	value→Wn	DUP Vd.8B,wn	Vd.8B
int32x2_t vdup_lane_s32 (int32x2_t vec,const int lane)	vec→Vn.2S 0≤lane≤1	DUP Vd.2S,Vn.S[lane]	Vd.2S

表 2.8 列出了一部分实现加载功能的函数。

表 2.8　实现加载功能的函数

函数	寄存器映射	AArch64 汇编指令	返回值
int32x4_t vld1q_s32 (int32_t const * ptr)	ptr→Xn	`LD1 {Vt.4S},[Xn]`	Vt.4S
int32x2_t vld1_lane_s32 (int32_t const * ptr,int32x2_t src,const int lane)	ptr→Xn src→Vt.2S 0≤lane≤1	`LD1 {Vt.S}[lane],[Xn]`	Vt.2S
int32x4x2_t vld2q_s32 (int32_t const * ptr)	ptr→Xn	`LD2 {Vt.4S - Vt2.4S},[Xn]`	Vt2.4S→result.val[1] Vt.4S→result.val[0]

表 2.9 列出了一部分实现存储功能的函数。

表 2.9　实现存储功能的函数

函数	寄存器映射	AArch64 汇编指令	返回值
void vst1q_s32 (int32_t * ptr,int32x4_t val)	ptr→Xn val→Vt.4S	`ST1 {Vt.4S},[Xn]`	—
void vst1q_lane_s32 (int32_t * ptr,int32x4_t val,const int lane)	ptr→Xn val→Vt.4S 0≤lane≤3	`ST1 {Vt.s}[lane],[Xn]`	—
void vst2q_u32 (uint32_t * ptr,uint32x4x2_t val)	ptr→Xn val.val[1]→Vt2.4S val.val[0]→Vt.4S	`ST2 {Vt.4S - Vt2.4S},[Xn]`	—

表 2.10 列出了一部分实现数据类型转换功能的函数。

表 2.10　实现数据类型转换功能的函数

函数	寄存器映射	AArch64 汇编指令	返回值
int16x4_t vreinterpret_s16_s8 (int8x8_t a)	a→Vd.8B	NOP	Vd.4H
uint32x2_t vreinterpret_u32_s8 (int8x8_t a)	a→Vd.8B	NOP	Vd.2S

下面调用 NEON 内部函数对之前的程序进行修改。

```
instrinsics_main.c:
1   #include <stdio.h>
2   #include <arm_neon.h>
3
4   int main(int argc, const char *argv[])
5   {
6       unsigned char array1[16] = {1, 2, 3, 4, 5, 6, 7, 8, 9, 10, 11, 12, 13, 14, 15, 16};
7       unsigned char array2[16] = {16, 15, 14, 13, 12, 11, 10, 255, 8, 7, 6, 5, 4, 3, 2 ,1};
8       unsigned char array3[16] = {0};
```

```
9       uint8x16_t data1, data2, data3;
10      int i;
11
12      data1 = vld1q_u8(array1);
13      data2 = vld1q_u8(array2);
14
15      data3 = vaddq_u8(data1, data2);
16
17      vst1q_u8(array3, data3);
18
19      for (i = 0; i < 16; i++)
20              printf("%03u + %03u = %03u\n", array1[i], array2[i], array3[i]);
21
22      return 0;
23  }
```

第 12 和 13 行代码用于将要处理的数据加载到向量寄存器中。

第 15 行代码执行相加操作。

第 17 行代码将结果存储到内存中。

使用如下代码编译、运行。

```
$ aarch64-linux-gnu-gcc -g -Wall --static -march=armv8-a+simd instrinsics_main.c -o
instrinsics_main
```

4. 使用编译器向量化编译

使用编译器本身提供的向量化编译选项进行程序开发不需要显式地调用任何 NEON 指令，而利用 GCC 提供的向量化编译选项自动完成。在编译时，如果将优化等级设置为 O3，就会开启自动向量化功能。

为了让编译器在编译时安全、高效、自动地产生向量化指令，在编写源代码时需要给编译器提供一些额外的信息。下面是一些建议。

❑ 让编译器知道待优化的循环将要执行的次数。例如，循环次数是一个常量或者偶数。下面的代码中，如果我们能够确信循环次数一定是 4 的倍数，就可以加入将次数的低两位清零的操作。

```
int accumulate(int * c, int len)
{
    int i, retval;

    for(i=0, retval = 0; i < (len & ~3) ; i++){
        retval += c[i];
    }

    return retval;
}
```

- ❏ 避免两次循环之间出现依赖关系。
- ❏ 使用 restrict 关键字告诉编译器被修饰的指针指向的区域的读写只能通过当前指针来进行。例如，下面的代码中，如果不加入 restrict 关键字，那么编译器会假定 $e[i]$ 和 $d[i+1]$ 访问的是相同的地址，从而造成两次循环之间出现依赖关系，编译时就无法自动完成向量化。

```c
int accumulate2(char * c, char * d, char * restrict e, int len)
{
    int i;

    for(i=0 ; i < (len & ~3) ; i++){
        e[i] = d[i] + c[i];
    }

    return i;
}
```

- ❏ 避免在循环中出现条件判断。
- ❏ 要使用合适的数据类型，用能装下待处理数据的最小数据类型，例如，对 16 位的数据，就用 int16_t 或者 uint16_t，不要使用 32 位的数据类型。此外，不要使用 NEON 不支持的数据类型，如双精度浮点类型。对于 64 位的整数，NEON 只支持一些特定的操作，所以尽量避免使用 long long 类型的变量。

下面使用这种方式对之前的代码进行改造，为了明显地看出向量化的结果，对测试程序的数据类型做了修改。

```c
vectorize_main.c:
#include <stdio.h>

void array_add(unsigned int *src1, unsigned int *src2, unsigned int * restrict dst,
    unsigned int len)
{
    int i;

    for (i = 0; i < (len&~3); i++)
        dst[i] = src1[i] + src2[i];
}

int main(int argc, const char *argv[])
{
    unsigned int array1[16] = {1, 2, 3, 4, 5, 6, 7, 8, 9, 10, 11, 12, 13, 14, 15, 16};
    unsigned int array2[16] = {16, 15, 14, 13, 12, 11, 10, 255, 8, 7, 6, 5, 4, 3, 2 ,1};
    unsigned int array3[16] = {0};
    int i;

    array_add(array1, array2, array3, 16);
```

```
        for (i = 0; i < 16; i++)
                printf("%03u + %03u = %03u\n", array1[i], array2[i], array3[i]);

        return 0;
}
```

使用如下代码对上面的代码进行编译和反汇编。

```
$ aarch64-linux-gnu-gcc -O3-c vectorize_main.c -o vectorize_main.o
$ aarch64-linux-gnu-objdump -D vectorize_main.o > vectorize_main.o.S
```

下面是反汇编结果中自动向量化的部分。

```
0000000000000000 <array_add>:
   0:  721e7463    ands   w3, w3, #0xfffffffc
   4:  54000180    b.eq   34 <array_add+0x34>  // b.none
   8:  53027c64    lsr    w4, w3, #2
   c:  d2800003    mov    x3, #0x0             // #0
  10:  d37cec84    lsl    x4, x4, #4
  14:  d503201f    nop
  18:  3ce36820    ldr    q0, [x1, x3]
  1c:  3ce36801    ldr    q1, [x0, x3]
  20:  4ea18400    add    v0.4s, v0.4s, v1.4s
  24:  3ca36840    str    q0, [x2, x3]
  28:  91004063    add    x3, x3, #0x10
  2c:  eb03009f    cmp    x4, x3
  30:  54ffff41    b.ne   18 <array_add+0x18>  // b.any
  34:  d65f03c0    ret
```

2.2.4 不同 NEON 开发方式的比较

前面介绍了 4 种 NEON 开发方式，每种都有各自的优点和缺点。不同 NEON 开发方式的优缺点如表 2.11 所示。

表 2.11 不同 NEON 开发方式的优缺点

开发方式	优点	缺点
纯汇编开发	有经验的开发者可以使程序获得最大限度的性能提升	开发难度较高，且代码难以维护，可移植性不高
内联汇编	有经验的开发者可以使程序获得最大限度的性能提升	开发难度较高，且代码难以维护，可移植性不高
NEON 内部函数	可移植性好，容易上手，易于维护	并不是所有的 NEON 指令有对应的函数接口，而且性能受所使用的工具链的影响较大
编译器的自动向量化	不用学习新的指令和 API	依赖的规则较多，需要对程序进行优化，而且优化不慎可能会导致程序运行结果出错

综上所述，推荐使用 NEON 内部函数的开发方式。

2.2.5　SIMD 优化技巧

AArch64 的 NEON 指令集有 V0～V31 这 32 个向量寄存器，如果待优化代码比较庞大，那么这 32 个向量寄存器可能都需要用到。查阅官方手册可知，只有 V8～V15 这 8 个寄存器需要被调函数保存，并且只需要保存它们的低 64 位。读者可以在自己的代码中使用以下模板。

```
function_entry:
    // 将向量寄存器的值保持到栈中
    stp    d8,    d9,    [sp, -128]
    stp    d10,   d11,   [sp, 16]
    stp    d12,   d13,   [sp, 32]
    stp    d14,   d15,   [sp, 48]

    // 从栈中恢复向量寄存器的值
    ldp    d10,   d11,   [sp, 16]
    ldp    d12,   d13,   [sp, 32]
    ldp    d14,   d15,   [sp, 48]
    ldp    d8,    d9,    [sp], 128
    ret
```

2.2.6　实际案例

表 2.12 列出了一些使用 NEON 指令进行代码优化的开源软件。

表 2.12　一些使用 NEON 指令进行代码优化的开源软件

项目	描述
Ne10	使用汇编和 NEON 指令加速的代码库，向上提供了 C 语言调用接口
Libyuv	YUV 缩放和转换的开源项目
ffmpeg	用于音视频编解码
x264	一种 H264 编码器
Skia	一种开源的 2D 图形库
ARM Compute Library	基于 ARM 处理器和 GPU 且用于图形处理、计算机视觉及机器学习的算法库

2.3　RISC-V 汇编介绍

在 RISC-V 普及的大形势下，花一点时间学习相关的知识是必要的。汇编语言是基础，也是连接软件和硬件的桥梁，本节内容将讲述 RISC-V 的指令集，最后会展示关于 RISC-V 启动代码的实例。

表 2.13 展示了 RISC-V 的 33 个通用寄存器。

表 2.13 RISC-V 的 33 个通用寄存器

寄存器	ABI 标准化名称	描述
X0	zero	硬件连线到零，忽略写入操作
X1	ra	保存跳转操作的返回地址
X2	sp	栈指针
X3	gp	全局指针
X4	tp	线程指针
X5	t0	临时寄存器 0
X6	t1	临时寄存器 1
X7	t2	临时寄存器 2
X8	s0 或者 fp	跨函数调用保留寄存器 0，可用于保存栈帧指针
X9	s1	跨函数调用保留寄存器 1
X10	a0	函数返回值或者函数参数 0
X11	a1	函数返回值或者函数参数 1
X12	a2	函数参数 2
X13	a3	函数参数 3
X14	a4	函数参数 4
X15	a5	函数参数 5
X16	a6	函数参数 6
X17	a7	函数参数 7
X18	s2	跨函数调用保留寄存器 2
X19	s3	跨函数调用保留寄存器 3
X20	s4	跨函数调用保留寄存器 4
X21	s5	跨函数调用保留寄存器 5
X22	s6	跨函数调用保留寄存器 6
X23	s7	跨函数调用保留寄存器 7
X24	s8	跨函数调用保留寄存器 8
X25	s9	跨函数调用保留寄存器 9
X26	s10	跨函数调用保留寄存器 10
X27	s11	跨函数调用保留寄存器 11
X28	t3	临时寄存器 3
X29	t4	临时寄存器 4
X30	t5	临时寄存器 5
X31	t6	临时寄存器 6
PC	无	程序计数器

2.3.1　RISC-V 汇编指令说明

rd 表示指令里的目的通用寄存器。

rs1 和 rs2 表示指令里的源通用寄存器。

imm 表示指令里的立即数。

val(x) 表示 x 寄存器里的值。

ext(x) 表示 x 寄存器里的值是符号位扩展。

signed(x) 表示 x 寄存器里的值是有符号数。

read_mem_byte(addr) 表示读取内存里 addr 的一字节。

read_mem_halfword(addr) 表示读取内存里 addr 的半字（两字节）。

read_mem_word(addr) 表示读取内存里 addr 的字（4 字节）。

write_mem_byte(addr,byte) 表示把 byte 写入内存的 addr 里。

write_mem_halfword(addr,halfword) 表示把 halfword（半字，两字节）写入内存的 addr 里。

write_mem_word(addr) 表示把 word（字，4 字节）写入内存的 addr 里。

sra(val,off) 表示返回 val 算术右移 off 位的值。

表 2.14 展示了 RISC-V 汇编指令。

表 2.14　RISC-V 汇编指令

语法	指令描述	实现的操作
lui rd, imm	加载立即数	符号位扩展，左移，低位清零
auipc rd, imm	PC 操作	PC 加上符号扩展的 imm，左移，低位清零
jal rd, imm	跳转并链接	PC 加 4，再加符号扩展的 imm
jarl rd, rs1, imm	跳转并链接	PC+4 保存到 rd，修改 PC 值为 rs1+imm
beq rs1, rs2, imm	条件跳转	若 rs1==rs2，则 PC 偏移量等于符号扩展的 imm
bne rs1, rs2, imm	条件跳转	若 rs1!=rs2，则 PC 偏移量等于符号扩展的 imm
blt rs1, rs2, imm	条件跳转	若 rs1<rs2（有符号），则 PC 偏移量等于符号扩展的 imm
bge rs1, rs2, imm	条件跳转	若 rs1≥rs2（有符号），则 PC 偏移量等于符号扩展的 imm
bltu rs1, rs2, imm	条件跳转	若 rs1<rs2（无符号），则 PC 偏移量等于符号扩展的 imm
begu rs1, rs2, imm	条件跳转	若 rs1≥rs2（无符号），则 PC 偏移量等于符号扩展的 imm
lb rd, imm(rs1)	数据加载	以字节为单位加载内存里的有符号数到 rd
lh rd, imm(rs1)	数据加载	以半字节为单位加载内存里的有符号数到 rd
lw rd, imm(rs1)	数据加载	以字为单位加载内存里的有符号数到 rd
lbu rd, imm(rs1)	数据加载	以字节为单位加载内存里的无符号数到 rd
lhu rd, imm(rs1)	数据加载	以半字节为单位加载内存里的无符号数到 rd

语法	指令描述	实现的操作
sb rs2, imm(rs1)	数据存储	把 rs2 的低 8 位值写入内存
sh rs2, imm(rs1)	数据存储	把 rs2 的低 16 位值写入内存
sw rs2, imm(rs1)	数据存储	把 rs2 的低 32 位值写入内存
addi rd, rs1, imm	立即数加	rs1 加有符号立即数 imm 后写入 rd
slli rd, rs1, imm	逻辑左移	rs1 逻辑左移，imm 是无符号立即数
slti rd, rs1, imm	条件置位	若 rs1（有符号）< imm（有符号），则将 rd 置 1；否则，清零
sltiu rd, rs1, imm	条件置位	若 rs1（无符号）<imm（无符号），则将 rd 置 1；否则，清零
xori rd, rs1, imm	异或	rs1 和 imm（符号扩展）异或，结果存入 rd
srli rd, rs1, imm	逻辑右移	rs1 逻辑右移，imm 为无符号立即数
srai rd, rs1, imm	算术右移	rs1 算数右移，imm 为无符号立即数
ori rd, rs1, imm	或运算	对 rs1 和 imm（符号扩展）做或运算
addi rd, rs1, imm	与运算	对 rs1 和 imm（符号扩展）做与运算
add rd, rs1, rs2	加法	rs1 加 rs2，结果写入 rd
sub rd, rs1, rs2	减法	rs1 减 rs2，结果写入 rd
sll rd, rs1, rs2	逻辑左移	rs1 做逻辑左移，rs2 为移动的位数
slt rd, rs1, rs2	置位	若 rs1<rs2（都为有符号数），则向 rd 写入 1；否则，写入 0
xor rd, rs1, rs2	异或	对 rs1 和 rs2 做异或运算
srl rd, rs1, rs2	逻辑右移	对 rs1 做逻辑右移，rs2 为移动的位数
sra rd, rs1, rs2	算术右移	对 rs1 做算术右移，rs2 为移动的位数
or rd, rs1, rs2	按位或运算	对 rs1 和 rs2 做按位或运算
and rd, rs1, rs2	按位与运算	对 rs1 和 rs2 做按位与运算
mert	异常处理	从机器模式异常处理程序返回

2.3.2 RISC-V 启动代码的分析

本节分析 RISC-V 的启动引导。先下载 demo 项目、编译器，然后编译并运行。需要修改编译脚本里的编译器路径，打开项目中的 Makefile 文件，把第 4 行修改为当前编译器的路径，指令如下。

```
CROSS_COMPILE?=/mnt/ssd_prj/juicevm_gcc_embed_toolchains/bin/riscv64-unknown-elf-
```

下载指令、编译指令及编译日志如下。

```
git clone --recursive https://github.com/juiceRv/juicevm_boot.git
cd juicevm_boot
```

```
wget https://github.com/juiceRv/juicevm_gcc_embed_toolchains/releases/download/untagged-
e6628dd84a25318eead1/juicevm_gcc_embed_toolchains.tar.gz
tar vxf juicevm_gcc_embed_toolchains.tar.gz
```

```
[CC] printf/printf.c
[LD] Linking juicevm_boot.elf
/mnt/ssd_prj/juicevm_gcc_embed_toolchains/bin/riscv64-unknown-elf-gcc main.o printf/
printf.o start.o -o juicevm_boot.elf -march=rv64ima -mabi=lp64 -mcmodel=medany -nostartfiles -
Tjuicevm_boot_link.ld -lm
[LD] Linking juicevm_boot.bin
[OD] Objdump juicevm_boot_dump.s juicevm_boot.elf
```

编译完成后，使用 juicevm 模拟器来运行这个固件，在 Linux 系统下执行如下指令。

```
./juice_vm_release_for_Linux/juice_vm_for_Linux.out -a -g ./juicevm_boot.bin
```

在 Windows 系统中使用 cmd 执行如下指令。

```
.\juice_vm_release_for_mingw64\juice_vm_for_mingw64.exe -a -g .\juicevm_boot.bin
```

开始执行后会输出以下信息。

```
global_vm_log_init output_mode_sel: 0   JUICE_VM_LOG_MAX_NUM:6000
      _       _         _()  ___  __ \     / | \/  |
   _ | | | | | |/ __/ _ \ \ / /| |\/| |
  | |_| | |_| | | (_| __/\ V / | |  | |
   \___/ \__,_|_|_____| \_/  |_|  |_|
 email:            juicemail@163.com
version:033c7c03 033c7c03 Tue, 10 Aug 2021 14:42:00 +0800 xiaoxiaohuixxh feat(gdb):
fix window port
firm_addr:./juicevm_boot.bin
fd = 3
file_size = 12144
interrupt_vertor_register_mag_init
rv_csr_register_init
csr_addr_misa 8000000000140101
csr_addr_mvendorid 0000000000000000
csr_addr_marchid 0000000000000000
csr_addr_mimpid 0000000000000000
csr_addr_mhartid 0000000000000000
rv_peripheral_device_init
[rv64_sim][dev][mmu]rv.c(6622):rv_peripheral_device_mmu_init,Sv39 mode support only
[rv64_sim][dev][mtime]rv.c(6276):rv_peripheral_device_mtime_init
[rv64_sim][dev][mtime]rv.c(6295):pdev_mtime_irq_info 0x7fe99e36c230 80800003 80800007
[rv64_sim][proc][err]rv.c[interrupt_vertor_register](1964){pc:0000000000000000}:interrupt_
vertor_register err->irq info err irq_v 1 addr_min 4
[rv64_sim][dev][mtime]rv.c(6306):pdev_mtime_irq_info_on_umode (nil) 80800003 80800007
[rv64_sim][dev][uart0]rv.c(6067):rv_peripheral_device_uart0_init
[rv64_sim][dev][uart0]rv.c(6083):pdev_uart0_irq_info 0x7fe99e36c210
[rv64_sim][dev][uart0]rv.c(6084):pdev_uart0_write_addr 80800000
```

```
[rv64_sim][dev][uart0]rv.c(6085):pdev_uart0_state_addr 80800002
[rv64_sim][dev][fb0]framebuffer.c(28):rv_peripheral_device_fb0_init
rv sim start...
loading...
RV_CPU_SIM_RAM_START_ADDR 80000000
rv_cpu.reg.pc 80000000
instr 80000000 600117
cpu run...
a
r
main : 8
```

当 main : 8 输出时，C 语言的执行环境已经完成初始化，固件已经开始运行。下面我们看看整个执行过程。从程序开始执行，juicevm 默认会自动把整个 juicevm_boot.bin 文件加载到 0x80000000 地址，这个地址对应的就是 RAM。这个地址可以在 rv_config.h 文件中看到。我们从 juicevm_boot_link.ld 文件中可以看到以下内容。

```
OUTPUT_ARCH(riscv)
ENTRY(_start)
MEMORY
{
    ram  : org = 0x80000000, len = 8 * 1024 * 1024
}
```

ENTRY(_start) 声明了入口_start，所以_start 会存放在 0x80000000 地址上，机器会从_start 符号开始执行。_start 符号被写在 start.S 文件里。所以下面从 start.S 文件开始分析整个 C 语言执行环境的初始化过程。

```
    #include "rv_mtvec_map.h"// 引入一些串口的寄存器地址的宏定义
    .macro init;                // 声明一个宏定义 init
    .endm
    .section .init;             // 开始.init 块
    .option norvc               // 声明编译选项里不包含 risc-v 的压缩模块
    .option nopic
    .align   6;
    .weak reset_vector;         // 定义 reset_vector 弱符号
    .globl _start;              // 定义_start 符号是全局符号
    .type _start,@function      // 定义_start 是一个函数符号
_start:                         // _start 符号表示开始
    la sp, __stack_end          // 把__stack_end 赋予栈指针，初始化栈寄存器
    addi s2, x0, 'a';           // 把 'a'的 ASCII 值加上 x0 寄存器的值写入 s2 寄存器
    li  t1, pdev_uart0_write_addr; // 把 pdev_uart0_write_addr 宏的值写到 t1 寄存器
    sb s2,0(t1);          // 把 s2 寄存器的值写入 t1 寄存器的值偏移 0 的地址上，
                          // 因为 t1 寄存器的值为 pdev_uart0_write_addr,s2 寄存器的值为 'a',
                          // 所以这里相当于 *(pdev_uart0_write_addr) = 'a',串口会输出字符 a
    addi s2, x0, '\n';          // 把 '\n'的 ASCII 值加上 x0 寄存器的值写入 s2 寄存器
    li  t1, pdev_uart0_write_addr; // 把 pdev_uart0_write_addr 宏的值写入 t1 寄存器
    sb s2,0(t1);          // 把 s2 寄存器的值写入 t1 寄存器的值偏移 0 的地址上，
```

43

```
                                    // 因为 t1 寄存器的值为 pdev_uart0_write_addr, s2 寄存器的值为 '\n',
                                    // 所以这里相当于 *(pdev_uart0_write_addr) = '\n',串口会输出换行符
reset_vector                        // 跳转到 reset_vector
    .align  4;                      // 这里的地址空间按照 4 字节对齐
reset_vector:                       // reset_vector 符号开始
    addi s2, x0, 'r';               // 把 'r'的 ASCII 值加上 x0 寄存器的值写入 s2 寄存器
    li  t1, pdev_uart0_write_addr;  // 把 pdev_uart0_write_addr 宏的值写到 t1 寄存器
    sb s2,0(t1);                    // 把 s2 寄存器的值写入 t1 寄存器的值偏移 0 的地址上,
                                    // 因为 t1 寄存器的值为 pdev_uart0_write_addr, s2 寄存器的值为 'r',
                                    // 所以这里相当于*(pdev_uart0_write_addr) = 'r',串口会输出换行符
    addi s2, x0, '\n';              // 把 '\n'的 ASCII 值加上 x0 寄存器的值写入 s2 寄存器
    li   t1, pdev_uart0_write_addr; // 把 pdev_uart0_write_addr 宏的值写入 t1 寄存器
    sb s2,0(t1);                    // 把 s2 寄存器的值写入 t1 寄存器的值偏移 0 的地址上,
                                    // 因为 t1 寄存器的值为 pdev_uart0_write_addr, s2 寄存器的值为 '\n',
                                    // 所以这里相当于 *(pdev_uart0_write_addr) = '\n',串口会输出换行符
    la a0,e_vertor;
2:
    la a0, __bss_start;             // 把__bss_start 地址写入 a0 寄存器
    la a1, __bss_end;               // 把__bss_end 地址写入 a1 寄存器

bgeu a0, a1, 2f;                    // bgeu 是条件分支跳转指令,
                                    // 如果 a0 >= a1 就跳转到前面的 2 符号,因为指令是向后执行
                                    // 的,所以这里会跳转到 call main
1:
    sw zero, (a0);                  // 把零写入 a0 寄存器的地址
    addi a0, a0, 4;                 // 把 a0 寄存器的值加 4 后写入 a0 寄存器
bltu a0, a1, 1b;                    // bltu 是条件分支跳转指令,
                                    // 如果 a0<a1,就跳转到 后面的 1 符号,因为指令是向后执行的,
                                    // 所以这里会跳转到 addi a0, a0, 4;
2:
    call main;
                                    // 上面的代码对应的 C 语言代码如下
                                    // char * a0 = __bss_start;
                                    // char * a1 = __bss_end;
                                    //    if(a0 >= a1){
                                    //        goto 2;
                                    //    }
                                    // 1:
                                    //    *((uint32_t *)(a0)) = 0;
                                    //    a0 = a0 + 4;
                                    //    if(a0 < a1){
                                    //        goto 1;
                                    //    }
                                    // 2:
                                    //    main();
    # mret;
```

```
    unimp
e_vertor:
    addi s2, x0, 'e';
    li  t1, pdev_uart0_write_addr;
    sb s2,0(t1);
    csrr a0,mcause
    call execption_handle;
    # set mie.MTIE=1 (enable M mode timer interrupt)
    # li      t0, 0x80
    # csrrs   zero, mie, t0
    csrrc  t0, mcause, zero
    mret;
.data
```

如果我们想跟踪整个执行过程的寄存器的值和指令的执行流程，可以使用以下指令进行查看。

```
# 在 Linux 系统下执行
./juice_vm_release_for_Linux/juice_vm_for_Linux.out -g ./juicevm_boot.bin
# 在 Windows 下使用 cmd 执行
.\juice_vm_release_for_mingw64\juice_vm_for_mingw64.exe -g .\juicevm_boot.bin
```

2.4 玩具编译器 mini_c 的实现

在过去的几十年，各大公司（IBM、Intel 等）依靠在某个领域的核心技术屹立不倒。但随着开源和 AI 的出现，这种格局正在慢慢改变。Linux 内核的出现，标志着操作系统技术已经进入寻常百姓家，现今底层虚拟机（Low Level Virtual Machine，LLVM）不断成熟，编译器技术的门槛也会慢慢降低。因此将来的计算机领域中，OS、编译器等将会变成普通程序员的基本技能。

在现在的计算机领域中，操作系统、编译器技术，甚至硬件设计都有开源资源可供学习，这对传统的大公司来说是非常大的冲击。很多雄心勃勃的小公司比大公司勤奋，但它们没有大公司的背景、积累和专业技能，因此大的芯片公司占领市场的局面还会持续几年，但是很快局面将会改变。

本节主要介绍一个玩具编译器，它由 5000 行左右的 C 语言代码实现，便于学习。这个编译器包括前端和后端两个部分，前端主要包括词法分析、语法分析、语义分析，以及与它们交互的符号表和错误处理等。在后端，开发人员手动设计与实现了一个解释器，该解释器专门用于解释执行 mini_c 生成的仿汇编代码。

2.4.1 词法分析

mini_c 选取 C 语言系统保留字的一部分作为自己的系统保留字，mini_c 有 5 个系统保留字，分别是 if、else、int、main 和 while。

　　其中，if 和 else 是选择语句的关键字，选择语句可以有一个可选的 else 分支；int 是整数类型关键字，mini_c 只有 int 一种数据类型；main 是主函数的函数名，mini_c 只有一个主函数，不允许函数调用；while 是循环关键字。

　　图 2.5 所示为整个 mini_c 的确定有限自动机（Deterministic Finite Automaton，DFA）状态图。其中，+表示重复，[other]表示碰到其他字符或碰到非法字符。

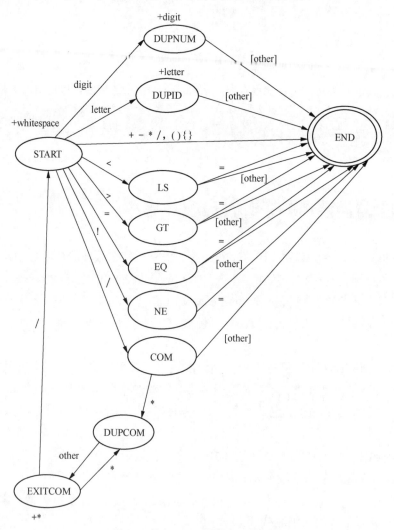

图 2.5　整个 mini_c 的 DFA 状态图

2.4.2　语法分析

　　语法分析的核心是文法的设计，mini_c 包含如下 19 条产生式。

（1）mini_c 被定义为一个函数。

```
define -> fun-define
```

（2）mini_c 只有一个主函数 main()，并且 main()函数既没有参数也不返回值。main()函数的函数体可以看成一个复合语句。mini_c 没有函数调用。

```
fun-define -> main( ) compound-stmt
```

（3）mini_c 必须首先定义所有的变量，然后才是语句列表。

```
compound-stmt -> {vare-define  statement-list}
```

（4）变量的定义可以是空的。

```
vare-define -> <vare-define>
```

（5）每一次只能定义一个变量，并且在变量定义的时候不能给变量赋初值。

```
vare-define -> int ID
```

（6）语句可以为空语句。

```
statement-list -> <statement>
```

（7）mini_c 包含选择语句（if_s）、循环语句（while-s）、输入语句（in-s）、输出语句（out-s）、表达式语句（expression-s）、复合语句（multi-stmt）。

```
statement -> if-s | while-s | in-s | out-s | expression-s | multi-stmt
```

（8）复合语句块可以为空语句块。

```
multi-stmt -> {<statement>}
```

（9）选择语句有一个可选的 else 分支。

```
if-s -> if(simple-expression) statement [else statement]
```

（10）只允许一种 while 的循环语句，即先测试循环条件。

```
while-s -> while(simple-expression) statement
```

（11）输入语句一次只能输入一个变量。

```
in-s -> in(ID);
```

（12）输出语句一次只能输出一个变量。

```
out-s -> out(ID);
```

（13）赋值表达式不允许嵌套。

```
expression-s -> [ID = simple-expression];
```

（14）定义简单的表达式。

```
simple-expression -> add-expression [relop add-expression]
```

（15）定义布尔运算符。

```
relop -> <= | < | > | >= | == | !=
```

（16）定义加法表达式。

```
add-expression -> term <addop term>
```

（17）定义加法运算。

```
addop -> + | -
```

（18）*和/的优先级比+和-的优先级高。

```
mulop -> * | /
term -> factor <mulop factor>
```

（19）定义乘法因子。

```
factor -> ID | NUM | (simple-expression)
```

mini_c 没有独立的错误处理、语义分析等模块，一些简单错误处理和语义基本上融合到了词法分析和语法分析阶段。mini_c 没有做代码优化，它的代码生成及后端的解释器实现都比较简单直接，这里不做介绍。

2.4.3　mini_c 的源代码

以下指令包含获取源代码、编译、执行。

```
git clone https://gitee.com/zzyjsjcom/practice.git
cd mini_c
make run
```

运行的过程中需要输入一个小于 100 的数字，下面的日志中输入的是 1。

```
cd front_end && make
make[1]: Entering directory '/home/zzy/disk2/practice/mini_c/front_end'
cc   -c -o main.o main.c
cc   -c -o scan.o scan.c
cc   -c -o parser.o parser.c
cc   -c -o tools.o tools.c
cc   -c -o code.o code.c
cc   main.o scan.o parser.o tools.o code.o   -o main
make[1]: Leaving directory '/home/zzy/disk2/practice/mini_c/front_end'
cd back_end && make
make[1]: Entering directory '/home/zzy/disk2/practice/mini_c/back_end'
cc   -c -o zm_main.o zm_main.c
cc   -c -o zm_exec.o zm_exec.c
cc   -c -o zm_loade.o zm_loade.c
gcc -o zm_main zm_main.o zm_exec.o zm_loade.o
make[1]: Leaving directory '/home/zzy/disk2/practice/mini_c/back_end'
cp front_end/main main && cp back_end/zm_main zm_main
./main test_proc.c
./zm_main
Please input a integer number:1

The result is 5050
```

源代码的根目录下有一个 test_pro.c 测试程序，用来测试 mini_c 编译器。mini_c 运行之后，会在源代码根目录下生成一系列的临时文件和两个可执行程序。其中 main 与 zm_main 分别是 mini_c 的编译器和解释器，scan.tmp 是词法分析的结果，tree_tab.tmp 是语法树，vari_tab.tmp 是符号表，asm_code.tmp 是生成的汇编代码，exe_code.tmp 是用文本表示的机器码。所有 tmp 文件都是代码生成的临时文件，有助于理解这个编译器的工作原理。

2.5 LLVM 简介

LLVM 项目最初由伊利诺伊大学香槟分校的 Vikram 和 Chris 于 2000 年开始开发。他们的最初的目的是实现一种动态编译技术。2005 年，Chris 进入苹果公司，继续进行 LLVM 的开发。2013 年，索尼公司开始使用 Clang 开发 PS4。LLVM 最初表示 Low Level Virtual Machine（底层虚拟机），随着 LLVM 家族越来越庞大，这个意思已经不适用。要了解更多内容，请参考 LLVM 网站。LLVM 就是这个项目的全称，它包含了一系列的模块、可复用的编译器、工具链等。

LLVM 从宏观上分为前端、优化器、后端 3 个部分，如图 2.6 所示。

图 2.6 LLVM 的组成

LLVM 核心优化器（optimizer）基于 LLVM 中间表示（Intermediate Representation，IR），不依赖源代码和目标机器指令集。

Clang 的目标是实现一个 C/C++/Objective-C 编译器。Clang 可以提供非常有用的错误和警告信息。Clang 静态分析器是一个自动化发现 bug 的工具。

编译器把源代码转化为机器码。前端、优化器和后端互相解耦，需要一个合适的统一代码表示。这就是我们为什么需要 LLVM IR。

2.5.1 LLVM 的代码表示

LLVM 的代码表示也就是 LLVM IR。以下是一个关于 C 语言和 LLVM IR 的例子。

实现 add1() 和 add2() 函数的示例代码如下。

```
unsigned add1(unsigned a, unsigned b) {
return a+b;
}

// 以下实现方法可能比较低效
unsigned add2(unsigned a, unsigned b) {
if (a == 0) return b;
return add2(a-1, b+1);
}
```

add1() 和 add2() 两个函数的 LLVM IR 如下。

```
define i32 @add1(i32 %a, i32 %b) {
entry:
%tmp1 = add i32 %a, %b
ret i32 %tmp1
}
```

```
define i32 @add2(i32 %a, i32 %b) {
entry:
%tmp1 = icmp eq i32 %a, 0
br i1 %tmp1, label %done, label %recurse

recurse:
%tmp2 = sub i32 %a, 1
%tmp3 = add i32 %b, 1
%tmp4 = call i32 @add2(i32 %tmp2, i32 %tmp3)
ret i32 %tmp4

done:
ret i32 %b
}
```

LLVM IR 与精简指令集很相似。LLVM IR 支持线性指令，如加法、减法指令。这些指令由 3 个地址组成，两个存放操作数，一个存储结果。LLVM IR 也支持标签。不同于 RISC 的是，LLVM IR 是一个强类型系统。例如，i32 表示的是一个 32 位整型数据，i32** 是一个指向 32 位整型指针的指针。LLVM IR 对一些高级操作进行了抽象，如调用函数 call 指令。此外，LLVM IR 不限制寄存器（register）的数量。LLVM IR 使用无限制的临时寄存器，表示类似于 %a。

LLVM IR 有 3 种不同的表示形式。如上面的例子所示，第一种是文本格式（textual format，扩展名用.ll 表示）。第 2 种是 LLVM IR 内存中的表示（用于编译器的优化和修改）。第 3 种是存储到硬盘上的 bitcode 表示，扩展名使用.bc 表示。LLVM 提供了 .ll 和.bc 格式之间的互相转化。llvm-as 把.ll 文件转化为.bc 文件，llvm-dis 则相反。

LLVM IR 可以让优化器不必关注高级语言和目标机器码，创造了一个适合优化器的完美环境。开发优化器的社区只要专注优化器的开发。代码的中间表示要求这种表示必须具有很强的解释性，从而允许优化器可以更有效率地优化。

2.5.2　LLVM 优化

优化器进行优化时通常有 3 个步骤。

（1）匹配可以优化的中间表示。

（2）验证这些表示是否正确和安全。

（3）修改并更新代码。

例如，x 表示一个整数，$x-x$ 表示 0，$x-0$ 表示 x，$(x*2)-x$ 表示 x。它们的 LLVM IR 如下。

```
// x-x
%example1 = sub i32 %a, %a
```

```
// x - 0
%example2 = sub i32 %b, 0

// (x*2 ) - x
%tmp = mul i32 %c, 2
%example3 = sub i32 %tmp, %c
```

LLVM 优化器提供了一个指令简化接口。例如，LLVM 源代码中的 SimplifySubInst()函数实现了上面的优化代码。

```
// x - 0 -> x
if (match(Op1, m_Zero()))
return Op0;

// x - x -> 0
if (Op0 == Op1)
return Constant::getNullValue(Op0->getType());

// (x*2) - x -> x
if (match(Op0, m_Mul(m_Specific(Op1), m_ConstantInt<2>())))
return Op1
;
...
return 0;
```

Op0 和 Op1 是减法的左右操作数。LLVM 的实现语言是 C++。C++在模式匹配方面的特性不是很好，但是 C++提供了一个通用的模板系统来允许我们实现相似的东西。match()函数和 m_()函数允许我们进行声明性的模式匹配。在 LLVM 的优化模式中，如果可以优化，则返回优化后的表达式、如果不能优化，则返回一个空指针。调用者 SimplifyInstruction 是一个使用 switch 的分配器，把相应的要优化的代码分发给下面的辅助函数（helper function）。下面的 3 行代码展示了一个简单的驱动器。

```
for (BasicBlock::iterator I = BB->begin(), E = BB->end(); I != E; ++I)
if (Value *V = SimplifyInstruction(I))
I->replaceAllUsesWith(V);
```

这段代码使用简单的 for 循环检查每一个代码块里的指令是否是简洁的指令，如果不是（SimplifyInstruction（I）返回 non-null），则调用 replaceAllUsesWith()函数优化代码，得到简洁形式。

2.6 LLVM 实验代码

LLVM 是一个目前比较流行的编译框架，官方网站资源丰富。编译器技术一直以来都是一个比较专业的领域，但随着技术的进步，编译技术的门槛越来越低。

现在很多非编译器的产品也开始引入编译技术，并且 LLVM 提供了大量的基础库，可以用来加速开发。我们再也不需要一行行地实现词法分析器、语法分析、代码生成器了。

本节介绍如何学习 LLVM。开发环境是 Ubuntu-18.04（16.04 和 20.04 也可用）。

目前市面上有两本比较好的入门书 *LLVM Essentials* 和 *LLVM Cook Book*，但这两本书对应的 LLVM 编译器版本都太旧了，直接使用 apt-get 安装的 LLVM 无法运行这两本书上的示例代码。但对这两本书的示例代码略做修改之后，它们就可以用 LLVM-6.0 编译器编译和运行了。

来自这两本书的修改版示例已经放到了 Gitee 上（请搜索 "zzyjsjcom/llvm_study/"）。我们从 llvm_cookbook 和 llvm_essentials 目录中可以找到这两本书第 2 章的修改版示例代码。这些示例代码的开发环境很简单——使用 sudo apt-get install clang llvm。其他章节的示例代码以后会慢慢更新，读者也可以参考已有的示例代码修改。

Kaleidoscope 目录下面的示例代码来自 llvm 官方文档，只能用 LLVM-12.0 编译运行。LLVM-12.0 的开发环境在 Ubuntu-18.04 上必须通过源代码安装，后文会介绍。

2.7　LLVM 源代码

2.7.1　LLVM-6.0 源代码编译

编译脚本如下。

```bash
#!/bin/bash

INSTALL_PREFIX=/home/${USER}/tmp/bin/llvm-6.0.0
mkdir -p ${INSTALL_PREFIX}

wget http://llvm.org/releases/6.0.0/llvm-6.0.0.src.tar.xz
wget http://llvm.org/releases/6.0.0/cfe-6.0.0.src.tar.xz
wget http://llvm.org/releases/6.0.0/compiler-rt-6.0.0.src.tar.xz

tar -xf llvm-6.0.0.src.tar.xz &&
mv llvm-6.0.0.src llvm &&
cd llvm &&
tar -xf ../cfe-6.0.0.src.tar.xz -C tools &&
tar -xf ../compiler-rt-6.0.0.src.tar.xz -C projects &&

mv tools/cfe-6.0.0.src tools/clang &&
mv projects/compiler-rt-6.0.0.src projects/compiler-rt &&

mkdir -v build &&
cd      build &&
```

```
CC=gcc CXX=g++                              \
cmake -DCMAKE_INSTALL_PREFIX=${INSTALL_PREFIX}    \
-DLLVM_ENABLE_FFI=ON                        \
-DCMAKE_BUILD_TYPE=Release                  \
-DLLVM_BUILD_LLVM_DYLIB=ON                  \
-DLLVM_LINK_LLVM_DYLIB=ON                   \
-DLLVM_TARGETS_TO_BUILD="host"              \
-DLLVM_BUILD_TESTS=ON                       \
-Wno-dev -G Ninja ..              &&
ninja
sudo ninja install
```

对于本节内容，配套的 Docker 运行环境是 ft2team/x86_u1804:llvm_6。此镜像包含了 llvm-6.0 源代码及其安装文件。

作者在 Gitee 上也放了一份源代码（请搜索 "zzyjsjcom/llvm6"）。其中 llvm6/llvm_essentials 目录下放了 *LLVM Essentials* 这本书的部分源代码，已在 llvm6 下调试过。这本书的源代码略做修改才能在上述的 Docker 环境下正常运行。

2.7.2 LLVM-12.0 源代码编译

以下代码用于搭建一个 Docker 运行环境——ft2team/x86_u1804:llvm12。

```
#!/bin/bash

INSTALL_PREFIX=/home/${USER}/tmp/bin/llvm-latest
mkdir -p ${INSTALL_PREFIX}
git clone https://github.com/llvm/llvm-project.git
cd llvm-project
mkdir build
cd build
cmake -DLLVM_ENABLE_PROJECTS="clang;libcxx;libcxxabi" -DCMAKE_INSTALL_PREFIX=${INSTALL_
PREFIX} ../llvm
make -j16
make install
```

但是 LLVM-12.0 代码已经很庞大了，所以并没有把源代码和编译结果放到 Docker 镜像中。获取镜像之后，重新编译源代码。

第 3 章　Linux 内存管理

操作系统是建立在硬件基础上的软件实现。离开硬件谈操作系统很难深刻地理解其运行的来龙去脉。同样，要想从本质的角度彻底理解内存管理的机制，我们就必须知道相关硬件的工作原理。

以 ARM 架构为例，在整个体系架构中访问内存的流程如图 3.1 所示。

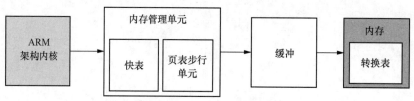

图 3.1　ARM 中访问内存的流程

最左边的部分是 CPU，最右边的部分是内存，中间的部分就是 CPU 访问内存的过程，也是地址转换的过程。

CPU 在访问内存的时候都需要通过 MMU（Memory Management Unit，存储管理单元）把虚拟地址转化为物理地址，然后通过总线访问内存。MMU 开启后，CPU 看到的所有地址都是虚拟地址，CPU 把虚拟地址发给 MMU 后，MMU 会通过页表查出虚拟地址对应的物理地址，然后通过总线访问外面的内存。

理解了 MMU 如何在页表里把虚拟地址转化为物理地址，也就明白了 CPU 是如何通过 MMU 来访问内存的。64 位系统常见的配置是 4 级页表，分别是 PGD（Page Global Directory，页面全局目录）、PUD（Page Upper Directory，页面上级目录）、PMD（Page Middle Directory，页面中间目录）、PTE（Page Table Entry，页表项）。下面是页表遍历的具体过程。

MMU 根据虚拟地址的最高位判断用哪个页表基地址作为访问的起点。当最高位是 0 时，使用 TTBR0_EL0 作为起点，表示访问用户空间中的地址；当最高位是 1 时，使用 TTBR1_EL1 作为起点，表示访问内核空间中的地址。MMU 从相应的页表基地址寄存器（TTBR0_EL0 或者 TTBR1_EL1）获取 PGD 基地址。物理内存和虚拟内存的分布如图 3.2 所示。

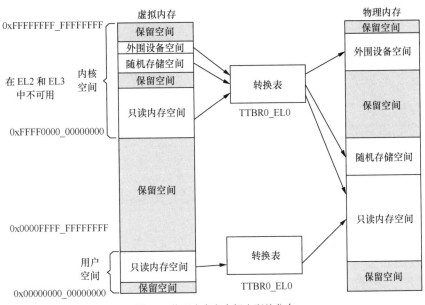

图 3.2 物理内存和虚拟内存的分布

找到 PGD 基地址后，从虚拟地址中找到 PGD 索引，通过 PGD 索引找到 PUD 基地址。

接着找到 PUD 基地址，从虚拟地址中找到 PUD 索引，通过 PUD 索引找到 PMD 基地址。

找到 PMD 基地址后，从虚拟地址中找到 PMD 索引，通过 PMD 索引找到 PTE 基地址。

找到 PTE 基地址后，从虚拟地址中找到 PTE 索引，通过 PTE 索引找到 PTE。从 PTE 中取出 PFN（Physical Frame Number，物理页帧号），加上 VA[11,0]（虚拟地址的页内偏移量），组成最终的物理地址。

地址转换流程如图 3.3 所示。

搞清楚 CPU 访问内存的本质逻辑后，页表的管理就交给软件来做。内核正是担此重任的角色。

现在我们知道 CPU 要想访问内存，就先得获取页表关系，但是内核启动过程中，在真正的物理内存添加进系统，以及页表初始化之前，CPU 如何访问内存呢？这时候需要特定的页表映射，即恒等映射（identity mapping）和内核镜像映射（kernel image mapping）。

❑ 恒等映射：主要目的就是打开 MMU，打开 MMU 前后，无论访问物理地址还是虚拟地址，访问的都是同一段物理内存，即虚拟地址=物理地址。

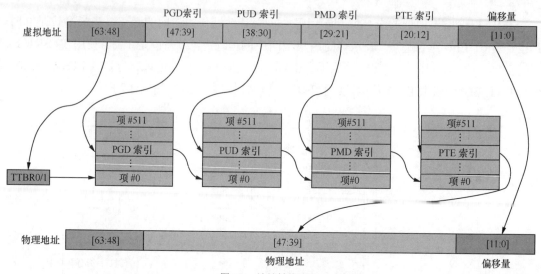

图 3.3　地址转换流程

❑ 内核镜像映射：主要目的是执行内核代码，打开 MMU 后，为了让内核运行起来，就需要对内核运行需要的地址进行映射。

idmap_pg_dir 是恒等映射用到的页表，init_pg_dir 是内核镜像映射用到的页表。这两个全局页表定义在 arch/arm64/kernel/vmlinux.lds.S 中。

```
.	=ALIGN(PAGE_SIZE);
idmap_pg_dir = .;
.	+= IDMAP_DIR_SIZE;
idmap_pg_end= .;
...
.	=ALIGN(PAGE_SIZE);
init_pg_dir = .;
.	+= INIT_DIR_SIZE;
init_pg_end= .;
```

下面结合代码具体看这两个页表的填充过程。在 head.S 中，创建启动页表的函数为 __create_page_tables。

```
1  __create_page_tables:
2  ...
3  ldr_l    x4, idmap_ptrs_per_pgd
4  mov x5, x3
5  adr_l    x6, __idmap_text_end
6
7  map_memory x0, x1, x3, x6, x7, x3, x4, x10, x11, x12, x13, x14
8
9  adrp     x0, init_pg_dir
10  mov_q    x5, KIMAGE_VADDR + TEXT_OFFSET
11  add x5, x5, x23
```

```
12 mov x4, PTRS_PER_PGD
13 adrp   x6, _end
14 adrp   x3, _text
15 sub x6, x6, x3
16 add x6, x6, x5
17
18 map_memory x0, x1, x5, x6, x7, x3, x4, x10, x11, x12, x13, x14
   ...
ENDPROC(__create_page_tables)
```

第 4 行代码指定_idmap_text_start 的位置。

第 7 行代码表示创建页表 idmap_pg_dir,对从_idmap_text_start 开始到_idmap_text_end 结束的区域的虚拟地址和物理地址做映射。

第 18 行代码用于创建页表 init_pg_dir,将内核镜像的物理地址映射到_text 到_end 这段虚拟地址。

恒等映射和内核镜像映射后,内核就会正式进入虚拟地址空间,但是现阶段还只能看到恒等映射和内核镜像映射对应的两段物理内存。有了这两段映射,内核就可以运行起来。

正式进入 start_kernel()函数,这里我们只看和内存相关的调用,如图 3.4 所示。

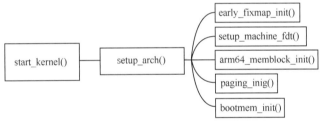

图 3.4 start_kernel 函数中和内存相关的调用

❑ early_fixmap_init()函数:用来映射 DTB(Device Tree Block,设备树),将设备树物理地址映射到固定映射区,然后访问该区域中的虚拟地址即可。

❑ setup_machine_fdt()函数:扫描设备树的关键节点,获取内存的大小信息,然后将其添加至 memblock 中。

❑ arm64_memblock_init()函数:对添加至 memblock 的内存进行规整,并将一些特殊的区域添加进保留的内存中。

❑ paging_init()函数:对 memblock 管理的内存进行映射。

❑ bootmem_init 函数:对物理内存"划分"的初始化,包括节点(node)、内存管理区(zone)、页帧(page frame),以及对应的数据结构。

3.2　内核初始化内存

3.2.1　early_fixmap_init() 函数

初始化一段固定的虚拟地址空间，利用这段固定的虚拟地址空间，为设备树的物理地址空间建立映射关系。

```
1 void __init early_fixmap_init(void)
2 {
3    pgd_t *pgdp;
4    p4d_t *p4dp, p4d;
5    pud_t *pudp;
6    pmd_t *pmdp;
7    unsigned long addr = FIXADDR_START;
8
9    pgdp = pgd_offset_k(addr);
10   p4dp = p4d_offset(pgdp, addr);
11   p4d = READ_ONCE(*p4dp);
12   if (CONFIG_PGTABLE_LEVELS > 3 &&
13   !(p4d_none(p4d) || p4d_page_paddr(p4d) == __pa_symbol(bm_pud))) {
14       BUG_ON(!IS_ENABLED(CONFIG_ARM64_16K_PAGES));
15       pudp = pud_offset_kimg(p4dp, addr);
16   }else {
17       if (p4d_none(p4d))
18           __p4d_populate(p4dp, __pa_symbol(bm_pud), PUD_TYPE_TABLE);
19       pudp = fixmap_pud(addr);
20   }
21   if (pud_none(READ_ONCE(*pudp)))
22       __pud_populate(pudp, __pa_symbol(bm_pmd), PMD_TYPE_TABLE);
23   pmdp = fixmap_pmd(addr);
24   __pmd_populate(pmdp, __pa_symbol(bm_pte), PMD_TYPE_TABLE);
25   ...
26   }
27 }
```

第 7 行代码定义了固定映射区的起始地址 FIXADDR_START。

第 9 行代码根据 addr，得到对应 PGD 中的页表项，该 PGD 正是 init_pg_dir（全局页表）。

第 10 行代码表示在 ARM64 上，p4d 等于 PGD。

第 18 行代码将 bm_pud 的物理地址写到 PGD 中。

第 22 行代码将 bm_pmd 的物理地址写到 PUD 中。

第 24 行代码将 bm_pte 的物理地址写到 PMD 中。

至此，init_pg_dir、bm_pud、bm_pmd、bm_pte 和设备树的物理地址空间就建立了映射关系，如图 3.5 所示。

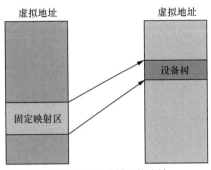

图 3.5　固定映射区的映射

3.2.2　setup_machine_fdt()函数

初始化完成固定映射后，解析设备树文件，如图 3.6 所示。

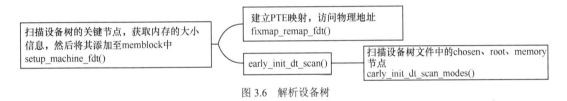

图 3.6　解析设备树

然后，扫描内存节点，通过函数 memblock_add()把内存加入 memblock.memory 对应的 memblock_type 链表中，并进行管理。

memblock 结构体是一个全局变量，用于管理内核早期启动阶段过程中的所有物理内存。该结构体的定义如下。

```
struct memblock {
    bool bottom_up;
    phys_addr_t current_limit;
    struct memblock_type memory;
    struct memblock_type reserved;
};
```

该结构体的成员如下。

❑ bottom_up：表示分配内存的方向。

❑ current_limit: 内存块的大小限制。

❑ memblock_type memory：用来存放系统的可用内存。

❑ memblock_type reserved：用来存放系统的保留内存。

59

3.2.3   arm64_memblock_init()函数

通过 memblock_add()把内存加入 memblock.memory 对应的 memblock_type 链表中后，将一些特殊的区域添加进保留的内存中，即把内存加入 memblock.reserved 对应的 memblock_type 链表中。

```
void __init arm64_memblock_init(void)
{
    ...

    memstart_addr = round_down(memblock_start_of_DRAM(),
                ARM64_MEMSTART_ALIGN);

    memblock_reserve(__pa_symbol(_text), _end - _text);
    if (IS_ENABLED(CONFIG_BLK_DEV_INITRD) && phys_initrd_size) {
        initrd_start = __phys_to_virt(phys_initrd_start);
        initrd_end = initrd_start + phys_initrd_size;
    }

    early_init_fdt_scan_reserved_mem();

    if (IS_ENABLED(CONFIG_ZONE_DMA)) {
        zone_dma_bits = ARM64_ZONE_DMA_BITS;
        arm64_dma_phys_limit = max_zone_phys(ARM64_ZONE_DMA_BITS);
    }

    if (IS_ENABLED(CONFIG_ZONE_DMA32))
        arm64_dma32_phys_limit = max_zone_phys(32);
    else
        arm64_dma32_phys_limit = PHYS_MASK + 1;

    reserve_crashkernel();

    reserve_elfcorehdr();

    high_memory = __va(memblock_end_of_DRAM() - 1) + 1;

    dma_contiguous_reserve(arm64_dma32_phys_limit);
}
```

这里相关的流程如图 3.7 所示。

最终内核会把物理内存通过 memblock 划分为不同区域，如图 3.8 所示。

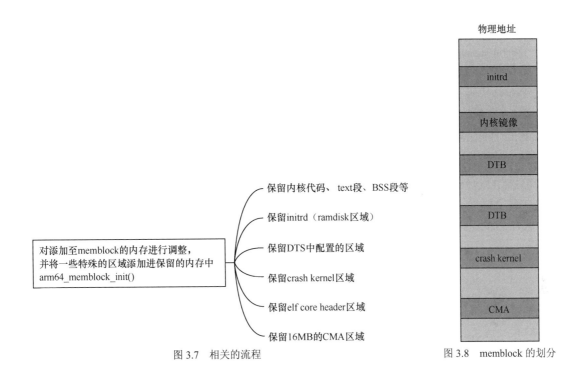

图 3.7 相关的流程 | 图 3.8 memblock 的划分

3.2.4 paging_init()函数

虽然物理内存已经通过 memblock_add()添加进系统，但是这部分物理内存到虚拟内存的映射还没有建立，故 CPU 还没有办法访问。paging_init()可以解决这一问题，对 memblock 管理的内存进行映射，页表建立好后，就可以通过虚拟地址访问最终的物理地址了。

```
1 void __init paging_init(void)
2 {
3     pgd_t *pgdp = pgd_set_fixmap(__pa_symbol(swapper_pg_dir));
4
5     map_kernel(pgdp);
6     map_mem(pgdp);
7
8     pgd_clear_fixmap();
9
10    cpu_replace_ttbr1(lm_alias(swapper_pg_dir));
11    init_mm.pgd = swapper_pg_dir;
12
13    memblock_free(__pa_symbol(init_pg_dir),
14            __pa_symbol(init_pg_end) - __pa_symbol(init_pg_dir));
15
```

```
16    memblock_allow_resize();
17  }
```

第 3 行代码将 swapper_pg_dir 页表作为内核的 PGD。

第 5 行代码对内核镜像的各个段（text 段、init 段、data 段、bss 段）进行映射。

第 6 行代码将 memblock 子系统中添加的物理内存映射到线性区。

第 10 行代码将 TTBR1_EL1 指向新准备的 swapper_pg_dir 页表，注意之后进程的 PGD 也从 init_pg_dir 切换到 swapper_pg_dir。

第 14 行代码重新映射了内核镜像的各个段，init_pg_dir 已经没有价值了，因此将 init_pg_dir 指向的区域释放。

函数 paging_init() 初始化的内容如图 3.9 所示。

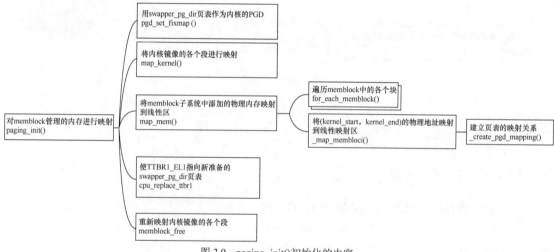

图 3.9　paging_init() 初始化的内容

上面已经讲过虚拟地址到物理地址的寻址过程，这里再结合 paging_init() 映射后的结果总结一下，这也是内核最终寻址的过程。

（1）通过 TTBR1_EL1 得到 swapper_pg_dir 页表的物理地址，将其转换成 PGD 的虚拟地址。

（2）以此类推，找到 PTE 的虚拟地址，再根据虚拟地址计算对应的 PTE，从 PTE 中得到所在的物理页帧地址。

（3）将物理页帧地址加上页内偏移量，得到虚拟地址对应的物理地址。

虚拟地址到物理地址的寻址过程如图 3.10 所示。

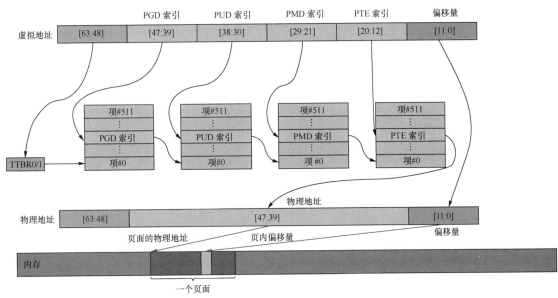

图 3.10　虚拟地址到物理地址的寻址过程

3.2.5　bootmem_init()函数

bootmem_init()函数基本上完成了 Linux 内核对物理内存"划分"的初始化，包括节点、内存管理区和页面的初始化。在讲这个函数之前，先介绍一下物理内存组织。

Linux 内核是如何组织物理内存的？

1. 节点

目前计算机系统有两种架构。

❑　非均匀存储器访问（Non-Uniform Memory Access，NUMA）架构，指内存被划分为多个节点，访问一个节点花费的时间取决于 CPU 与这个节点的距离。每一个 CPU 内部有一个本地的节点，访问本地节点的速度比访问其他节点的速度快。

❑　均匀存储器访问（Uniform Memory Access，UMA）架构，也可以称为对称式多处理机（Symmetric Multi-Processor）架构，意思是所有的处理器访问内存花费的时间都是一样的，也可以理解为整个内存只有一个节点。

节点的数据结构为 pglist_data，每一个节点对应一个结构体 glist_data。该结构体的定义如下。

```
typedef struct pglist_data {
    struct zone node_zones[MAX_NR_ZONES];
    struct zonelist node_zonelists[MAX_ZONELISTS];
    int nr_zones;
    unsigned long node_start_pfn;
    unsigned long node_present_pages;
    unsigned long node_spanned_pages;
```

```
        int node_id;
        wait_queue_head_t kswapd_wait;
        wait_queue_head_t pfmemalloc_wait;
        struct task_struct *kswapd;
        int kswapd_order;
        enum zone_type kswapd_highest_zoneidx;
        int kswapd_failures;
        unsigned long        min_unmapped_pages;
        unsigned long        min_slab_pages;
        ZONE_PADDING(_pad1_)
        spinlock_t           lru_lock;
        struct deferred_split deferred_split_queue;
        struct lruvec        __lruvec;
        unsigned long        flags;
        ZONE_PADDING(_pad2_)
        struct per_cpu_nodestat __percpu *per_cpu_nodestats;
        atomic_long_t        vm_stat[NR_VM_NODE_STAT_ITEMS];
} pg_data_t;
```

2. 内存管理区

内存管理区是指把整个物理内存划分为几个区域，每个区域有特殊的含义，可以分为如下几种。

```
enum zone_type {
#ifdef CONFIG_ZONE_DMA
    ZONE_DMA,
#endif
#ifdef CONFIG_ZONE_DMA32
    ZONE_DMA32,
#endif
    ZONE_NORMAL,
#ifdef CONFIG_HIGHMEM
    ZONE_HIGHMEM,
#endif
    ZONE_MOVABLE,
#ifdef CONFIG_ZONE_DEVICE
    ZONE_DEVICE,
#endif
    __MAX_NR_ZONES
};
```

表 3.1 列出了内存管理区的分类。

表 3.1　内存管理区的分类

内存管理区的分类	描述
ZONE_DMA	用于 ISA 设备的 DMA 操作，范围是 0～16MB，ARM 架构没有这个内存管理区
ZONE_DMA32	用于对低于 4GB 的内存进行 DMA 操作的 32 位设备

续表

内存管理区的分类	描述
ZONE_NORMAL	线性映射物理内存，用于 4GB 以上的物理内存
ZONE_HIGHMEM	高端内存，标记超出内核虚拟地址空间的物理内存段。64 位架构没有该内存管理区
ZONE_MOVABLE	虚拟内存区域，在防止物理内存碎片的机制中会使用到该内存区域
ZONE_DEVICE	为支持热插拔设备而分配的非易失性内存

我们可以通过 cat /proc/zoneinfo 指令查看内存管理区的分类。

3. 页面

在内核中用一个结构体 page 表示一个物理页。这些 page 结构体会存放在一个数组中，结构体 page 和物理页是一对一的映射关系。假设一个 page 结构体的大小是 4KB，内核会将整个物理内存分割成一个个 4KB 大小的物理页，而 4KB 大小的物理页的区域称为页帧。页面与页帧的关系如图 3.11 所示。

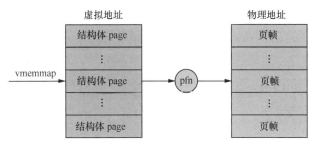

图 3.11　页面与页帧的关系

pfn 是页帧的编号，故物理地址和 pfn 的关系是物理地址>>PAGE_SHIFT = pfn。

内核支持 3 种内存模型——CONFIG_FLATMEM（平坦内存模型）、CONFIG_DISCONTIGMEM（不连续内存模型）和 CONFIG_SPARSEMEM_VMEMMAP（稀疏的内存模型）。目前 ARM64 使用的是稀疏的内存模型。

```
#define __pfn_to_page(pfn) (vmemmap + (pfn))
#define __page_to_pfn(page) (unsigned long)((page) - vmemmap)
```

系统启动的时候，内核会将整个 page 结构体映射到内核虚拟地址空间 vmemmap 的区域，所以我们可以简单地认为结构体 page 的基地址是 vmemmap，于是 vmemmap+pfn 的地址就是结构体 page 对应的地址。页面与页帧号的关系如图 3.12 所示。

我们可以通过 cat /proc/pagetypeinfo 指令查看页面的详细信息。

上面介绍了节点、内存管理区和页面的基本概念，下面讲解内核是怎么对它们进行初始化的。初始化过程如图 3.13 所示。

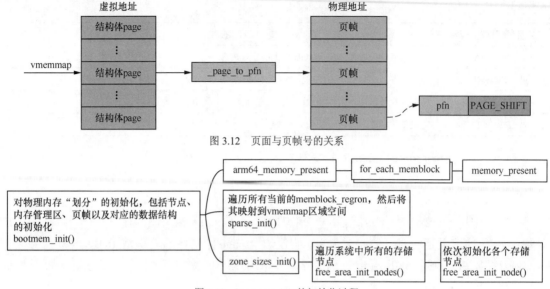

图 3.12　页面与页帧号的关系

图 3.13　bootmem_init 的初始化过程

其中主要做了以下工作。

（1）遍历系统中所有的节点，依次初始化各个节点。

（2）初始化节点的 pgdat 结构体中的 pglist_data 字段。

（3）计算 mem_map 大小，mem_map 就是系统中保存所有页面的数组。

（4）初始化内存管理区的结构体。

（5）初始化 mem_map 数组，通过 pfn 找到对应的结构体 page，并对该结构体进行初始化，设置 MIGRATE_MOVABLE 标志。

上面的工作就是初始化对应的各个结构体，并建立节点、内存管理区与页面的组织关系。这三者之间的关系如图 3.14 所示。

从图中可以看出伙伴算法、per-CPU 页帧高速缓存、页帧回收都是在这里初始化的。事实上，这也是**分区页帧分配器**（zoned page frame allocator）的初始化。除分区页帧分配器外，还有 slab 分配器、vmalloc 分配器等机制，后面会详细说明。这里先简单介绍它们之间的区别。

分区页帧分配器负责实现如下两个功能。

❑　伙伴算法：负责大块连续物理内存的分配和释放，以页帧为基本单位，该机制可以尽可能地减少外部碎片。

❑　per-CPU 页帧高速缓存：内核经常请求和释放单个页帧，该缓存包含预先分配的页帧，用于满足本地 CPU 发出的单一页帧请求。

slab 分配器负责小块物理内存的分配，并且它也可作为高速缓存，主要针对内核中经常分配并释放的对象。

vmalloc 分配器使得内核通过连续的线性地址访问非连续的物理页帧，这样可以最大限度地使用高端物理内存。

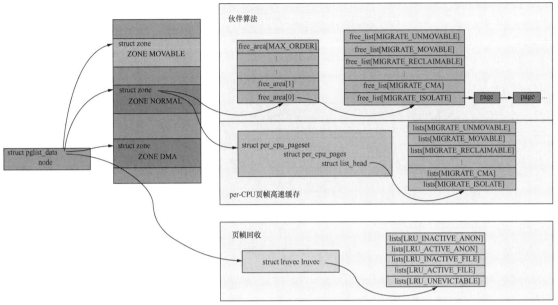

图 3.14　节点、内存管理区与页面的关系

3.3　分区页帧分配器

我们现在知道物理内存是以页帧为最小单位的，但内核中分配页帧的方法是什么呢？

页帧分配在内核中使用分区页帧分配器完成。在 Linux 系统中，分区页帧分配器管理所有物理内存，无论是内核还是进程，都需要请求分区页帧分配器，然后才会被分配应该获得的物理内存页帧。当页帧不再使用时，你必须将其释放，让这些页帧回到分区页帧分配器中。

如果目标管理区中没有足够的页帧，系统就会从另外两个管理区中获取需要的页帧，但这是按照如下规则执行的。

- ❑ 如果要求从直接存储器访问（Direct Memory Access，DMA）区域中获取页帧，就只能从 ZONE_DMA 区域中获取。
- ❑ 如果没有规定从哪个区域获取页帧，就按照顺序从 ZONE_NORMAL、ZONE_DMA 获取。
- ❑ 如果规定从 HIGHMEM 区域获取页帧，就按照顺序从 ZONE_HIGHMEM、ZONE_NORMAL、ZONE_DMA 获取。

分区页帧分配器的分配方式如图 3.15 所示。

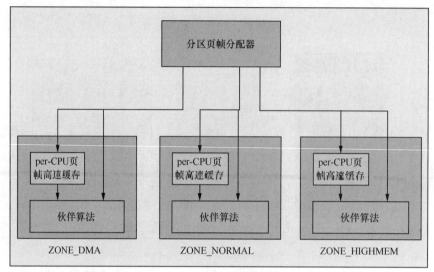

图 3.15　分区页帧分配器的分配方式

　　根据使用场景，内核使用的分区页帧分配器的函数有所不同，例如，分配多页的 get_free_pages() 和分配一页的 get_free_page()。目前内核中分配内存的函数如图 3.16 所示。

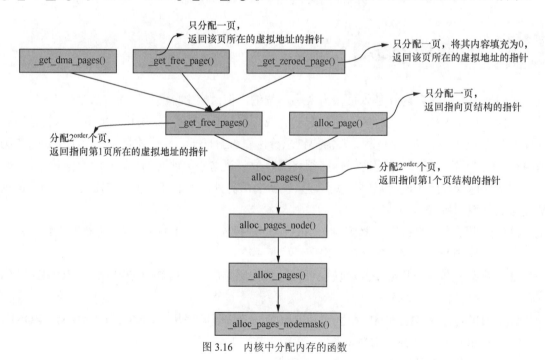

图 3.16　内核中分配内存的函数

　　从图 3.16 可以得知，无论哪种函数，最终都会调用 alloc_pages() 来实现物理内存的申请，一直调用到__alloc_pages_nodemask()，如下所示。

```
struct page *
__alloc_pages_nodemask(gfp_t gfp_mask, unsigned int order, int preferred_nid,
                                       nodemask_t *nodemask)
{
        struct page *page;
        unsigned int alloc_flags = ALLOC_WMARK_LOW;
        gfp_t alloc_mask;
        struct alloc_context ac = { };

        if (unlikely(order >= MAX_ORDER)) {
                WARN_ON_ONCE(!(gfp_mask & __GFP_NOWARN));
                return NULL;
        }

        gfp_mask &= gfp_allowed_mask;
        alloc_mask = gfp_mask;
        if (!prepare_alloc_pages(gfp_mask, order, preferred_nid, nodemask, &ac, &alloc_
        mask, &alloc_flags))
                return NULL;

        finalise_ac(gfp_mask, &ac);

        alloc_flags |= alloc_flags_nofragment(ac.preferred_zoneref->zone, gfp_mask);

        page = get_page_from_freelist(alloc_mask, order, alloc_flags, &ac);
        if (likely(page))
                goto out;

        alloc_mask = current_gfp_context(gfp_mask);
        ac.spread_dirty_pages = false;
        if (unlikely(ac.nodemask != nodemask))
                ac.nodemask = nodemask;

        page = __alloc_pages_slowpath(alloc_mask, order, &ac);

        out:
        if (memcg_kmem_enabled() && (gfp_mask & __GFP_ACCOUNT) && page &&
            unlikely(__memcg_kmem_charge(page, gfp_mask, order) != 0)) {
                __free_pages(page, order);
                page = NULL;
        }

        trace_mm_page_alloc(page, order, alloc_mask, ac.migratetype);
```

```
        return page;
}
EXPORT_SYMBOL(__alloc_pages_nodemask);
```

其中，参数 gfp_mask 很重要，它用于分配掩码。

为了兼容多种内存分配的场景，gfp_mask 主要分为以下几类。

- ❑　内存管理区修饰符（zone modifier）。
- ❑　移动和替换修饰符（mobility and placement modifier）。
- ❑　水位修饰符（watermark modifier）。
- ❑　回收修饰符（reclaim modifier）。

表 3.2 列出了内存管理区修饰符。

表 3.2　内存管理区修饰符

内存管理区修饰符	描述
__GFP_DMA	从 ZONE_DMA 区域中分配内存
__GFP_HIGHMEM	从 ZONE_HIGHMEM 区域中分配内存
__GFP_DMA32	从 ZONE_DMA32 区域中分配内存
__GFP_MOVABLE	内存规整时可以迁移或回收页面

表 3.3 列出了移动和替换修饰符。

表 3.3　移动和替换修饰符

移动和替换修饰符	描述
__GFP_RECLAIMABLE	分配的内存页面可以回收
__GFP_WRITE	申请的页面会被弄成脏页
__GFP_HARDWALL	强制使用 cpuset 内存分配策略
__GFP_THISNODE	在指定的节点上分配内存
__GFP_ACCOUNT	kmemcg 会记录分配过程

表 3.4 列出了水位修饰符。

表 3.4　水位修饰符

水位修饰符	描述
__GFP_ATOMIC	高优先级分配内存，分配器可以分配最低警戒水位线下的预留内存
__GFP_HIGH	分配内存的过程中内核不可以睡眠或执行页面回收操作
__GFP_MEMALLOC	允许内核访问所有的内存
__GFP_NOMEMALLOC	不允许内核访问最低警戒水位线下的系统预留内存

表 3.5 列出了回收修饰符。

表 3.5　回收修饰符

回收修饰符	描述
__GFP_IO	启动物理 I/O 传输
__GFP_FS	允许调用底层文件系统，不使分配器递归到可能已经持有锁的文件系统中，可避免死锁
__GFP_DIRECT_RECLAIM	分配内存过程中可以使用直接内存回收
__GFP_KSWAPD_RECLAIM	内存到达低水位时唤醒 kswapd 线程，异步回收内存
__GFP_RECLAIM	表示是否可以直接回收内存或者使用 kswapd 线程进行回收
__GFP_RETRY_MAYFAIL	分配内存可能会失败，但是在申请过程中会回收一些不必要的内存，使整个系统受益
__GFP_NOFAIL	内存分配失败后无限制地重复尝试，直到分配成功
__GFP_NORETRY	直接页面回收或者内存规整后还是无法分配内存时，不启用 retry（反复尝试分配内存），直接返回 NULL

表 3.6 列出了操作修饰符。

表 3.6　操作修饰符

操作修饰符	描述
__GFP_NOWARN	关闭内存分配过程中的警告
__GFP_COMP	分配的内存页面将被组合成复合页
__GFP_ZERO	返回一个全部填充为 0 的页面

前面描述的修饰符种类过多，因此 Linux 内核定义了一些组合类型修饰符，供开发者使用。表 3.7 列出了组合类型修饰符。

表 3.7　组合类型修饰符

组合类型修饰符	描述
GFP_ATOMIC	分配过程中内核不能休眠，具有高优先级，内核可以访问系统预留内存
GFP_KERNEL	分配内存时可以被阻塞（即休眠），所以应避免在中断上下文时使用该标志来分配内存
GFP_KERNEL_ACCOUNT	和 GFP_KERNEL 的作用一样，但是分配的过程会被 kmemcg 记录
GFP_NOWAIT	分配过程中不允许出现直接内存回收导致的停顿
GFP_NOIO	不需要启动任何的 I/O 操作
GFP_NOFS	不会有访问任何文件系统的操作
GFP_USER	用户空间的进程分配内存

组合类型修饰符	描述
GFP_DMA	从 ZONE_DMA 区域分配内存
GFP_DMA32	从 ZONE_DMA32 区域分配内存
GFP_HIGHUSER	用户进程分配内存，优先使用 ZONE_HIGHMEM，且这些页面不允许迁移
GFP_HIGHUSER_MOVABLE	和 GFP_HIGHUSER 类似，但是页面可以迁移
GFP_TRANSHUGE_LIGHT	透明大页的内存分配，LIGHT 表示不进行内存压缩和回收
GFP_TRANSHUGE	和 GFP_TRANSHUGE_LIGHT 类似，通常由 khugepaged 使用

接下来介绍 order 参数，该参数用于分配级数。

分区页帧分配器使用伙伴算法，以 2 的幂进行内存分配。例如，若请求 order=3 的页面分配，最终会分配 2^3 页。ARM64 当前默认 MAX_ORDER 为 11，最多一次性分配 2^{10} 页。

__alloc_pages_nodemask() 的实现流程如图 3.17 所示。

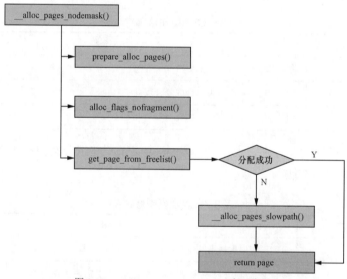

图 3.17　__alloc_pages_nodemask() 实现流程

prepare_alloc_pages() 初始化分区页帧分配器中用到的参数，如下所示。

```
struct alloc_context {
    struct zonelist *zonelist;   //指向用于分配页面的区域列表
    nodemask_t *nodemask;        //指定内存分配的节点，如果没有指定，则在所有节点中进行分配
    struct zoneref *preferred_zoneref;  //指定要在快速路径中先分配的区域，在慢路径中指定了
    //zonelist 中的第一个可用区域
```

```
        int migratetype;              //页面迁移类型
        enum zone_type high_zoneidx;  //允许内存分配的最高内存管理区
        bool spread_dirty_pages;      //指定是否进行脏页的传播
};
```

alloc_flags_nofragment()根据区域和 gfp 掩码请求添加分配标志。

```
1 static inline unsigned int
2 alloc_flags_nofragment(struct zone *zone, gfp_t gfp_mask)
3 {
4        unsigned int alloc_flags = 0;
5
6        if (gfp_mask & __GFP_KSWAPD_RECLAIM)
7                alloc_flags |= ALLOC_KSWAPD;
8
9 #ifdef CONFIG_ZONE_DMA32
10       if (!zone)
11               return alloc_flags;
12
13       if (zone_idx(zone) != ZONE_NORMAL)
14               return alloc_flags;
15       BUILD_BUG_ON(ZONE_NORMAL - ZONE_DMA32 != 1);
16       if (nr_online_nodes > 1 && !populated_zone(--zone))
17               return alloc_flags;
18
19       alloc_flags |= ALLOC_NOFRAGMENT;
20 #endif /* CONFIG_ZONE_DMA32 */
21       return alloc_flags;
22 }
```

第 7 和 8 行代码表示如果 gfp_mask 使用__GFP_KSWAPD_RECLAIM，则在 alloc_flags 中添加 ALLOC_KSWAPD，表示在内存不足时唤醒 kswapd 线程。第 19 行代码表示，ZONE_DMA32 在分配内存时，在 alloc_flags 中添加 ALLOC_NOFRAGMENT，表示需要避免碎片化。

get_page_from_freelist()正常分配（或称快速分配），从空闲页面链表中尝试分配内存。

遍历当前内存管理区，按照 HIGHMEM→NORMAL 的方向进行遍历，判断当前内存管理区是否能够进行内存分配。首先判断空闲内存是否高于低水位值。如果不满足，则通过 node_reclaim()进行一次快速的内存回收操作。然后，再次检测是否满足，如果还不能满足，就使用相同步骤遍历下一个内存管理区。若满足，则进入正常的分配流程，即 rmqueue()函数，这也是伙伴算法的核心。get_page_from_freelist()的流程如图 3.18 所示。

__alloc_pages_slowpath()慢速（允许等待和页面回收）分配。

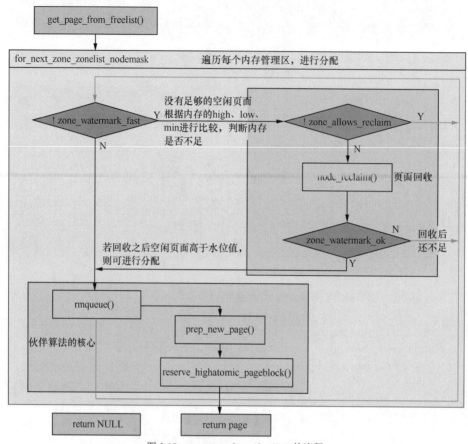

图 3.18　get_page_from_freelist()的流程

当上面两种分配方案都不能满足要求时，则考虑页面回收、终止进程等操作后再试。

```
1  static inline struct page *
2  __alloc_pages_slowpath(gfp_t gfp_mask, unsigned int order,
3                          struct alloc_context *ac)
4  {
5     bool can_direct_reclaim = gfp_mask & __GFP_DIRECT_RECLAIM;
6     const bool costly_order = order > PAGE_ALLOC_COSTLY_ORDER;
7     struct page *page = NULL;
8
9  retry_cpuset:
10    compaction_retries = 0;
11    no_progress_loops = 0;
12    compact_priority = DEF_COMPACT_PRIORITY;
13    cpuset_mems_cookie = read_mems_allowed_begin();
14
15    alloc_flags = gfp_to_alloc_flags(gfp_mask);
16    ac->preferred_zoneref = first_zones_zonelist(ac->zonelist,
```

```
17                    ac->highest_zoneidx, ac->nodemask);
18  if (!ac->preferred_zoneref->zone)
19      goto nopage;
20
21  if (alloc_flags & ALLOC_KSWAPD)
22      wake_all_kswapds(order, gfp_mask, ac);
23
24  page = get_page_from_freelist(gfp_mask, order, alloc_flags, ac);
25  if (page)
26      goto got_pg;
27
28  if (can_direct_reclaim &&
29          (costly_order ||
30          (order > 0 && ac->migratetype != MIGRATE_MOVABLE))
31          && !gfp_pfmemalloc_allowed(gfp_mask)) {
32      page = __alloc_pages_direct_compact(gfp_mask, order,
33                          alloc_flags, ac,
34                          INIT_COMPACT_PRIORITY,
35                          &compact_result);
36      if (page)
37          goto got_pg;
38      if (costly_order && (gfp_mask & __GFP_NORETRY)) {
39
40          if (compact_result == COMPACT_SKIPPED ||
41          compact_result == COMPACT_DEFERRED)
42              goto nopage;
43
44          compact_priority = INIT_COMPACT_PRIORITY;
45      }
46  }
```

第 15 行代码通过 gfp_to_alloc_flags()，根据 gfp_mask 对内存分配标识进行调整。

第 16 行代码通过 first_zones_zonelist()重新计算最佳内存管理区。

第 21 和 22 行代码中，如果 alloc_flags 与 ALLOC_KSWAPD 满足条件，那么会通过 wake_all_kswapds()唤醒 kswapd 内核线程。

第 24 行代码使用调整后的标志再次进入慢速通道分配内存。

第 32~35 行代码中，如果分配失败，且满足其他条件，将会通过__alloc_pages_direct_compact()进行一次内存的压缩并分配页面。

如果上面的分配都失败了，会进行 retry 操作。

```
1 retry:
2   if (alloc_flags & ALLOC_KSWAPD)
3               wake_all_kswapds(order, gfp_mask, ac);
4
5   reserve_flags = __gfp_pfmemalloc_flags(gfp_mask);
```

```
6    if (reserve_flags)
7            alloc_flags = current_alloc_flags(gfp_mask, reserve_flags);
8
9    if (!(alloc_flags & ALLOC_CPUSET) || reserve_flags) {
10           ac->nodemask = NULL;
11           ac->preferred_zoneref = first_zones_zonelist(ac->zonelist,
12                           ac->highest_zoneidx, ac->nodemask);
13   }
14
15   page = get_page_from_freelist(gfp_mask, order, alloc_flags, ac);
16   if (page)
17           goto got_pg;
18
19   // 调用者不愿回收
20   if (!can_direct_reclaim)
21           goto nopage;
22
23   // 避免直接回收的递归
24   if (current->flags & PF_MEMALLOC)
25           goto nopage;
26
27   // 尝试直接回收并分配
28   page = __alloc_pages_direct_reclaim(gfp_mask, order, alloc_flags, ac,
29                                   &did_some_progress);
30   if (page)
31           goto got_pg;
32
33   page = __alloc_pages_direct_compact(gfp_mask, order, alloc_flags, ac,
34                           compact_priority, &compact_result);
35   if (page)
36           goto got_pg;
37
38   if (gfp_mask & __GFP_NORETRY)
39           goto nopage;
40
41   if (costly_order && !(gfp_mask & __GFP_RETRY_MAYFAIL))
42           goto nopage;
43
44   if (should_reclaim_retry(gfp_mask, order, ac, alloc_flags,
45                       did_some_progress > 0, &no_progress_loops))
46           goto retry;
47
48
49   if (did_some_progress > 0 &&
50               should_compact_retry(ac, order, alloc_flags,
51                   compact_result, &compact_priority,
```

```
52                        &compaction retries))
53            goto retry;
54
55    if (check retry cpuset(cpuset mems cookie, ac))
56            goto retry_cpuset;
57
58    page = __alloc_pages_may_oom(gfp_mask, order, ac, &did_some_progress);
59    if (page)
60            goto got pg;
61
62    if (tsk_is_oom_victim(current) &&
63        (alloc flags & ALLOC OOM ||
64        (gfp mask & __GFP NOMEMALLOC)))
65            goto nopage;
66
67    if (did some progress) {
68            no progress loops = 0;
69            goto retry;
70    }
```

第 3 行代码实现在 retry 的过程中重新唤醒 kswapd 线程（防止意外的休眠），进行异步内存回收。

第 15 行代码调整内存管理区后通过 get_page_from_freelist() 重新进行内存分配。

第 28 和 29 行代码尝试直接在内存回收后分配页面。

第 33 和 34 行代码用于在第 2 次直接内存压缩后分配页面，即整理内存碎片。

第 58 行代码中，如果内存回收失败，则会尝试终止一些进程，再进行内存的回收。

第 62～65 行代码中，如果当前任务由于 OOM 而处于终止的状态，则跳转至 "nopage"。

至此，本节简单地描述了 gfp_mask、alloc_flags 以及快速分配和慢速分配的流程，rmqueue()、zone_watermark_fast()、kswapd、__alloc_pages_direct_reclaim()、__alloc_pages_direct_compact() 及 __alloc_pages_may_oom() 等会在后文进一步分析。

3.3.1　伙伴算法

通过上面的介绍，我们知道伙伴算法的核心是 rmqueue() 函数，在讨论伙伴算法之前先来看看当前分区页帧分配器存在的问题，即内存外部碎片。分区页帧如图 3.19 所示。

图 3.19　分区页帧

假设这是一段连续的页帧，阴影部分表示已经被使用的页帧，现在需要申请连续的 5 个页帧。这个时候，在这段内存上不能找到连续的 5 个空闲页帧，需要从另一段内存上寻找，久而

77

久之就形成了页帧的浪费。为了避免出现这种情况，Linux 内核中引入了伙伴（buddy）算法。该算法把所有的空闲页帧分为 MAX_ORDER 个块链表，MAX_ORDER 通常定义为 11，所以每个块链表分别包含大小为 1 个、2 个、4 个、8 个、16 个、32 个、64 个、128 个、256 个、512 个和 1024 个连续页帧的页帧块。一次最多可以申请 1024 个连续页帧，对应 4MB 大小的连续内存。不同 order 大小的页面如图 3.20 所示。

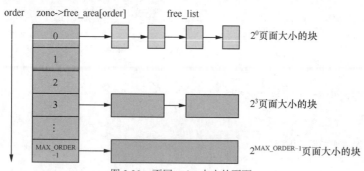

图 3.20　不同 order 大小的页面

当请求分配 N 个连续的物理页时，伙伴算法会先寻找一个合适大小的内存块，如果没有找到匹配的空闲页，则将更大的块分割成两个小块，这两个小块就是"伙伴"关系。

假设要申请一个有 256 个页帧的块，那么伙伴算法会先从 256 个页帧的链表中查找空闲块。如果没有，就从 512 个页帧的链表中查找；如果找到，则将页帧块分为两个 256 个页帧的块。一个分配给应用，另一个移到有 256 个页帧的链表中（这也是 expand()函数的执行过程）。如果 512 个页帧的链表中仍没有空闲块，则继续从 1024 个页帧的链表查找。如果仍然没有，则返回错误。在释放页帧块时，伙伴算法会主动将两个连续的页帧块合并为一个较大的页帧块。

从上面可以知道，伙伴算法一直在对页帧块做拆开合并的操作。伙伴算法的精妙之处在于，任何正整数都可以由 2^n 的和组成。这也是伙伴算法管理空闲页表的本质。空闲内存的信息可以通过以下指令获取，如图 3.21 所示。

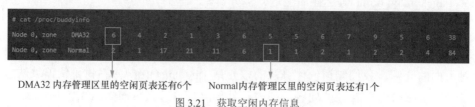

DMA32 内存管理区里的空闲页表还有6个　　　Normal内存管理区里的空闲页表还有1个

图 3.21　获取空闲内存信息

我们可以通过 echo m > /proc/sysrq-trigger 指令来观察伙伴状态，得到的信息与用/proc/buddyinfo 指令获取的信息是一致的。

1. 相关数据结构

zone 结构体如下所示。

```
struct zone {
    ...
    struct free_area      free_area[MAX_ORDER];
} ____cacheline_internodealigned_in_smp;
```

free_area[MAX_ORDER]用于保存每一阶的空闲内存块链表，其定义如下。

```
struct free_area {
    struct list_head      free_list[MIGRATE_TYPES];
    unsigned long         nr_free;
};
```

free_list[MIGRATE_TYPES]用于连接包含大小相同的连续内存区域的页链表。

nr_free 表示该区域中空闲页表的数量。

free_list[MIGRATE_TYPES]中的迁移类型有如下几种。

```
enum migratetype {
    MIGRATE_UNMOVABLE,
    MIGRATE_MOVABLE,
    MIGRATE_RECLAIMABLE,
    MIGRATE_PCPTYPES,
    MIGRATE_HIGHATOMIC = MIGRATE_PCPTYPES,
#ifdef CONFIG_CMA
    MIGRATE_CMA,
#endif
#ifdef CONFIG_MEMORY_ISOLATION
    MIGRATE_ISOLATE,
#endif
    MIGRATE_TYPES
};
```

❏ MIGRATE_UNMOVABLE：页面不可移动，内核空间分配的大部分页面都属于这
一类。

❏ MIGRATE_MOVABLE：页面可移动，用户空间应用程序的页面属于此类页面。

❏ MIGRATE_RECLAIMABLE：kswapd 线程会按照一定的规则，周期性地回收这类
页面。

❏ MIGRATE_PCPTYPES：用来表示每个 CPU 页帧高速缓存的数据结构中的链表的迁
移类型数目。

❏ MIGRATE_HIGHATOMIC：高阶的页面，此页面不能休眠。

❏ MIGRATE_CMA：预留一段内存给驱动使用，但当驱动不用的时候，伙伴算法可以
将其分配给用户进程。当驱动需要使用时，就将进程占用的内存通过回收或者迁移的
方式将预留内存腾出来，供驱动使用。

❏ MIGRATE_ISOLATE：不能被伙伴算法分配的页面。

图 3.22 展示了内存常用的结构体。

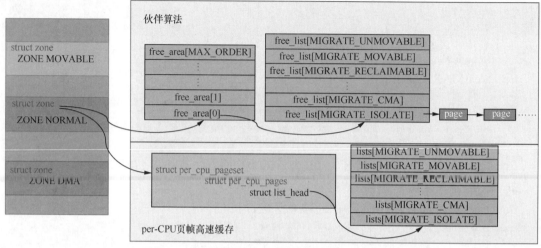

图 3.22　内存常用的结构体

2. 申请页面

下面的代码展示了伙伴算法中申请页面的函数。

```
1 static inline
2 struct page *rmqueue(struct zone *preferred_zone,
3             struct zone *zone, unsigned int order,
4             gfp_t gfp_flags, unsigned int alloc_flags,
5             int migratetype)
6 {
7     unsigned long flags;
8     struct page *page;
9
10
11     if (likely(order == 0)) {
12         page = rmqueue_pcplist(preferred_zone, zone, order,
13                 gfp_flags, migratetype);
14         goto out;
15     }
16
17 ...
18
19     do {
20         page = NULL;
21         if (alloc_flags & ALLOC_HARDER) {
22             page = __rmqueue_smallest(zone, order, MIGRATE_HIGHATOMIC);
23             if (page)
24                 trace_mm_page_alloc_zone_locked(page, order, migratetype);
25         }
26         if (!page)
```

```
27              //若前两个条件都不满足，则在正常的 free_list[MIGRATE_*]中进行分配
28              page = __rmqueue(zone, order, migratetype);
29   } while (page && check_new_pages(page, order));
30
31   ...
32 }
```

第 11～15 行代码表示，当 order=0 时，从 pcplist 分配单个页面。

第 22 行表示当 order>0 且 ALLOC_HARDER 满足条件时，从 free_list[MIGRATE_HIGHATOMIC] 的链表中进行页面分配。

第 28 行代码表示当前两个条件都不满足时，在正常的 free_list[MIGRATE_*]中进行分配。其中先从指定 order 开始从小到大遍历，优先从指定的迁移类型链表中分配页面。如果分配失败，尝试从连续内存分配器（Contiguous Memory Allocator，CMA）进行分配。如果还失败，则查找后备类型 fallbacks[MIGRATE_TYPES][4]，并将查找到的页面移动到所需的 MIGRATE_*类型中。移动成功后，重新尝试分配。

rmqueue()函数的执行流程如图 3.23 所示。

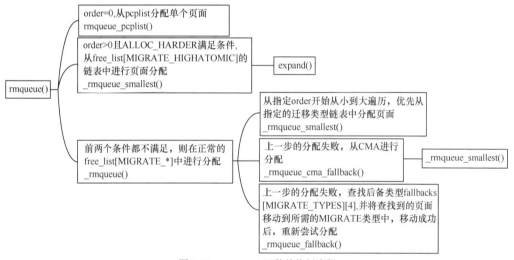

图 3.23 rmqueue()函数的执行流程

重新分配的实现方式如下。

```
1 static __always_inline
2 struct page *__rmqueue_smallest(struct zone *zone, unsigned int order,
3                         int migratetype)
4 {
5     unsigned int current_order;
6     struct free_area *area;
7     struct page *page;
8
9     for (current_order = order; current_order < MAX_ORDER; ++current_order) {
```

```
10          area = &(zone->free_area[current_order]);
11          page = get_page_from_free_area(area, migratetype);
12          if (!page)
13              continue;
14          del_page_from_free_list(page, zone, current_order);
15          expand(zone, page, order, current_order, migratetype);
16          set_pcppage_migratetype(page, migratetype);
17          return page;
18      }
19
20      return NULL;
21 }
```

第 9 行代码从 current_order 开始查找内存管理区的空闲链表。如果当前的 order 中没有空闲对象，那么查找上一级 order，直到 MAX_ORDER。

第 14、15 行代码表示查找到页表之后，通过 del_page_from_free_list() 从对应的链表中删除它们，并调用 expand() 函数实现伙伴算法。也就是说，将空闲链表上的页面块分配一部分后，将剩余的空闲部分挂在内存管理区中更低 order 的页面块链表上，具体实现方式如下。

```
static inline void expand(struct zone *zone, struct page *page,
    int low, int high, int migratetype)
{
    unsigned long size = 1 << high;

    while (high > low) {
        high--;
        size >>= 1;
        VM_BUG_ON_PAGE(bad_range(zone, &page[size]), &page[size]);

        if (set_page_guard(zone, &page[size], high, migratetype))
            continue;

        add_to_free_list(&page[size], zone, high, migratetype);
        set_buddy_order(&page[size], high);
    }
}
```

3. 释放页面

伙伴算法中释放页面的流程如图 3.24 所示。

图 3.24　伙伴算法中释放页面的流程

可以看出其核心代码是__free_one_page()，主要工作是对当前页帧附近的页帧进行合并，本质上就是把符合条件的伙伴页面合并到 free_list 里面，如图 3.25 所示。

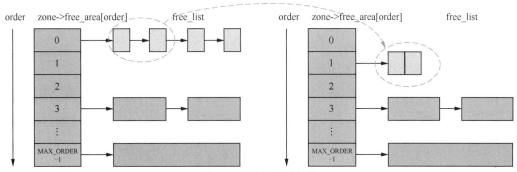

图 3.25 页帧合并的过程

_free_one_page()的实现方式如下。

```
1 static inline void __free_one_page(struct page *page,
2            unsigned long pfn,
3            struct zone *zone, unsigned int order,
4            int migratetype)
5 {
6 ...
7 continue_merging:
8   while (order < max_order - 1) {
9           if (compaction_capture(capc, page, order, migratetype)) {
10                  __mod_zone_freepage_state(zone, -(1 << order),
11                                                  migratetype);
12                  return;
13          }
14          buddy_pfn = __find_buddy_pfn(pfn, order);
15          buddy = page + (buddy_pfn - pfn);
16
17          if (!pfn_valid_within(buddy_pfn))
18              goto done_merging;
19          if (!page_is_buddy(page, buddy, order))
20              goto done_merging;
21          if (page_is_guard(buddy))
22                  clear_page_guard(zone, buddy, order, migratetype);
23          else
24                  del_page_from_free_area(buddy, &zone->free_area[order]);
25          combined_pfn = buddy_pfn & pfn;
26          page = page + (combined_pfn - pfn);
27          pfn = combined_pfn;
28          order++;
```

```
29    }
30    ...
31 }
```

第 8 行代码表示当前在 order 到 max_order−1 之间寻找合适的伙伴，然后将其合并，直到放到最大阶的伙伴算法中。

第 14 行代码根据 pfn 和 order 获取伙伴算法中对应伙伴块的 pfn。

第 15 行代码根据伙伴块的 pfn 计算出伙伴块的页面地址 buddy。

第 19 行代码通过 page_is_buddy()进行一系列合法性判断，包括伙伴块是否在伙伴算法内，当前页和伙伴块 order 是否相同，是否在同一个内存管理区中。

第 21 行代码判断 page 和 buddy 是否可以合并。

第 26 行和第 27 行代码分别计算 buddy 和 page 合并后的 page 和 pfn。

3.3.2 水位控制

在讲分区页帧分配器分配内存的时候，在进入伙伴算法前使用函数 zone_watermark_fast() 根据水位判断当前内存的情况。如果内存足够，就采用伙伴算法分配；否则，就通过 node_reclaim() 回收内存。

1. 水位的初始化

初始化水位的代码如下。

```
1 int __meminit init_per_zone_wmark_min(void)
2 {
3      unsigned long lowmem_kbytes;
4      int new_min_free_kbytes;
5
6      lowmem_kbytes = nr_free_buffer_pages() * (PAGE_SIZE >> 10);
7      new_min_free_kbytes = int_sqrt(lowmem_kbytes * 16);
8
9      if (new_min_free_kbytes > user_min_free_kbytes) {
10            min_free_kbytes = new_min_free_kbytes;
11         if (min_free_kbytes < 128)
12                min_free_kbytes = 128;
13         if (min_free_kbytes > 65536)
14                min_free_kbytes = 65536;
15     } else {
16            pr_warn("min_free_kbytes is not updated to %d because user defined 16
17     value %d is preferred\n",
18                        new_min_free_kbytes, user_min_free_kbytes);
19     }
20     setup_per_zone_wmarks();
21     refresh_zone_stat_thresholds();
```

```
22          setup_per_zone_lowmem_reserve();
23
24 #ifdef CONFIG_NUMA
25          setup_min_unmapped_ratio();
26          setup_min_slab_ratio();
27 #endif
28
29          return 0;
30 }
31 core_initcall(init_per_zone_wmark_min)
```

第 6 行代码中，nr_free_buffer_pages()用于获取 ZONE_DMA 和 ZONE_NORMAL 区域中高于 high 水位的总页数（managed_pages−high_pages）。

第 10 行代码中，min_free_kbytes 是总的 min 值，min_free_kbytes = 4 sqrt(lowmem_kbytes)。

第 20 行代码中，setup_per_zone_wmarks()根据总的 min 值和各个内存管理区在总内存中的占比，通过 do_div 计算出各内存管理区的 min 值，进而计算出各个内存管理区的水位大小。min、low、high 的关系是 low = 125%min，high = 150% min。

min、low、high 之间的比例关系与 watermark_scale_factor 相关，可以通过 /proc/sys/vm/watermark_scale_factor 设置。

第 22 行代码中，setup_per_zone_lowmem_reserve()用于设置每个内存管理区的 lowmem_reserve 大小。lowmem_reserve 值可以通过 /proc/sys/vm/lowmem_reserve_ratio 来修改。

为什么需要设置每个内存管理区的保留内存呢？lowmem_reserve 的作用是什么？

内核在分配内存时会按照 HIGHMEM→NORMAL→DMA 的顺序进行遍历，如果当前内存管理区分配失败，就会尝试下一个低优先级的内存管理区。可以想象，应用进程通过内存映射申请 HIGHMEM，如果此时 HIGHMEM 内存管理区无法满足分配，则会尝试从 NORMAL 内存管理区进行分配。这就有一个问题，来自 HIGHMEM 内存管理区的请求可能会耗尽 NORMAL 内存管理区的内存，最终的结果就是 NORMAL 内存管理区没有内存可供内核进行正常分配。

因此，设置保留内存 lowmem_reserve[NORMAL]可以保障 NORMAL 内存管理区的正常分配。

当从 NORMAL 内存管理区申请失败后，系统会尝试从 zonelist 中的 DMA 内存管理区申请。同样，通过 lowmem_reserve[DMA]限制来自 HIGHMEM 内存管理区和 NORMAL 内存管理区的分配请求。

```
$ cat /proc/sys/vm/lowmem_reserve_ratio
256      32
$ cat /proc/zoneinfo
Node 0, zone     DMA32

...
```

```
    pages free      361678
        min        674
        low        2874
        high       3314
        spanned    523776
        present    496128
        managed    440432
        protection: (0, 3998, 3998)
    ...
Node 0, zone   Normal
    pages free      706981
        min        1568
        low        6681
        high       7704
        spanned    8912896
        present    1048576
        managed    1023570
        protection: (0, 0, 0)
    ...
Node 0, zone   Movable
    pages free      0
        min        0
        low        0
        high       0
        spanned    0
        present    0
        managed    0
        protection: (0, 0, 0)
```

其中一些重要信息的含义如下。

❑　spanned：表示当前内存管理区所包含的所有的页面。

❑　present：表示当前内存管理区在去掉第一阶段保留的内存之后剩下的页面。

❑　managed：表示当前内存管理区去掉初始化完成后所有保留的内存后剩下的页面。

结合上面 ARM64 平台的数值举一个例子，DMA32 和 Normal 内存管理区分别包含 440 432 个、1 023 570 个页面（实际是字段 managed 的值），使用每个区域的托管页面和 lowmem_reserve_ratio 计算每个区域中 lowmem_reserve 的值，可以看出结果和 protection 的值一样，如图 3.26 所示。

2. 水位的判断

水位的判断方式如图 3.27 所示。

从这张图可以获得以下信息。

❑　如果空闲页数目小于最低水位值，则该内存管理区非常缺页，页面回收压力很大，应用程序的写内存操作会被阻塞，回收操作直接在应用程序的进程上下文中进行。

❑ 如果空闲页数目小于低水位值，则 kswapd 线程将被唤醒。默认情况下，低水位值为最低水位值的 125%，可以通过修改 watermark_scale_factor 来改变比例值。

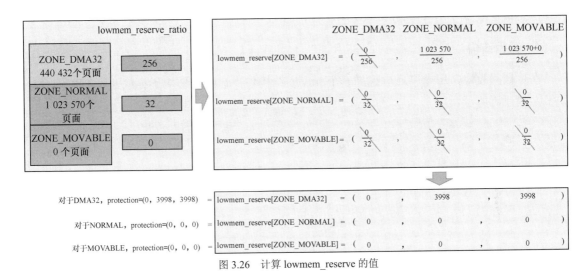

图 3.26　计算 lowmem_reserve 的值

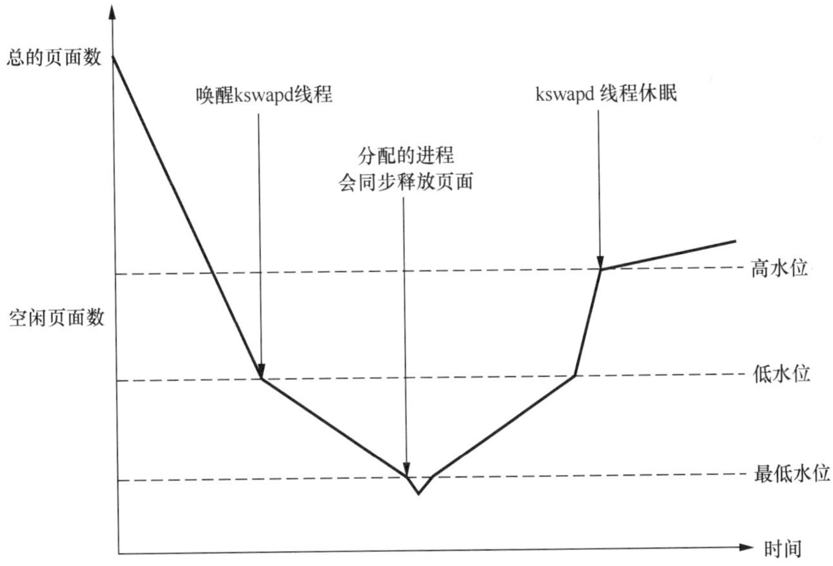

图 3.27　水位的判断方式

❑ 如果空闲页面的值大于高水位值，则 kswapd 线程将睡眠。默认情况下，高水位值为最低水位值的 150%，可以通过修改 watermark_scale_factor 来改变比例值。

3.3.3　内存回收

进入慢速内存分配后，会有两种方式来回收内存。一种是通过唤醒 kswapd 内核线程来异步回收，另一种是直接回收内存。根据上面讲到的水位情况，触发不同的回收方式。回收涉及的算法是最近最少使用（Least Recently Used，LRU）算法，即选择最近最少使用的物理页。

1. 数据结构

在页帧回收中，每个节点会维护一个 lruvec 结构体，该结构体用于存放 5 种 LRU 链表，如下面的代码所示。

```
typedef struct pglist_data {
...
struct lruvec            lruvec;
...
}

struct lruvec {
    struct list_head            lists[NR_LRU_LISTS];
...
}

enum lru_list {
    LRU_INACTIVE_ANON = LRU_BASE,
    LRU_ACTIVE_ANON = LRU_BASE + LRU_ACTIVE,
    LRU_INACTIVE_FILE = LRU_BASE + LRU_FILE,
    LRU_ACTIVE_FILE = LRU_BASE + LRU_FILE + LRU_ACTIVE,
    LRU_UNEVICTABLE,
    NR_LRU_LISTS
};
```

可以看出，物理内存在进行回收的时候可以选择两种类型的页面。

❑　文件背景页（file-backed page）。

❑　匿名页（anonymous page）。

进程的代码段、映射的文件都属于文件背景页，而进程的堆、栈都是不与文件相对应的，属于匿名页。这两种页是在缺页异常中分配的，后面会详细介绍。

在内存不足的时候，如果文件背景页是脏页，则写回对应的硬盘文件中，称为页调出（page-out），不需要用到交换分区。匿名页在内存不足时就只能写到交换分区中，称为换出（swap-out）。交换分区可以是一个磁盘分区，也可以是存储设备上的一个文件。

回收内存的时候，通过/proc/sys/vm/swappiness 控制文件背景页和匿名页的回收量。swappiness 越大，越倾向于回收匿名页；swappiness 越小，越倾向于回收文件背景页。当然，回收它们的方法都是使用 LRU 算法，即最近最少使用的页会被回收。

上述两种类型的可回收的页产生 5 种 LRU 链表。其中，ACTIVE 和 INACTIVE 用于表示最近的访问频率，UNEVITABLE 表示被锁定在内存中，不允许回收的物理页。

每个 CPU 有 5 种 pagevec 结构体，它们用来描述上面的 5 种 LRU 链表，它们对应的操作分别为 lru_add_pvec、lru_rotate_pvecs、lru_deactivate_file_pvecs、lru_lazyfree_pvecs、activate_page_pvecs，如下面的代码所示。

```
struct pagevec {
    unsigned long nr;
    unsigned long cold;
    struct page *pages[PAGEVEC_SIZE];
};
static DEFINE_PER_CPU(struct pagevec, lru_add_pvec);
static DEFINE_PER_CPU(struct pagevec, lru_rotate_pvecs);
static DEFINE_PER_CPU(struct pagevec, lru_deactivate_file_pvecs);
static DEFINE_PER_CPU(struct pagevec, lru_lazyfree_pvecs);
#ifdef CONFIG_SMP
static DEFINE_PER_CPU(struct pagevec, activate_page_pvecs);
#endif
```

不活跃链表尾部的页将在内存回收时优先被回收（写回或者交换），这也是 LRU 算法的核心。有一点需要注意，回收的时候总优先换出文件背景页，而不是匿名页。因为大多数情况下文件背景页不需要回写磁盘，除非页面内容被修改了，而匿名页总要写入交换分区才能换出。

```
struct scan control {

    unsigned long nr_to_reclaim;

    gfp_t gfp_mask;

    int order;
    ...
    unsigned int may_swap:1;
    ...
    unsigned long nr_scanned;

    unsigned long nr_reclaimed;
};
```

❑ nr_to_reclaim：需要回收的页面数量。

❑ gfp_mask：申请分配的掩码。用户申请页面时可以通过标志位来限制调用底层文件系统或不允许读写存储设备，最终传递给 LRU 处理。

❑ order：申请分配的阶数值，最终期望内存回收后能满足申请要求。

❑ may_swap：是否将匿名页交换到交换分区，并进行回收处理。

❑ nr_scanned：统计扫描过的非活动页面总数。

    ❑　nr_reclaimed：统计回收了的页面总数。

2. 代码流程

前文提到，使用两种方式来触发页面回收。

    ❑　当内存管理区中空闲的页面低于低水位时，kswapd 内核线程被唤醒，进行异步回收。

    ❑　当内存管理区中空闲的页面低于最低水位时，直接进行回收。

页面回收流程如图 3.28 所示。

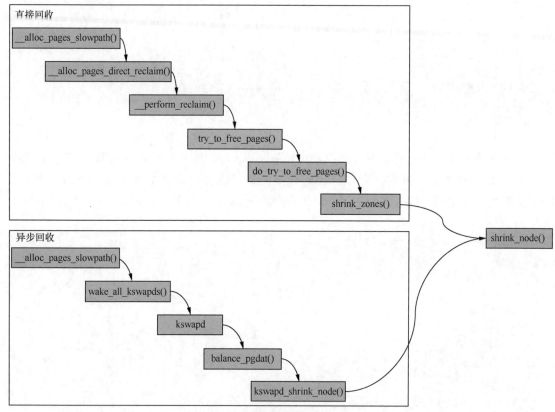

图 3.28　页面回收流程

无论使用哪种方式都会调用 shrink_node() 函数，如图 3.29 所示。

shrink_node_memcg() 通过 for_each_evictable_lru 遍历所有可以回收的 LRU 链表，然后通过 shrink_list() 对指定 LRU 链表进行页面回收。shrink_list() 会先判断不活跃链表上的文件背景页或者匿名页。当不活跃链表上的页数不够的时候，会调用 shrink_active_list()，该函数会将活跃链表上的页移动到不活跃链表上，然后调用 shrink_active_pages_to_lru() 对活跃的 LRU 链表进行扫描，把页从活跃链表移到不活跃链表，对不活跃的 LRU 链表进行扫描尝试回收页面，并且返回已经回收页面的数量。

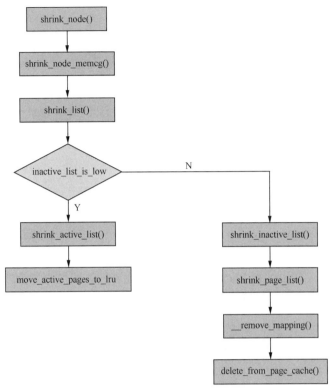

图 3.29　shrink_node() 函数的流程

3.3.4　碎片页面规整

内存回收、页面规整都是在 __alloc_pages_slowpath() 中发生的。本节主要讲解碎片页面的规整。

先介绍什么是碎片化页面。

1. 什么是内存碎片化

内存碎片化分为内部碎片化和外部碎片化。

假设进程需要使用 3KB 的物理内存，那么需要向内核申请 3KB 的内存，但是因为内核规定一页的最小单位是 4KB，所以就会给该进程分配 4KB 的内存，其中有 1KB 未使用，这就是所谓的内部碎片化，如图 3.30 所示。

假设系统中剩余 4KB×3 = 12KB 的内存，但是由于页与页之间分离，因此没有办法申请到 8KB 的连续内存，这就是所谓的外部碎片化，如图 3.31 所示。

图 3.30　内部碎片化　　　　　　　　　　　　图 3.31　外部碎片化

2. 规整碎片化页面的算法

碎片化页面的规整就是解决内外碎片化的过程，内核采用页面迁移机制对碎片化的页面进行规整，即将可移动的页面进行迁移，从而腾出连续的物理内存。

假设当前的内存情况如图 3.32 所示。

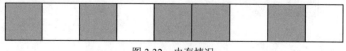

图 3.32　内存情况

白色部分表示空闲的页面，灰色部分表示已经分配的页面，可以看到空闲的页面非常零散，虽然有 4 页，但是无法分配大于两页的连续物理内存。

内核用一个迁移扫描器从底部开始扫描，一边扫描，一边将已分配的可移动（MIGRATE_MOVABLE）页面记录到 migratepages 链表中。同时，用另外一个空闲扫描器从顶部开始扫描，一边扫描一边将空闲页面记录到 freepages 链表中。迁移扫描的过程如图 3.33 所示。

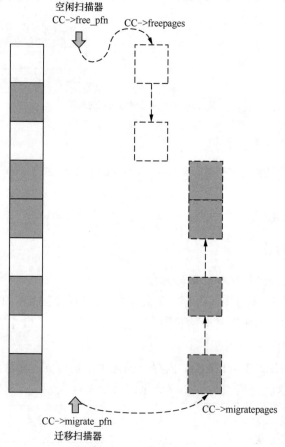

图 3.33　迁移扫描的过程

两个扫描器在中间相遇，意味着扫描结束，然后将 migratepages 链表里的页面迁移到 freepages 链表中，底部就形成了一段连续的物理内存，页面规整完成，结果如图 3.34 所示。

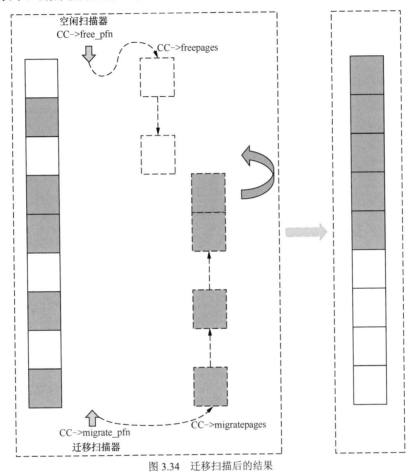

图 3.34 迁移扫描后的结果

3. 数据结构

compact_control 结构体控制着整个页面规整的过程，维护着 freepages 和 migratepages 两个链表，最终将 migratepages 链表中的页面复制到 freepages 链表中。

```
struct compact_control {
    struct list_head freepages;
    struct list_head migratepages;
    struct zone *zone;
    unsigned long nr_freepages;
    unsigned long nr_migratepages;
    unsigned long total_migrate_scanned;
    unsigned long total_free_scanned;
    unsigned long free_pfn;
```

```
        unsigned long migrate_pfn;
        unsigned long last_migrated_pfn;
        const gfp_t gfp_mask;
        int order;
        int migratetype;
        const unsigned int alloc_flags;
        const int classzone_idx;
        enum migrate_mode mode;
        bool ignore_skip_hint;
        bool ignore_block_suitable;
        bool direct_compaction;
        bool whole_zone;
        bool contended;
        bool finishing_block;
};
```

部分成员的作用如下。

❑ freepages：记录空闲页面的链表。

❑ migratepages：记录迁移页面的链表。

❑ zone：在整合内存碎片的过程中，碎片页面只会在当前内存管理区的内部移动。

❑ migrate_pfn：迁移扫描器开始的页帧。

❑ free_pfn：空闲扫描器开始的页帧。

❑ migratetype：可移动的类型，按照可移动性，将内存中的页面分为以下 3 种类型。

　　• MIGRATE_UNMOVABLE：不可移动，核心内核分配的大部分页面都属于这一类。

　　• MIGRATE_MOVABLE：可移动，用户空间中应用程序的页面属于此类页面。

　　• MIGRATE_RECLAIMABLE：可回收，kswapd 线程会按照一定的规则，周期性地回收这类页面。

❑ migrate_mode：针对同步和异步的处理。其定义如下。

```
enum migrate_mode {
    MIGRATE_ASYNC,
    MIGRATE_SYNC_LIGHT,
    MIGRATE_SYNC,
    MIGRATE_SYNC_NO_COPY,
};
```

4. 规整的 3 种方式

前文在讲解慢速分配时，提到规整页面的函数__alloc_pages_direct_compact()。其定义如下。

```
static struct page *
__alloc_pages_direct_compact(gfp_t gfp_mask, unsigned int order,
            unsigned int alloc_flags, const struct alloc_context *ac,
            enum compact_priority prio, enum compact_result *compact_result)
{
```

```
        struct page *page = NULL;
        unsigned long pflags;
        unsigned int noreclaim_flag;

        if (!order)
                return NULL;

        psi_memstall_enter(&pflags);
        noreclaim_flag = memalloc_noreclaim_save();

        *compact_result = try_to_compact_pages(gfp_mask, order, alloc_flags, ac,
                                               prio, &page);

        memalloc_noreclaim_restore(noreclaim_flag);
        psi_memstall_leave(&pflags);

        count_vm_event(COMPACTSTALL);

        if (page)
                prep_new_page(page, order, gfp_mask, alloc_flags);

        if (!page)
                page = get_page_from_freelist(gfp_mask, order, alloc_flags, ac);

        if (page) {
                struct zone *zone = page_zone(page);

                zone->compact_blockskip_flush = false;
                compaction_defer_reset(zone, order, true);
                count_vm_event(COMPACTSUCCESS);
                return page;
        }

        count_vm_event(COMPACTFAIL);

        cond_resched();

        return NULL;
}
```

  在使用_alloc_pages_direct_compact_()函数时，分配和回收是同步的关系。也就是说，分配内存的进程会因为等待内存回收而阻塞。不过内核除提供同步方式外，还提供了异步的规整方式。3 种规整方式如图 3.35 所示。

  对于这 3 种方式，最终都会调用函数 compact_zone()实现真正的规整操作，此处不赘述。

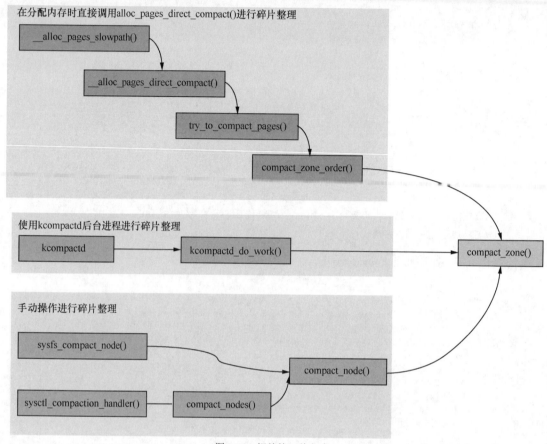

图 3.35　规整的 3 种方式

3.4　slab 分配器及 kmalloc 的实现

在 Linux 内核中，伙伴算法以页为单位分配内存，但是现实中的很多时候以字节为单位。如果申请 10 字节内存却要分配 1 页内存，就太浪费了。slab 分配器用于解决小内存分配问题。slab 分配器以字节为单位分配内存。但是 slab 分配器并没有脱离伙伴算法，而基于伙伴算法分配的大块内存进一步将其细分成小块内存。

3.4.1　走进 slab 分配器

示例代码如下。

```
#include <linux/module.h>
#include <linux/init.h>
```

```c
#include <linux/slab.h>
#include <linux/mm.h>

static struct kmem_cache* slab_test;

struct student{
    int age;
    int score;
};
static void mystruct_constructor(void *addr)
{
    memset(addr, 0, sizeof(struct student));
}
struct student* peter;

int slab_test_create_kmem(void)
{
    int ret = -1;
    slab_test = kmem_cache_create("slab_test", sizeof(struct student), 0, 0, mystruct_
    constructor);
    if(slab_test != NULL){
        printk("slab_test create success!\n");
        ret=0;
    }
    peter = kmem_cache_alloc(slab_test, GFP_KERNEL);
    if(peter != NULL){
        printk("alloc object success!\n");
        ret = 0;
    }
    return ret;
}
static int __init slab_test_init(void)
{
    int ret;
    printk("slab_test kernel module init\n");
    ret = slab_test_create_kmem();
    return 0;
}
static void __exit slab_test_exit(void)
{
    printk("slab_test kernel module exit\n");
    kmem_cache_destroy(slab_test);
}
```

```
module_init(slab_test_init);
module_exit(slab_test_exit);
```

运行结果如图 3.36 所示。

```
2|mek_8q:/data # cat /proc/slabinfo
slabinfo - version: 2.1
# name            <active_objs> <num_objs> <objsize> <objperslab> <pagesperslab> : tunables
slab_test            256    256    16  256    1 : tunables    0    0    0 : slabdata
```

这个 slab 分配器的
名字为 slab_test

代表对象的最大个数

包含元数据的对象的大小，一般大于或等于
object_size，objsize是各种地址对齐之后的大小

表示每一个slab分配器需要几个页面，可以
看到名为slab_test的slab 分配器需要一个页
面，也就是4KB。其实就是从伙伴系统拿了
一个order为0的页面

代表一个slab分配器中有多少个
对象，通过计算可知是256个

图 3.36 运行结果

综上所述，slab 分配器从伙伴系统拿到一个 order 为 0 的内存，也就是一页，然后把这一页命名为 slab_test，再把这一页分成很多小的对象（object）。当我们使用对象的时候就从 slab 分配器中获取一个对象，用完了再归还给 slab 分配器，如图 3.37 所示。

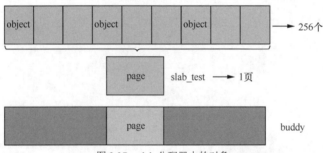

图 3.37 slab 分配器中的对象

3.4.2 数据结构

结构体 kmem_cache（见图 3.38）用于管理 slab 分配器的缓存，包括该缓存中对象的信息描述。

结构体 kmem_cache_cpu（见图 3.39）是对本地内存缓存池的描述，每一个 CPU 对应一个结构体，不使用锁即可访问，可以提高缓存对象分配的速度。

结构体 kmem_cache_node 是对共享内存缓存池的描述，用于管理每个节点的 slab 页面，如图 3.40 所示。

```
struct kmem_cache {
    struct kmem_cache_cpu __percpu *cpu_slab;
    unsigned long flags;
    unsigned long min_partial;
    int size;
    int object_size;
    int offset;
    ......
    struct kmem_cache_node *node[MAX_NUMNODES];
};
```

图 3.38 结构体 kmem_cache

```
struct kmem_cache_cpu {
  void **freelist;
  unsigned long tid;
  struct page *page;
#ifdef CONFIG_SLUB_CPU_PARTIAL
  struct page *partial;
#endif
#ifdef CONFIG_SLUB_STATS
  unsigned stat[NR_SLUB_STAT_ITEMS];
#endif
};
```

图 3.39 结构体 kmem_cache_cpu

```
struct kmem_cache_node {
  spinlock_t list_lock;
  ......
#ifdef CONFIG_SLUB
  unsigned long nr_partial;
  struct list_head partial;
#ifdef CONFIG_SLUB_DEBUG
  atomic_long_t nr_slabs;
  atomic_long_t total_objects;
  struct list_head full;
#endif
#endif
};
```

图 3.40 结构体 kmem_cache_node

结构体 page 用于描述 slab 页面，一个 slab 页面由一个或多个页面组成。

slab 缓存的结构如图 3.41 所示。

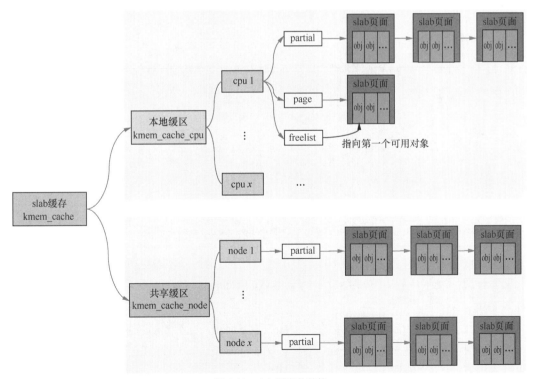

图 3.41 slab 缓存的结构

99

3.4.3　流程分析

这里从 slab 缓存的创建和 slab 对象的分配来分析内存分配流程。

通过 kmem_cache_create 创建一个用于管理 slab 缓存的 kmem_cache 结构体，并对该结构体进行初始化，最终将其添加到全局链表中。

```
1 kmem_cache_create
2   create_cache
3     kmem_cache_zalloc
4       kmem_cache_alloc
5         slab_alloc
6           slab_alloc_node
7       __kmem_cache_create
8         kmem_cache_open
9     list_add
```

第 3 行代码用于分配 kmem_cache 结构体。

第 7 行代码用于初始化 kmem_cache 结构体。

第 9 行代码用于将创建的 kmem_cache 添加到全局链表 slab_caches 中，构成 slab 缓存池。

通过函数 kmem_cache_alloc() 分配 slab 分配器的对象。

```
1 kmem_cache_alloc
2   slab_alloc
3     slab_alloc_node
4         if (unlikely(!object || !page || !node_match(page, node)))
5           object = __slab_alloc(s, gfpflags, node, addr, c);
6             __slab_alloc
7               get_freelist
8 new_slab:
9               slub_percpu_partial
10              new_slab_objects
11                get_partial
12                new_slab
13                  allocate_slab
14        else
15          get_freepointer_safe
```

第 5 行代码表示当前 CPU 的 freelist 中没有可用的对象，第一次申请对象时进入慢速分配。

第 7 行代码表示从 per-CPU 缓存中的页面获取 freelist。若获取成功，则返回；若不成功，则进入 new_slab。

第 9 行代码尝试从 per-CPU 缓存中的页面获取 partial，若不成功，则进入 new_slab_objects。

第 11 行代码表示从节点的 partial 列表中获取 slab 页面，并将其迁移到 per-CPU 缓存中。若成功，则返回；若不成功，则进入 new_slab。

第 12 行代码表示从伙伴算法中分配页面，并将其分配给 per-CPU 缓存的 freelist 和 page 字段。

第 15 行代码表示当前 CPU 上的 kmem_cache_cpu 中的 freelist 有可用的对象,采用直接分配方式。

3.4.4 kmalloc 的实现

前文通过一个例子介绍了 slab 分配器的用法,但是在实际工作中什么时候会用到它呢?

在编写驱动程序的时候经常会用到 kmalloc。kmalloc 的内存分配就是基于 slab 分配器的,系统在启动的时候会调用 create_kmalloc_caches() 来创建不同大小的 kmem_cache,并将这些 kmem_cache 存储在 kmalloc_caches 全局变量中以供后面的 kmalloc 使用。各个 kmem_cache 的名字和大小如下。

```
const struct kmalloc_info_struct kmalloc_info[] __initconst = {
{NULL,                    0},  {"kmalloc-96",              96},
{"kmalloc-192",        192},  {"kmalloc-8",                8},
{"kmalloc-16",          16},  {"kmalloc-32",              32},
{"kmalloc-64",          64},  {"kmalloc-128",            128},
{"kmalloc-256",        256},  {"kmalloc-512",            512},
{"kmalloc-1024",      1024},  {"kmalloc-2048",          2048},
{"kmalloc-4096",      4096},  {"kmalloc-8192",          8192},
{"kmalloc-16384",    16384},  {"kmalloc-32768",        32768},
{"kmalloc-65536",    65536},  {"kmalloc-131072",      131072},
{"kmalloc-262144",  262144},  {"kmalloc-524288",      524288},
{"kmalloc-1048576", 1048576}, {"kmalloc-2097152",    2097152},
{"kmalloc-4194304", 4194304}, {"kmalloc-8388608",    8388608},
{"kmalloc-16777216", 16777216}, {"kmalloc-33554432", 33554432},
{"kmalloc-67108864", 67108864}
};
```

kmalloc 的实现如下。

```
static __always_inline void *kmalloc(size_t size, gfp_t flags)
{
 if (__builtin_constant_p(size)) {
  if (size > KMALLOC_MAX_CACHE_SIZE)
   return kmalloc_large(size, flags);
#ifndef CONFIG_SLOB
  if (!(flags & GFP_DMA)) {
   int index = kmalloc_index(size);

   if (!index)
    return ZERO_SIZE_PTR;

   return kmem_cache_alloc_trace(kmalloc_caches[index],
     flags, size);
  }
#endif
```

```
    }
    return __kmalloc(size, flags);
}
```

先通过 kmalloc_index()查找满足分配大小的最小 kmem_cache。

```
static __always_inline int kmalloc_index(size_t size)
{
 if (!size)
  return 0;

 if (size <= KMALLOC_MIN_SIZE)
  return KMALLOC_SHIFT_LOW;

 if (KMALLOC_MIN_SIZE <= 32 && size > 64 && size <= 96)
  return 1;
 if (KMALLOC_MIN_SIZE <= 64 && size > 128 && size <= 192)
  return 2;
 if (size <=          8) return 3;
 if (size <=         16) return 4;
 if (size <=         32) return 5;
 if (size <=         64) return 6;
 if (size <=        128) return 7;
 if (size <=        256) return 8;
 if (size <=        512) return 9;
 if (size <=       1024) return 10;
 if (size <=   2 * 1024) return 11;
 if (size <=   4 * 1024) return 12;
 if (size <=   8 * 1024) return 13;
 if (size <=  16 * 1024) return 14;
 if (size <=  32 * 1024) return 15;
 if (size <=  64 * 1024) return 16;
 if (size <= 128 * 1024) return 17;
 if (size <= 256 * 1024) return 18;
 if (size <= 512 * 1024) return 19;
 if (size <= 1024 * 1024) return 20;
 if (size <=   2 * 1024 * 1024) return 21;
 if (size <=   4 * 1024 * 1024) return 22;
 if (size <=   8 * 1024 * 1024) return 23;
 if (size <=  16 * 1024 * 1024) return 24;
 if (size <=  32 * 1024 * 1024) return 25;
 if (size <=  64 * 1024 * 1024) return 26;
 BUG();

 return -1;
}
```

以 index 作为索引从 kmalloc_caches 数组中找到符合的 kmem_cache，并从 slab 缓存池中分配对象。这就和前文讲的 slab 缓存池就联系起来了。

3.5　vmalloc()的原理和实现

伙伴算法基于分区页帧分配器，kmalloc 基于 slab 分配器，并且分配的空间都是物理上连续的。但是随着碎片化的积累，连续物理内存的分配就会变得困难，对于那些不一定非要连续物理内存的访问，完全可以像用户空间的 malloc 一样，将不连续的物理内存页帧映射到连续的虚拟地址空间中，这就是 vmap 的来源。vmalloc 的分配就是基于 vmap 机制实现的。malloc()、vmalloc()、kmalloc()之间的关系如图 3.42 所示。本节将介绍 vmalloc()的原理和实现，malloc()会在后面介绍。

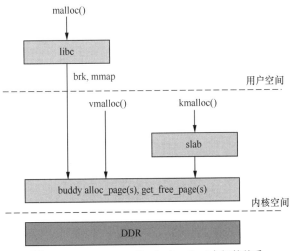

图 3.42　malloc()、vmalloc()、kmalloc()之间的关系

vmalloc()最少分配一个页面，并且分配到的页面不保证是连续的，因为 vmalloc()内部调用 alloc_page()多次分配单个页面。

3.5.1　数据结构

vm_struct 结构体用于管理虚拟地址和物理页之间的映射关系。其定义如下。

```
struct vm_struct {
 struct vm_struct *next;
 void    *addr;
 unsigned long  size;
```

```
unsigned long  flags;
struct page  **pages;
unsigned int  nr_pages;
phys_addr_t  phys_addr;
const void  *caller;
};
```

其中部分成员的作用如下。

❑　next：指向下一个 vm_struct 结构体。

❑　addr：当前 vmalloc()函数的虚拟地址的起始地址。

❑　size：当前 vmalloc()函数的虚拟地址的大小。

❑　pages：使用 vmalloc()分配、获取的各个物理页面是不连续的，每个物理页面用结构体 page 描述，一个 vm_struct 用到的所有物理页面的 page 构成一个数组，而 pages 就是指向这个数组的指针。

❑　nr_pages：vmalloc()映射的页面数目。

❑　phys_addr：用来映射硬件设备的 I/O 共享内存，其他情况下为 0。

❑　caller：调用 vmalloc()函数的地址。

vmap_area 结构体用于描述一段虚拟地址的区域，可以将 vm_struct 构成链表，维护多段映射，其定义如下。

```
struct vmap_area {
unsigned long va_start;
unsigned long va_end;
unsigned long flags;
struct rb_node rb_node;
struct list_head list;
struct llist_node purge_list;
struct vm_struct *vm;
struct rcu_head rcu_head;
};
```

其中部分成员的作用如下。

❑　va_start：使用 vmalloc()申请虚拟地址返回的起始地址。

❑　va_end：使用 vmalloc()申请虚拟地址返回的结束地址。

❑　rb_node：插入红黑树 vmap_area_root 的节点。

❑　list：用于加入链表 vmap_area_list 的节点。

❑　vm：用于管理虚拟地址和物理页之间的映射关系。

一段虚拟地址中区域和页的关系如图 3.43 所示。

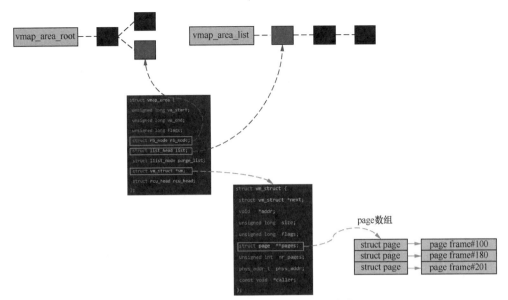

图 3.43　一段虚拟地址中区域和页的关系

3.5.2　vmalloc()的实现

首先在 vmalloc()对应的虚拟地址空间中找到一个空闲区域，然后将页面数组对应的物理内存映射到该区域，最终返回映射的虚拟起始地址。该过程主要分以下 3 步。

（1）从 va_start 到 va_end 查找空闲的虚拟地址空间，申请并填充 vm_struct 结构体。

（2）根据 size，调用 alloc_page()依次分配单个页面。

（3）把分配的单个页面映射到第（1）步找到的连续的虚拟地址。

vmalloc()的流程如图 3.44 所示。

vfree()函数的实现如下。

```
vfree
void vfree(const void *addr)
{
        BUG_ON(in_nmi());

        kmemleak_free(addr);

        might_sleep_if(!in_interrupt());

        if (!addr)
                return;

        __vfree(addr);
}

static void __vfree(const void *addr)
```

```
{
        if (unlikely(in_interrupt()))
                __vfree_deferred(addr);
        else
                __vunmap(addr, 1);
}
```

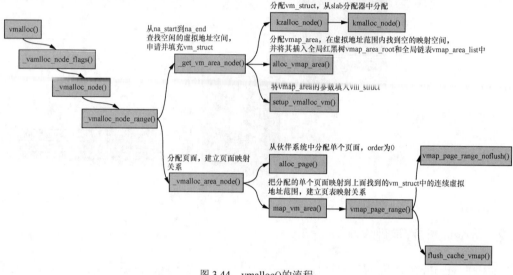

图 3.44　vmalloc() 的流程

　　如果在中断上下文中，则推迟释放；否则，直接调用 __vunmap() 进行释放。整个过程就是 vmalloc() 的逆过程，如图 3.45 所示。

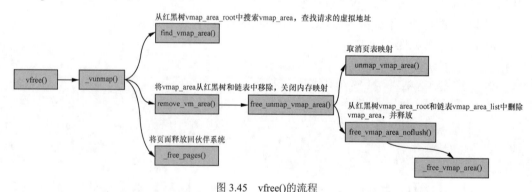

图 3.45　vfree() 的流程

　　kmalloc() 和 vmalloc() 的区别如下。

　　kmalloc() 会根据申请的大小选择基于 slab 分配器来申请连续的物理内存，而 vmalloc() 则通过 alloc_page() 先申请 order = 0 的页面，再将其映射到连续的虚拟空间，其物理地址是不连续的。此外，kmalloc() 使用 ZONE_DMA 和 ZONE_NORMAL 空间，性能更强，但是连续物理内存空间的分配容易带来碎片化问题。

3.6 malloc()/mmap()的原理和实现

细心的读者应该会发现，前文讲的都是在内核态的内存，本节介绍用户态进程的地址空间情况，用户态常用的内存分配函数是 malloc() 和 mmap()。

一个进程的地址空间包含代码段、数据段、BSS 段等，这些段实际上都是空间区域。Linux 内核将这些区域称为虚拟存储区（Virtual Memory Area，VMA），使用 vm_area_struct 结构本来描述，不同的 VMA 有不同的用处。

堆用于动态分配和释放的内存。

栈用于存放局部变量和实现函数调用。

mmap 用于把文件映射到进程的虚拟地址空间。

3.6.1 认识 VMA

一个进程的虚拟地址空间主要由两个数据结构来描述，一个是 mm_struct，另一个是 vm_area_struct。

mm_struct 描述了一个进程的整个虚拟地址空间，vm_area_struct 描述了虚拟地址空间的一个区间（简称虚拟区）。图 3.46 所示为由 task_struct 到 mm_struct 的进程中地址空间的分布。

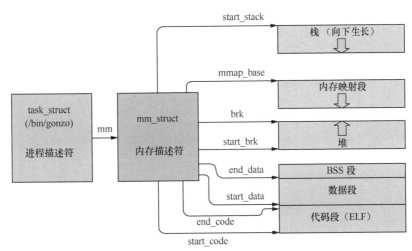

图 3.46 由 task_struct 到 mm_struct 的进程中地址空间的分布

每一个进程都有自己独立的 mm_struct，这样每一个进程都有自己独立的地址空间，进程之间互不干扰。当进程之间的地址空间被共享的时候，多个进程使用同一段地址空间。

```
struct mm_struct
{
    struct vm_area_struct *mmap;        // 指向 VMA 链表
    struct rb_root mm_rb;               // 指向红黑树
    struct vm_area_struct *mmap_cache;  // 找到最近的虚拟存储区

    unsigned long(*get_unmapped_area)(struct file *filp,unsigned long addr,unsigned
    long len,unsigned long pgoof,unsigned long flags);

    void (*unmap_area)(struct mm_struct *mm,unsigned long addr);

    unsigned long mmap_base;

    unsigned long task_size;            // 拥有该结构体的进程的虚拟地址空间的大小
    unsigned long cached_hole_size;
    unsigned long free_area_cache;

    pgd_t *pgd;                         // 指向 PGD

    atomic_t mm_users;                  // 指定用户空间中有多少用户
    atomic_t mm_count;                  // 指定对 mm_struct 有多少次引用

    int map_count;                      // 虚拟区间的个数
    struct rw_semaphore mmap_sem;
    spinlock_t page_table_lock;         // 保护任务页表和 mm->rss

    struct list_head mmlist;            // 所有活动 mm 结构体的链表
    mm_counter_t _file_rss;
    mm_counter_t _anon_rss;
    unsigned long hiwter_rss;
    unsigned long hiwater_vm;


    unsigned long total_vm,locked_vm,shared_vm, exec_vm;
    usingned long stack_vm,reserved_vm,def_flags,nr_ptes;

    unsingned long start_code,end_code,start_data,end_data;  // 定义代码段的开始和结束、数
    // 据段的开始和结束

    unsigned long start_brk,brk,start_stack;      // start_brk 和 brk 记录有关堆的信息,
    // start_brk 用于用户虚拟地址空间初始化, brk 是当前堆的结束地址, start_stack 是栈的起始地址

    unsigned long arg_start,arg_end,env_start,env_end;       // 定义参数段的开始和结束, 环境
    // 段的开始和结束
    unsigned long saved_auxv[AT_VECTOR_SIZE];

    struct linux_binfmt *binfmt;

    cpumask_t cpu_vm_mask;
    mm_counter_t context;
    unsigned int faultstamp;
```

```
    unsigned int token_priority;
    unsigned int last_interval;

    unsigned long flags;
    struct core_state *core_state;
}
```

vm_area_struct 用于定义分配的每个虚拟存储区，包括虚拟存储区的起始和结束地址，以及内存的访问权限等。VMA 的分布如图 3.47 所示。

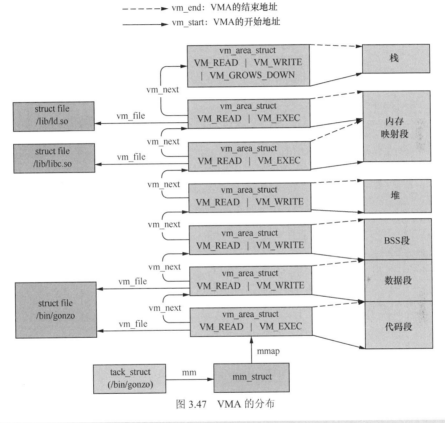

图 3.47 VMA 的分布

```
struct vm_area_struct {
// 第一个缓存行具有 VMA 树移动的信息
unsigned long vm_start;
unsigned long vm_end;
// 每个任务的 VMA 链接列表，按地址排序*/
struct vm_area_struct *vm_next, *vm_prev;

struct rb_node vm_rb;

// 这有助于 get_unmapped_area()找到大小合适的空闲区域
unsigned long rb_subtree_gap;
```

```
// 第 2 个缓存行从这里开始

struct mm_struct *vm_mm; // 当前所属的地址空间
pgprot_t vm_page_prot;   // 此 VMA 的访问权限
unsigned long vm_flags;

/* 对于具有地址空间和后备存储的区域，链接到 address_space->i_mmap 间隔树，或者链接到 address_
space-> i_mmap_nonlinear 列表中的 VMA */
union {
 struct {
  struct rb_node rb;
  unsigned long rb_subtree_last;
 } linear;
 struct list_head nonlinear;
} shared;

/* 在其中一个文件页面的写时复制之后，文件的 MAP_PRIVATE VMA 可以在 i_mmap 树和 anon_vma 列表中，
 MAP_SHARED VMA 只能位于 i_mmap 树中，匿名 MAP_PRIVATE、栈或 brk VMA（带有 NULL 文件）只能位于
 anon_vma 列表中 */
struct list_head anon_vma_chain; // 由 mmap_sem 和 * page_table_lock 序列化
struct anon_vma *anon_vma;       // 由 page_table_lock 序列化

// 用于处理此结构体的函数指针
const struct vm_operations_struct *vm_ops;

// 后备存储的信息
unsigned long vm_pgoff;  // 以 PAGE_SIZE 为单位的偏移量（在 vm_file 中）
struct file * vm_file;   // 映射到文件（可以为 NULL）
void * vm_private_data;  // vm_pte（共享内存）

#ifndef CONFIG_MMU
 struct vm_region *vm_region; // NOMMU 映射区域
#endif
#ifdef CONFIG_NUMA
 struct mempolicy *vm_policy; // 针对 VMA 的 NUMA 政策
#endif
};
```

页面可以分为以下两种。

❑ 文件背景页（file-backed page）：将一段区域映射在文件（如代码段、mmap 读写的文件）。

❑ 匿名页（anonymous page）：将一段区域映射在物理内存（如栈、堆、写时复制后的数据段等），这部分页面可以交换到交换分区。

根据其他进程是否可见，映射又分为如下两种。

❑ 私有映射：其他进程看不到。

❑ 共享映射：共享的进程也能看到。

所以一共有 4 类映射。

❑ 私有匿名映射：通常用于内存分配、堆、栈。

❑ 共享匿名映射：通常用于进程间共享内存，在内存文件系统中创建/dev/zero 设备。

❑ 私有文件映射：通常用于加载动态库、代码段、数据段。

❑ 共享文件映射：通常用于文件读写和进程间的通信。

综上所述，内核用一个**红黑树**和**链表**来管理各个 VMA。VMA 中各部分的关系如图 3.48 所示。

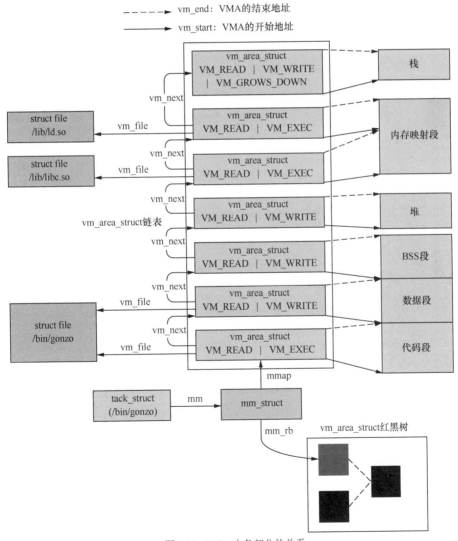

图 3.48 VMA 中各部分的关系

3.6.2　malloc()的实现

在 Linux 内核的标准 libc 库中，malloc()函数的实现会根据分配内存的大小（size）来决定使用哪个分配函数。当 size 小于或等于 128KB 时，调用 sys_brk()分配，对应堆；当 size 大于 128KB 时，调用 sys_mmap()分配，对应内存映射段。size 可由 M_MMAP_THRESHOLD 选项调节。malloc()的调用流程如图 3.49 所示。

sys_brk()在分配过程主要调整 brk 位置，对应图 3.50 中的堆。

sys_mmap()在分配过程中主要在堆和栈之间（即内存映射段）中找一段空闲的虚拟内存并进行映射，对应图 3.50 中的内存映射段。

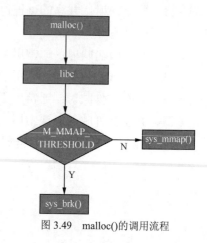

图 3.49　malloc()的调用流程

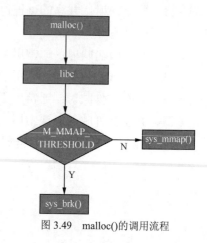

图 3.50　mm_struct 的结构

下面分别讨论这两种分配方式。

3.6.3　认识 mm->brk

堆由低地址向高地址方向增长。在分配内存时，将指向堆的最高地址的指针 mm->brk 往高地址扩展。在释放内存时，把 mm->brk 向低地址收缩，如图 3.51 所示。

申请堆后，只开辟了一个区域，内核还不会分配真正的物理内存。物理内存的分配会发生在访问时出现缺页异常之后，这个问题在后面再进一步分析。

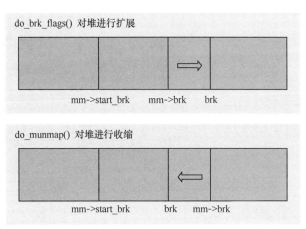

图 3.51 堆内存的分配和释放

brk 的实现方式如下。

```
SYSCALL_DEFINE1(brk, unsigned long, brk)
{
...

// 需要页对齐，方便映射,mm->brk 可以理解为 end_brk，即当前进程中堆的末尾
 newbrk = PAGE_ALIGN(brk);
 oldbrk = PAGE_ALIGN(mm->brk);
 if (oldbrk == newbrk)
  goto set_brk;

 if (brk <= mm->brk) {
  if (!do_munmap(mm, newbrk, oldbrk-newbrk, &uf))
   goto set_brk;
  goto out;
 }

 next = find_vma(mm, oldbrk);
 if (next && newbrk + PAGE_SIZE > vm_start_gap(next))
  goto out;

 // 扩展堆，这是 brk 的核心，创建一个 VMA，将其插入全局链表中
 if (do_brk_flags(oldbrk, newbrk-oldbrk, 0, &uf) <
0)
  goto out;

set_brk: // 设置这次请求的 brk 到进程描述符 mm->brk 中
 mm->brk = brk;
 populate = newbrk > oldbrk && (mm->def_flags & VM_LOCKED) != 0;
 up_write(&mm->mmap_sem);
 userfaultfd_unmap_complete(mm, &uf);
```

```
    if (populate)
     mm_populate(oldbrk, newbrk - oldbrk);
    return brk;

out:
  retval = mm->brk;
    // 释放信号量
  up_write(&mm->mmap_sem);
  return retval;
}
```

调用 sys_brk() 的大致流程如图 3.52 所示。

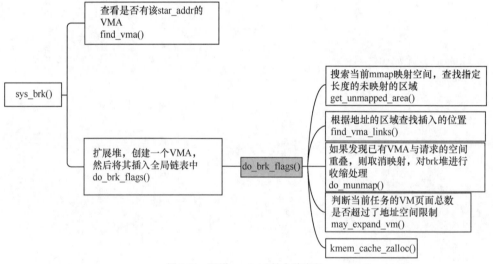

图 3.52　调用 sys_brk() 的大致流程

3.6.4　mmap() 的实现

mmap() 将一个内存映射段映射到文件上。sys_mmap() 的映射流程如图 3.53 所示。

mmap() 实现内存映射的过程可以分为 3 步。

（1）进程启动映射过程，并在虚拟地址空间中为映射创建虚拟映射区域。

（2）如果映射是文件映射，则通过调用 file->f_op->mmap 实现文件物理地址和进程虚拟地址的一一映射关系；否则，通过/dev/zero 文件实现匿名共享映射。

（3）进程发起对映射空间的访问，引发缺页异常，实现文件内容到物理内存（主存）的复制。

注意，前两个阶段仅创建虚拟地址并完成地址映射，但是并没有任何文件数据复制的操作。真正的文件读取是当进程发起读或写操作时。缺页异常处理的大致流程如下。

（1）进程在读或写虚拟地址空间时，MMU 查询页表发现这段虚拟地址并没有映射到物理地址上（因为 mmap() 只创建了 VMA 区域），这就会引发缺页异常。

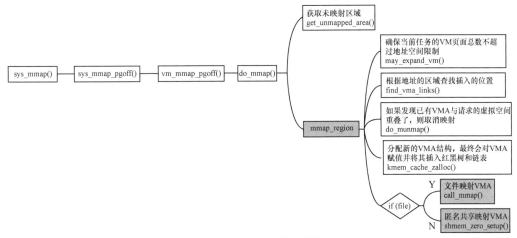

图 3.53 sys_mmap() 的映射流程

（2）对缺页异常进行一系列判断，确定不是非法操作后，内核请求调页过程。

（3）调页过程先在交换缓存（swap cache）空间中寻找需要访问的内存页，如果没有，则调用 nopage() 函数把所缺的页从磁盘载入主存中。

（4）进程对这块主存进行读或者写操作。如果写操作改变了其内容，一段时间后系统会自动回写脏页面到对应磁盘地址，即完成写入文件的过程。

3.7 缺页异常处理

前文提到，malloc() 中，无论是 brk 还是 mmap 操作，它们都只在进程的地址空间建立 VMA，并没有实际的虚拟地址到物理地址的映射操作。当进程访问这些还没和物理地址建立映射关系的虚拟地址时，处理器会自动触发缺页异常。

以 ARM64 为例，当处理器中有异常发生时，处理器会先跳转到 ARM64 的异常向量表中，代码如下。

```
ENTRY(vectors)
 kernel_ventry 1, sync_invalid
 kernel_ventry 1, irq_invalid
 kernel_ventry 1, fiq_invalid
 kernel_ventry 1, error_invalid

 kernel_ventry 1, sync
 kernel_ventry 1, irq
 kernel_ventry 1, fiq_invalid
 kernel_ventry 1, error_invalid
```

```
  kernel_ventry 0, sync
  kernel_ventry 0, irq
  kernel_ventry 0, fiq_invalid
  kernel_ventry 0, error_invalid

#ifdef CONFIG_COMPAT
  kernel_ventry 0, sync_compat, 32
  kernel_ventry 0, irq_compat, 32
  kernel_ventry 0, fiq_invalid_compat, 32
  kernel_ventry 0, error_invalid_compat, 32
#else
  kernel_ventry 0, sync_invalid, 32
  kernel_ventry 0, irq_invalid, 32
  kernel_ventry 0, fiq_invalid, 32
  kernel_ventry 0, error_invalid, 32
#endif
END(vectors)
```

以 EL1 下的异常为例，当跳转到 el1_sync() 函数时，读取异常综合表征寄存器（Exception Syndrome Register，ESR）的值以判断异常类型，根据类型，跳转到不同的处理函数。如果遇到数据中止，则跳转到 el1_da() 函数；如果遇到指令中止，则跳转到 el1_ia() 函数。

```
el1_sync:
kernel_entry 1
mrs x1, esr_el1
lsr x24, x1, #ESR_ELx_EC_SHIFT
cmp x24, #ESR_ELx_EC_DABT_CUR
b.eq el1_da
cmp x24, #ESR_ELx_EC_IABT_CUR
b.eq el1_ia
cmp x24, #ESR_ELx_EC_SYS64
b.eq el1_undef
cmp x24, #ESR_ELx_EC_SP_ALIGN
b.eq el1_sp_pc
cmp x24, #ESR_ELx_EC_PC_ALIGN
b.eq el1_sp_pc
cmp x24, #ESR_ELx_EC_UNKNOWN
b.eq el1_undef
cmp x24, #ESR_ELx_EC_BREAKPT_CUR
b.ge el1_dbg
b el1_inv
```

异常处理的流程如图 3.54 所示。

处理异常的代码如下。

```
asmlinkage void __exception do_mem_abort(unsigned long addr, unsigned int esr,
     struct pt_regs *regs)
{
const struct fault_info *inf = esr_to_fault_info(esr);
```

```
struct siginfo info;

if (!inf->fn(addr, esr, regs))
 return;

pr_alert("Unhandled fault: %s (0x%08x) at 0x%016lx\n",
  inf->name, esr, addr);

mem_abort_decode(esr);

info.si_signo = inf->sig;
info.si_errno = 0;
info.si_code  = inf->code;
info.si_addr  = (void __user *)addr;
arm64_notify_die("", regs, &info, esr);
}
```

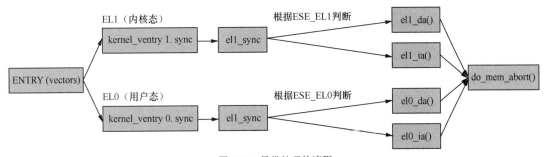

图 3.54　异常处理的流程

　　__exception do_mem_abort()函数主要根据传进来的 ESR 的值获取 fault_info，从而调用函数 inf->fn()。fault_info fault_info[]结构体的定义如下。

```
static const struct fault_info fault_info[] = {
 { do_bad, SIGBUS, 0, "ttbr address size fault" },
 { do_bad, SIGBUS, 0, "level 1 address size fault" },
 { do_bad, SIGBUS, 0, "level 2 address size fault" },
 { do_bad, SIGBUS, 0, "level 3 address size fault" },
 { do_translation_fault, SIGSEGV, SEGV_MAPERR, "level 0 translation fault" },
 { do_translation_fault, SIGSEGV, SEGV_MAPERR, "level 1 translation fault" },
 { do_translation_fault, SIGSEGV, SEGV_MAPERR, "level 2 translation fault" },
 { do_translation_fault, SIGSEGV, SEGV_MAPERR, "level 3 translation fault" },
 { do_bad, SIGBUS, 0, "unknown 8"  },
 { do_page_fault, SIGSEGV, SEGV_ACCERR, "level 1 access flag fault" },
 { do_page_fault, SIGSEGV, SEGV_ACCERR, "level 2 access flag fault" },
 { do_page_fault, SIGSEGV, SEGV_ACCERR, "level 3 access flag fault" }
,
  ...

}
```

其中重要成员的含义如下。

❑　do_translation_fault：表示出现 0 级、1 级、2 级、3 级页表转换错误时调用。

❑　do_page_fault：表示出现 1 级、2 级、3 级页表访问权限时调用。

❑　do_bad：表示其他错误。

以 do_translation_fault()为例，具体代码如下。

```
static int __kprobes do_translation_fault(unsigned long addr,
        unsigned int esr,
        struct pt_regs *regs)
{
  if (addr < TASK_SIZE)
    return do_page_fault(addr, esr, regs); //用户空间

  do_bad_area(addr, esr, regs);                 //内核空间或非法空间
  return 0;
}
```

do_page_fault()会调用__do_page_fault()，代码如下所示。

```
static int __do_page_fault(struct mm_struct *mm, unsigned long addr,
      unsigned int mm_flags, unsigned long vm_flags,
      struct task_struct *tsk)
{
  struct vm_area_struct *vma;
  int fault;

  vma = find_vma(mm, addr);
  fault = VM_FAULT_BADMAP;              // 没有找到VMA，说明addr还不在进程的地址空间中
  if (unlikely(!vma))
    goto out;
  if (unlikely(vma->vm_start > addr))
    goto check_stack;

  good_area:
  if (!(vma->vm_flags & vm_flags)) { // 权限检查
    fault = VM_FAULT_BADACCESS;
    goto out;
  }

  // 重新建立物理页面到 VMA 的映射关系
  return handle_mm_fault(vma, addr & PAGE_MASK, mm_flags);

check_stack:
  if (vma->vm_flags & VM_GROWSDOWN && !expand_stack(vma, addr))
    goto good_area;
out:
```

```
return fault;
}
```

从上面的代码可知，当触发异常的虚拟地址属于某个 VMA，并且拥有触发页错误异常的权限时，do_page_fault 会调用 handle_mm_fault()函数建立 VMA 和物理地址的映射。handle_mm_fault() 函数的主要逻辑是通过 __handle_mm_fault()来实现的。

```
static int __handle_mm_fault(struct vm_area_struct *vma, unsigned long address,
    unsigned int flags)
{
...

// 查找 PGD，获取地址对应的页表项
 pgd = pgd_offset(mm, address);
 // 查找页 4 级目录页表项，若没有，则创建
 p4d = p4d_alloc(mm, pgd, address);
 if (!p4d)
  return VM_FAULT_OOM;
 // 查找 PUD 页表项，若没有，则创建
 vmf.pud = pud_alloc(mm, p4d, address);
 ...
// 查找 PMD 页表项，若没有，则创建
 vmf.pmd = pmd_alloc(mm, vmf.pud, address);
  ...
// 处理 PTE
 return handle_pte_fault(&vmf);
}
```

进入处理页表项的函数，这也是缺页异常的核心。

```
static int handle_pte_fault(struct vm_fault *vmf)
{
...
// PTE 不存在
 if (!vmf->pte) {
  // 判断页面是否为匿名页
  if (vma_is_anonymous(vmf->vma))
   // 处理匿名页
   // malloc/mmap 分配了 VMA，但是没有进行映射处理，在首次访问时触发
    return do_anonymous_page(vmf);
  else
    return do_fault(vmf); // 处理文件页
 }

 // PTE 存在，但页面不在内存中
 if (!pte_present(vmf->orig_pte))
   return do_swap_page(vmf);
```

```
if (pte_protnone(vmf->orig_pte) && vma_is_accessible(vmf->vma))
    return do_numa_page(vmf); // NUMA 自动平衡处理

...

if (vmf->flags & FAULT_FLAG_WRITE) {
  if (!pte_write(entry))
      return do_wp_page(vmf); // 页面在内存中，但是没有写权限位，写时复制
      entry = pte_mkdirty(entry);
}
  ...
}
```

缺页异常的流程如图 3.55 所示。

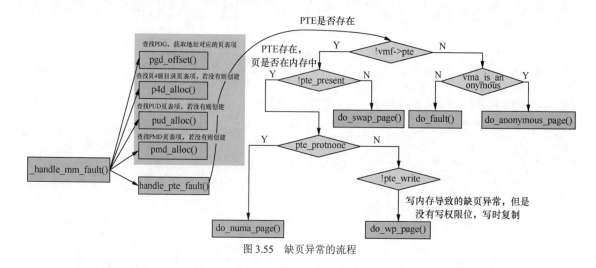

图 3.55　缺页异常的流程

根据场景，缺页异常一共分为 4 种情况。

❑　对于匿名页面缺页异常，调用 do_anonymous_page()。

❑　对于文件映射缺页异常，调用 do_fault()。

❑　对于页交换到交换分区的异常，调用 do_swap_page()。

❑　对于写时复制异常，调用 do_wp_page()。

3.7.1　匿名页面缺页中断

匿名页面是相对于文件映射页面的，Linux 内核中将所有没有关联到文件映射的页面称为匿名页面。对于匿名映射，映射完成之后，只获得了一块虚拟内存，并没有分配物理内存。当第 1 次访问的时候，根据以下情况进行操作。

❑ 如果访问操作是读操作，则会将虚拟页映射到零页（zero page），以减少不必要的内存分配。

❑ 如果访问操作是写操作，则用 alloc_zeroed_user_highpage_movable()分配新的物理页面，并用 0 填充，然后映射到虚拟页面上。

❑ 如果访问操作是先读后写，则会发生两次缺页异常处理：第 1 次是对匿名页缺页异常中读的处理（虚拟页到零页的映射），第 2 次是写时复制缺页异常处理。

从上面的总结可知，第 1 次访问匿名页面时有 3 种情况。其中第 1 种和第 3 种情况都会涉及零页。

下面的代码定义了一个全局变量，大小为一页，页对齐 BSS 段，这段数据在内核初始化的时候会清零，所以对应页面称为零页。

```
unsigned long empty_zero_page[PAGE_SIZE / sizeof(unsigned long)] __page_aligned_bss;
EXPORT_SYMBOL(empty_zero_page);
```

下面我们结合代码看匿名页面如何针对上面 3 种情况进行操作。

第一次读匿名页的代码如下。

```
1  // 判断是否为写操作导致的缺页异常
2  if (!(vmf->flags & FAULT_FLAG_WRITE) &&
3    !mm_forbids_zeropage(vma->vm_mm)) {
4    // 异常由读操作触发，并允许使用零页，把 PTE 的值映射到零页
5    entry = pte_mkspecial(pfn_pte(my_zero_pfn(vmf->address),
6      vma->vm_page_prot));
7    vmf->pte = pte_offset_map_lock(vma->vm_mm, vmf->pmd,
8      vmf->address, &vmf->ptl);
9    if (!pte_none(*vmf->pte))
10     goto unlock;
11    ret = check_stable_address_space(vma->vm_mm);
12    if (ret)
13     goto unlock;
14    if (userfaultfd_missing(vma)) {
15     pte_unmap_unlock(vmf->pte, vmf->ptl);
16     return handle_userfault(vmf, VM_UFFD_MISSING);
17    }
18    goto setpte;
19  }
20  ...
21  setpte:
22    // 设置 PTE
23    set_pte_at(vma->vm_mm, vmf->address, vmf->pte, entry);
24
25  // 更新 CPU 的 TLB
26  update_mmu_cache(vma, vmf->address, vmf->pte);
```

第 5 行代码中的 pte_mkspecial()是主要函数，作用是把 PTE 的值映射到零页。

第一次写匿名页的代码如下。

```
// 分配一个高端、可迁移的且被 0 填充的物理页
page = alloc_zeroed_user_highpage_movable(vma, vmf->address);
if (!page)
 goto oom;
 ...

// 设置页面的标志位 PG_uptodate
__SetPageUptodate(page);

// 根据 vma 的权限位和页面描述符生成 PTE
entry = mk_pte(page, vma->vm_page_prot);
if (vma->vm_flags & VM_WRITE)
 // 如果有写权限，设置 PTE 值为脏的且可写的
 entry = pte_mkwrite(pte_mkdirty(entry));
 ...
// 增加匿名页面计数
inc_mm_counter_fast(vma->vm_mm, MM_ANONPAGES);
 // 建立物理页面到虚拟页面的反向映射，添加到 rmap 链表中
page_add_new_anon_rmap(page, vma, vmf->address, false);
mem_cgroup_commit_charge(page, memcg, false, false);
 // 把物理页面添加到 LRU 链表中
lru_cache_add_active_or_unevictable(page, vma);
```

可以看出，alloc_zeroed_user_highpage_movable()用于分配物理页面。

读之后写匿名页面的情况，请参见 3.7.4 节。

3.7.2　文件映射缺页中断

文件映射缺页中断函数 do_fault()如下所示。

```
static int do_fault(struct vm_fault *vmf)
{
    struct vm_area_struct *vma = vmf->vma;
    int ret;

    if (!vma->vm_ops->fault) {
        ...
    } else if (!(vmf->flags & FAULT_FLAG_WRITE)) {
        // 读文件页
        ret = do_read_fault(vmf);
    else if (!(vma->vm_flags & VM_SHARED))
        // 写私有文件页
        ret = do_cow_fault(vmf);
    else
        // 写共享文件页
        ret = do_shared_fault(vmf);
```

```
    if (vmf->prealloc_pte) {
        // 释放 prealloc_pte
        pte_free(vma->vm_mm, vmf->prealloc_pte);
        vmf->prealloc_pte = NULL;
    }
    return ret;
}
```

文件映射缺页中断又分为 3 种。

❑ flags 中不包含 FAULT_FLAG_WRITE，说明是只读异常，调用 do_read_fault()。

❑ VMA 的 vm_flags 没有定义 VM_SHARED，说明这是一个私有文件映射，发生了写时复制，调用 do_cow_fault()。

❑ 其余情况则说明是共享文件映射缺页异常，调用 do_shared_fault()。

do_fault()函数的调用关系如图 3.56 所示。

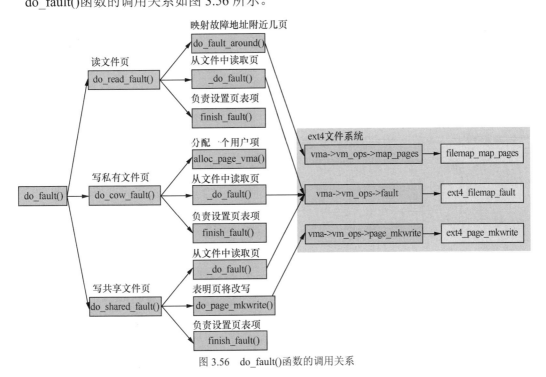

图 3.56 do_fault()函数的调用关系

3.7.3 页被交换到交换分区

前面已经讲过，PTE 对应的内容不为 0（PTE 存在），但是当 PTE 所对应的页面不在内存中时，说明这是一个之前交换出去的匿名页，出现缺页异常时会通过 do_swap_page()函数分配页面。

在讲 do_swap_page() 之前，先介绍什么是交换缓存。

磁盘的读写速度比内存慢很多，因此 Linux 内核将空闲内存当作交换缓存，用来缓存磁盘数据，以提高 I/O 性能。当内存紧张时 Linux 内核会将这些缓存回收，将脏页回写到磁盘中，对应的操作是换入（swap in）和换出（swap out）。

换出时，一个内存页会回收到一个槽（slot）中，同时会修改 pte_t 内容为槽对应的 swp_entry_t。换入时，通过 pte_t 的内容在磁盘上找到对应的槽。

do_swap_page() 发生在换入的时候，在这个函数中会重新分配新的页面，然后查找磁盘上的槽，从交换分区读回这块虚拟地址对应的数据。代码如下。

```
int do_swap_page(struct vm_fault *vmf)
{
...
// 根据 PTE 找到交换项，交换项和 PTE 存在对应关系
 entry = pte_to_swp_entry(vmf->orig_pte);
  ...
if (!page)
   // 根据项从交换缓存中查找页
  page = lookup_swap_cache(entry, vma_readahead ? vma : NULL,
    vmf->address);
  // 没有找到页
  if (!page) {
   if (vma_readahead)
    page = do_swap_page_readahead(entry,
     GFP_HIGHUSER_MOVABLE, vmf, &swap_ra);
   else
    // 如果交换缓存里面找不到对应的项，就在交换分区里面找，分配新的内存页并从交换分区中读入
    page = swapin_readahead(entry,
     GFP_HIGHUSER_MOVABLE, vma, vmf->address);
   ...

 // 获取一个 PTE，重新建立映射
 vmf->pte = pte_offset_map_lock
(vma->vm_mm, vmf->pmd, vmf->address,
   &vmf->ptl);
  ...

 // 匿名页数加 1，匿名页从交换空间交换出来，所以加 1
 // 交换页数减 1，由页面和 VMA 属性创建一个新的 PTE
 inc_mm_counter_fast(vma->vm_mm, MM_ANONPAGES);
 dec_mm_counter_fast(vma->vm_mm, MM_SWAPENTS);
 pte = mk_pte(page, vma->vm_page_prot);
  ...

flush_icache_page(vma, page);
```

```
if (pte_swp_soft_dirty(vmf->orig_pte))
 pte = pte_mksoft_dirty(pte);
// 将新生成的 PTE 添加到硬件页表中
set_pte_at(vma->vm_mm, vmf->address, vmf->pte, pte);
vmf->orig_pte = pte;
// 判断页面是否为交换缓存页
if (page == swapcache) {
 // 如果是，将交换缓存页用作匿名页，添加反向映射到 rmap 中
 do_page_add_anon_rmap(page, vma, vmf->address, exclusive);
 mem_cgroup_commit_charge(page, memcg, true, false);
 // 添加到活跃链表中
 activate_page(page);
}
// 如果不是
else {
 // 使用新页面并复制交换缓存页，添加反向映射到 rmap 中
 page_add_new_anon_rmap(page, vma, vmf->address, false);
 mem_cgroup_commit_charge(page, memcg, false, false);
 // 添加到 LRU 链表中
 lru_cache_add_active_or_unevictable(page, vma);
}
// 释放交换项
swap_free(entry);
 ...
if (vmf->flags & FAULT_FLAG_WRITE) {
 // 若有写请求，则写时复制
 ret |= do_wp_page(vmf);
 if (ret & VM_FAULT_ERROR)
  ret &= VM_FAULT_ERROR;
 goto out;
}
...
 return ret;
}
```

3.7.4 写时复制

当页面在内存中只是 PTE，只有读权限，而又要写内存的时候，就会调用 do_wp_page()。

写时复制是一种推迟或者避免复制数据的技术，主要用在 fork() 函数中。当使用 fork() 函数创建新子进程时，内核不需要复制父进程的整个进程地址空间给子进程，而是让父进程和子进程共享同一个副本，只有在写入时，数据才会复制。

do_wp_page() 函数用于处理写时复制，其流程比较简单，主要是分配新的物理页面，复制旧页的内容到新页，然后修改 PTE 内容指向新页并把属性修改为可写（VMA 区域具备可

写属性）。

```
static int do_wp_page(struct vm_fault *vmf)
__releases(vmf->ptl)
{

  struct vm_area_struct *vma = vmf->vma;

  // 从 PTE 中得到页帧号、页描述符与发生异常时地址所在的 page 结构体
  vmf->page = vm_normal_page(vma, vmf->address, vmf->orig_pte);
  if (!vmf->page) {
    // 当没有页面结构休时，借用页帧号的特殊映射
    if
  ((vma->vm_flags & (VM_WRITE|VM_SHARED)) ==
        (VM_WRITE|VM_SHARED))
    // 处理共享可写映射
    return wp_pfn_shared(vmf);

    pte_unmap_unlock(vmf->pte, vmf->ptl);
    // 处理私有可写映射
    return wp_page_copy(vmf);
  }

  if (PageAnon(vmf->page) && !PageKsm(vmf->page)) {
    int total_map_swapcount;
    if (!trylock_page(vmf->page)) {

      // 添加旧页的引用计数，防止被释放
      get_page(vmf->page);
      // 释放页表锁
      pte_unmap_unlock(vmf->pte, vmf->ptl);
      lock_page(vmf->page);
      vmf->pte = pte_offset_map_lock(vma->vm_mm, vmf->pmd,
        vmf->address, &vmf->ptl);
      if (!pte_same(*vmf->pte, vmf->orig_pte)) {
        unlock_page(vmf->page);
        pte_unmap_unlock(vmf->pte, vmf->ptl);
        put_page(vmf->page);
        return 0;
      }
      put_page(vmf->page);
    }

    // 单个映射的匿名页面的处理
    if (reuse_swap_page(vmf->page, &total_map_swapcount)) {
      if (total_map_swapcount == 1) {
        page_move_anon_rmap(vmf->page, vma);
```

```
        }
        unlock_page(vmf->page);
        wp_page_reuse(vmf);
        return VM_FAULT_WRITE;
    }
    unlock_page(vmf->page);
} else if (unlikely((vma->vm_flags & (VM_WRITE|VM_SHARED)) ==
    (VM_WRITE|VM_SHARED))) {
    // 匿名页共享可写，不需要复制物理页面，设置页表权限即可

    return wp_page_shared(vmf);
}

get_page(vmf->page);

pte_unmap_unlock(vmf->pte, vmf->ptl);
// 匿名页私有可写，复制物理页面，将虚拟页面映射到物理页面
return wp_page_copy(vmf);
}
```

第 4 章 Linux 进程管理

4.1 Linux 对进程的描述

进程是操作系统中调度的实体，对进程资源的描述称为进程控制块（Process Control Block，PCB）。

4.1.1 通过 task_struct 描述进程

Linux 内核通过 task_struct 结构体来描述进程，task_struct 称为进程描述符（process descriptor），它保存着支撑一个进程正常运行的所有信息。task_struct 结构体的内容太多，这里只列出部分成员变量。

```
struct task_struct {

#ifdef CONFIG_THREAD_INFO_IN_TASK
    struct thread_info        thread_info;
#endif
    volatile long state;
    void *stack;
    ...
    struct mm_struct *mm;
    ...


pid_t pid;
    ...
    struct task_struct *parent;
    ...


char comm[TASK_COMM_LEN];
    ...
```

```
    struct files_struct *files;
    ...
    struct signal_struct *signal;
}
```

task_struct 中的主要信息如下。

❑ 进程标识符：描述本进程的唯一标识符，用来区别其他进程。

❑ 状态：包括任务状态、退出代码、退出信号等。

❑ 优先级：相对于其他进程的优先级。

❑ 程序计数器：程序中即将执行的下一条指令的地址。

❑ 内存指针：包括程序代码和进程中指向相关数据的指针，还有和其他进程共享的内存块的指针。

❑ 上下文数据：进程执行时处理器的寄存器中的数据。

❑ I/O 状态信息：包括显示的 I/O 请求、分配的进程 I/O 设备和进程使用的文件列表。

❑ 记账信息：可能包括处理器时间总和、使用的时钟总和、时间限制和记账号等。

task_struct 的成员如下所示。

❑ thread_info：与进程调度和执行相关的信息。

❑ state：−1 表示进程处于不运行状态，0 表示进程处于运行状态，大于 0 的值表示进程处于停止状态。

❑ stack：指向内核栈的指针。

❑ mm：与进程地址空间相关的信息。

❑ pid：进程标识符。

❑ comm[TASK_COMM_LEN]：进程的名称。

❑ files：打开的文件表。

❑ signal：与信号处理相关的信息。

4.1.2 task_struct、thread_info 和内核栈的关系

thread_info 结构体的定义如下。

```
struct thread_info {
    unsigned long          flags;
    mm_segment_t           addr_limit;
#ifdef CONFIG_ARM64_SW_TTBR0_PAN
    u64                    ttbr0;
#endif
    union {
            u64            preempt_count;
            struct {
```

```
#ifdef CONFIG_CPU_BIG_ENDIAN
                u32     need_resched;
                u32     count;
#else
                u32     count;
                u32     need_resched;
#endif
        } preempt;
    };
#ifdef CONFIG_SHADOW_CALL_STACK
    void                *scs_base;
    void                *scs_sp;
#endif
};
```

内核栈的定义如下。

```
union thread_union {
#ifndef CONFIG_ARCH_TASK_STRUCT_ON_STACK
    struct task_struct task;
#endif
#ifndef CONFIG_THREAD_INFO_IN_TASK
    struct thread_info thread_info;
#endif
    unsigned long stack[THREAD_SIZE/sizeof(long)];
};
```

当 CONFIG_THREAD_INFO_IN_TASK 打开的时候，thread_union 结构体中就只存在 stack 成员了。

内核在启动的时候会在 head.S 里通过 __primary_switched 初始化内核栈。

```
SYM_FUNC_START_LOCAL(__primary_switched)
        adrp    x4, init_thread_union
        add     sp, x4, #THREAD_SIZE
        adr_l   x5, init_task
        msr     sp_el0, x5                      // 保存 thread_info
```

将 init_thread_union 的地址保存到 X4 寄存器中，然后把栈底对应的地址加上 THREAD_ 节 SIZE，用于初始化栈指针。将 init_task 进程描述符地址赋值给寄存器 X5，并保存到 sp_el0 中。

init_thread_union 和 init_task 的定义如下。

```
#include/linux/sched/task.h
extern union thread_union init_thread_union;

#init/init_task.c
struct task_struct init_task
        __aligned(L1_CACHE_BYTES)
= {
#ifdef CONFIG_THREAD_INFO_IN_TASK
        .thread_info    = INIT_THREAD_INFO(init_task),
.stack_refcount = REFCOUNT_INIT(1),
```

```
#endif
...
  };
```

THREAD_SIZE、进程内核栈和 task_struct 结构体的关系如图 4.1 所示。

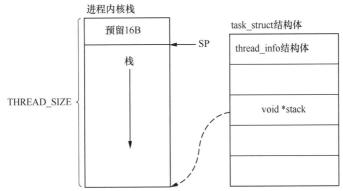

图 4.1　THREAD_SIZE、进程内核栈和 task_struct 结构体的关系

4.1.3　如何获取当前进程

内核中经常通过 current 宏来获得当前进程对应的 task_struct 结构体，下面借助 current，结合上面介绍的内容，看一下具体的实现。

```
static __always_inline struct task_struct *get_current(void)
{
    unsigned long sp_el0;

    asm ("mrs %0, sp_el0" : "=r" (sp_el0));

    return (struct task_struct *)sp_el0;
}


#define current get_current()
```

代码比较简单，可以看出通过读取用户空间中栈指针寄存器 sp_el0 的值，然后将此值强制转换成 task_struct 结构体就可以获得当前进程。sp_el0 里存放的是 init_task，即 thread_info 地址，thread_info 又在 task_struct 的开始处，所以如此可以找到当前进程。

4.2　用户态进程/线程的创建

进程创建是指操作系统创建一个新的进程，常用的函数有 fork() 和 vfork()，创建线程的函数有 pthread_create()。下面介绍它们之间的具体区别。

4.2.1　fork()函数

fork()函数创建子进程成功后，父进程返回子进程的 PID，子进程返回 0。具体描述如下。

❑　若返回值为-1，代表创建子进程失败。

❑　若返回值为 0，代表子进程创建成功，这个分支是子进程的运行逻辑。

❑　若返回值大于 0，代表这个分支是父进程的运行逻辑，并且返回值等于子进程的 PID。

通过 fork()函数创建子进程的示例代码如下。

```
#include <stdio.h>
#include <sys/types.h>
#include <unistd.h>

int main()
{
  pid_t pid = fork();

  if(pid == -1){
    printf("create child process failed!\n");
    return -1;
  }else if(pid == 0){
    printf("This is child process!\n");
  }else{
    printf("This is parent process!\n");
    printf("parent process pid = %d\n",getpid());
    printf("child process pid = %d\n",pid);
  }

  getchar();

  return 0;
}
```

运行结果如下。

```
$ ./a.out
This is parent process!
parent process pid = 25483
child process pid = 25484
This is child process!
```

从上面的运行结果来看，子进程的 PID 为 25484，父进程的 PID 为 25483。

在前面介绍内存缺页异常的时候，提到写时复制是一种推迟或者避免复制数据的技术，主要用在 fork()函数中。当使用 fork()函数创建新子进程时，内核不需要复制父进程的整个进程地址空间到子进程中，而是让父进程和子进程共享同一个副本，只有写入时，数据才会复制。下面用一段简单的代码来描述。

```
#include <stdio.h>
#include <sys/types.h>
#include <unistd.h>

int peter = 10;

int main()
{
  pid_t pid = fork();

  if(pid == -1){
     printf("create child process failed!\n");
     return -1;
  }else if(pid == 0){
     printf("This is child process, peter = %d!\n", peter);
     peter = 100;
     printf("After child process modify peter = %d\n", peter);
  }else{
     printf("This is parent process = %d!\n", peter);
  }

  getchar();

  return 0;
}
```

执行结果如下。

```
$ ./a.out
This is parent process = 10!
This is child process, peter = 10!
After child process modify peter = 100
```

从运行结果可以看到，不论子进程如何修改 peter 的值，父进程永远看到的是自己的那一份数据。fork()函数的结构如图 4.2 所示。

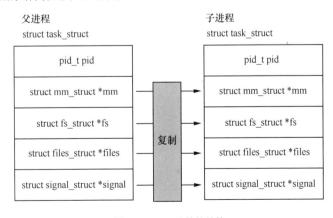

图 4.2 fork()函数的结构

4.2.2 vfork()函数

使用 vfork()函数创建子进程的代码如下。

```c
#include <stdlib.h>
#include <stdio.h>
#include <sys/types.h>
#include <unistd.h>

int peter = 10;

int main()
{
  pid_t pid = vfork();

  if(pid == -1){
    printf("create child process failed!\n");
    return -1;
  }else if(pid == 0){
    printf("This is child process, peter = %d!\n", peter);
    peter = 100;
    printf("After child process modify peter = %d\n", peter);
    exit(0);
  }else{
    printf("This is parent process = %d!\n", peter);
  }

  getchar();

  return 0;
}
```

运行结果如下。

```
$ ./a.out
This is child process, peter = 10!
After child process modify peter = 100
This is parent process = 100!
```

从运行结果中可以看出，当子进程修改 peter 为 100 之后，父进程中输出的 peter 值也是 100。vfork()函数的结构如图 4.3 所示。

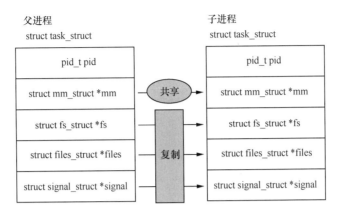

父进程
struct task_struct

子进程
struct task_struct

pid_t pid		pid_t pid
struct mm_struct *mm	共享	struct mm_struct *mm
struct fs_struct *fs		struct fs_struct *fs
struct files_struct *files	复制	struct files_struct *files
struct signal_struct *signal		struct signal_struct *signal

图 4.3　vfork()函数的结构

4.2.3　pthread_create()函数

前面介绍了创建进程的两种方式——使用 fork()函数和 vfork()函数，下面介绍创建线程的方式。

创建线程的函数 pthread_create()的应用示例如下。

```
#include <pthread.h>
#include <stdio.h>
#include <sys/types.h>
#include <unistd.h>
#include <sys/syscall.h>

int peter = 10;

static pid_t gettid(void)
{
 return syscall(SYS_gettid);
}

static void* thread_call(void* arg)
{
 peter = 100;
 printf("create thread success!\n");
 printf("thread_call pid = %d, tid = %d, peter = %d\n", getpid(), gettid(), peter);
 return NULL;
}

int main()
{
 int ret;
 pthread_t thread;
```

```
    ret = pthread_create(&thread, NULL, thread_call, NULL);
    if(ret == -1)
        printf("create thread faild!\n");

    ret = pthread_join(thread, NULL);
    if(ret == -1)
        printf("pthread join failed!\n");

    printf("process pid = %d, tid = %d, peter = %d\n", getpid(), gettid(), peter);

    return ret;
}
```

运行结果如下。

```
$ ./a.out
create thread success!
thread_call pid = 9719, tid = 9720, peter = 100
process pid = 9719, tid = 9719, peter = 100
```

从上面的结果可以看出，进程和线程的 PID 是相同的。当线程修改 peter 为 100 之后，父进程中输出的 peter 值也是 100。pthread_create() 函数的结构如图 4.4 所示。

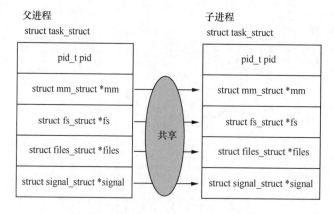

图 4.4　pthread_create() 函数的结构

4.2.4　fork() 函数、vfork() 函数和 pthread_create() 函数的关系

前面介绍了用户态进程和线程的创建方式，以及各种方式的特点，后面会详细讲解其底层的实现本质。图 4.5 展示了 fork() 函数、vfork() 函数和 pthread_create() 函数之间的关系。三者最终都通过调用 do_fork() 函数实现。

但是内核态没有进程和线程的概念，内核只能识别 task_struct 结构体，只要是 task_struct 结构体就可以参与调度。

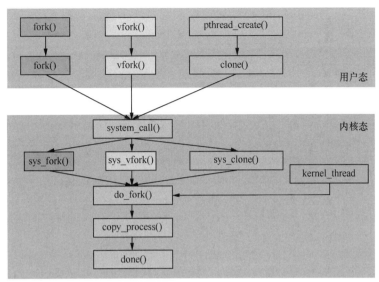

图 4.5 fork()函数、vfork()函数和 pthread_create()函数之间的关系

4.3 do_fork()函数的实现

现在我们知道，用户态通过 fork()函数、vfork()函数、pthread_create()函数创建进程/线程，内核通过 kernel_thread()函数创建线程，最终都会通过 do_fork()函数创建。

看下面代码。

```
1  long _do_fork(unsigned long clone_flags,
2      unsigned long stack_start,
3      unsigned long stack_size,
4      int __user *parent_tidptr,
5      int __user *child_tidptr,
6      unsigned long tls)
7  {
8      ...
9      p = copy_process(clone_flags, stack_start, stack_size,
10                 child_tidptr, NULL, trace, tls, NUMA_NO_NODE);
11     ...
12     pid = get_task_pid(p, PIDTYPE_PID);
13     ...
14     wake_up_new_task(p);
15  }
```

第 9 和 10 行代码用于创建一个进程的主要函数，功能主要是复制父进程的相关资源。返回值是一个 task_struct 指针。

第 12 行代码表示给上面创建的子进程分配 PID。

第 14 行代码表示将子进程加入就绪队列中，至于何时调度，则由调度器决定。

4.3.1　copy_process()函数

函数 copy_process()的实现如下。

```
1 static __latent_entropy struct task_struct *copy_process(
2                         unsigned long clone_flags,
3                         unsigned long stack_start,
4                         unsigned long stack_size,
5                         int __user *child_tidptr,
6                         struct pid *pid,
7                         int trace,
8                         unsigned long tls,
9                         int node)
10 {
11 ...
12 p = dup_task_struct(current, node);
13 ...
14 retval = sched_fork(clone_flags, p);
15 ...
16 retval = copy_files(clone_flags, p);
17 ...
18 retval = copy_fs(clone_flags, p);
19 ...
20 retval = copy_mm(clone_flags, p);
21 ...
22 retval = copy_thread_tls(clone_flags, stack_start, stack_size, p, tls);
23 ...
24 if (pid != &init_struct_pid) {
25   pid = alloc_pid(p->nsproxy->pid_ns_for_children);
26   if (IS_ERR(pid)) {
27       retval = PTR_ERR(pid);
28     goto bad_fork_cleanup_thread;
29   }
30 }
31 ...
32 }
```

第 12 行代码用于为子进程创建一个新的 task_struct 结构体，然后复制父进程的 task_struct 结构体到子进程。

第 16 行代码用于复制进程的文件信息。

第 18 行代码用于复制进程的文件系统资源。

第 20 行代码用于复制进程的内存信息。

第 22 行代码用于复制进程中与 CPU 相关的信息。

第 25 行代码用于为新进程分配新的 PID。

接下来，看一下面的几个函数。

1. dup_task_struct()函数

dup_task_struct()函数的具体实现如下。

```
1 static struct task_struct *dup_task_struct(struct task_struct *orig, int node)
2 {
3     struct task_struct *tsk;
4     unsigned long *stack;
5     struct vm_struct *stack_vm_area;
6     int err;
7     ...
8     tsk = alloc_task_struct_node(node);
9     if (!tsk)
10         return NULL;
11
12     stack = alloc_thread_stack_node(tsk, node);
13     if (!stack)
14         goto free_tsk;
15
16     stack_vm_area = task_stack_vm_area(tsk);
17
18     err = arch_dup_task_struct(tsk, orig);
19
20         tsk->stack = stack;
21     ...
22     setup_thread_stack(tsk, orig);
23         clear_user_return_notifier(tsk);
24     clear_tsk_need_resched(tsk);
25     ...
26 }
```

第 8 行代码表示使用 slab 分配器为子进程分配一个 task_struct 结构体。

第 12 行代码用于为子进程分配内核栈。

第 18 行代码用于将父进程 task_struct 的内容复制给子进程的 task_struct。

第 20 行代码用于设置子进程的内核栈。

第 22 行代码用于建立 thread_info 和内核栈的关系。

第 24 行代码用于清空子进程需要调度的标志位。

2. sched_fork()函数

函数 sched_fork()的具体实现如下。

```
1 int sched_fork(unsigned long clone_flags, struct task_struct *p)
2 {
```

```
3      unsigned long flags;
4      int cpu = get_cpu();
5
6      __sched_fork(clone_flags, p);
7
8      p->state = TASK_NEW;
9
10     p->prio = current->normal_prio;
11     if (dl_prio(p->prio)) {
12     put_cpu();
13         return -EAGAIN;
14     }else if (rt_prio(p->prio)) {
15         p->sched_class = &rt_sched_class;
16         }else {
17     p->sched_class = &fair_sched_class;
18     }
19     ...
20     init_task_preempt_count(p);
21     ...
22 }
```

第 6 行代码表示对 task_struct 中与调度相关的信息进行初始化。

第 8 行代码用于把进程状态设置为 TASK_NEW, 表示这是一个新创建的进程。

第 11 行代码用于设置新建的进程的优先级。

第 17 行代码用于设置进程的调度类。

第 20 行代码用于初始化当前进程的 preempt_count 字段。此字段用于实现抢占使能、中断使能等。

3. copy_mm()函数

copy_mm()函数的作用是复制进程的内存信息，它的具体实现如下。

```
1 static int copy_mm(unsigned long clone_flags, struct task_struct *tsk)
2 {
3    struct mm_struct *mm, *oldmm;
4    int retval;
5    ...
6    if (!oldmm)
7        return 0;
8
9    // 初始化新的 vmacache 项
10   vmacache_flush(tsk);
11
12       if (clone_flags & CLONE_VM) {
13   mmget(oldmm);
14       mm = oldmm;
15       goto good_mm;
```

```
16   }
17
18   retval = -ENOMEM;
19   mm = dup_mm(tsk);
20   ...
21 }
```

第 6 行代码用于判断当前进程的 mm_struct 结构体是否为 NULL。

第 12～16 行代码表示如果设置了 CLONE_VM，则新建的进程的 mm 和当前进程 mm 共享。

第 19 行代码用于重新分配一个 mm_struct 结构体，复制当前进程的 mm_struct 的内容。
dup_mm()函数的具体实现如下。

```
1 static struct mm_struct *dup_mm(struct task_struct *tsk)
2 {
3    struct mm_struct *mm, *oldmm = current->mm;
4    int err;
5
6    mm = allocate_mm();
7    if (!mm)
8        goto fail_nomem;
9
10   memcpy(mm, oldmm,sizeof(*mm));
11
12   if (!mm_init(mm, tsk, mm->user_ns))
13       goto fail_nomem;
14
15   err = dup_mmap(mm, oldmm);
16   if (err)
17       goto free_pt;
18   ...
19 }
```

第 6 行代码用于重新分配一个 mm_struct 结构体。

第 10 行代码用于完成一次复制。

第 12 行代码用于初始化刚分配的 mm_struct 结构体，并为当前进程分配一个 PGD。

第 15 行代码用于复制父进程的 VMA 对应的 PTE 到子进程的 PTE 中。

4. copy_thread()函数

在讲解 copy_thread()函数之前，先看几个重要的结构体，它们具体的用法会在后面详细描述。

```
struct task_struct {
   struct thread_info thread_info;
   ...
   struct thread_struct         thread;
}
```

```
    struct cpu_context {
        unsigned long x19;
        unsigned long x20;
        unsigned long x21;
        unsigned long x22;
        unsigned long x23;
        unsigned long x24;
        unsigned long x25;
        unsigned long x26;
        unsigned long x27;
        unsigned long x28;
        unsigned long fp;
        unsigned long sp;
        unsigned long pc;
    };

    struct thread_struct {
        struct cpu_context    cpu_context;

        unsigned int        fpsimd_cpu;
        void            *sve_state;
        unsigned int        sve_vl;
        unsigned int        sve_vl_onexec;
        unsigned long        fault_address;
        unsigned long        fault_code;
        struct debug_info    debug;
    };

    struct pt_regs {
        union {
            struct user_pt_regs user_regs;
            struct {
                u64 regs[31];
                u64 sp;
                u64 pc;
                u64 pstate;
            };
        };
        u64 orig_x0;
#ifdef __AARCH64EB__
    u32 unused2;
    s32 syscallno;
#else
    s32 syscallno;
    u32 unused2;
#endif
```

```
    u64 orig_addr_limit;
    u64 unused;       // maintain 16 byte alignment
    u64 stackframe[2];
};
```

❑ cpu_context：在进程切换时用来保存上一个进程的寄存器的值。

❑ thread_struct：在内核态的两个进程发生切换时，用来保存上一个进程的相关寄存器。

❑ pt_regs：当用户态的进程发生异常（系统调用、中断等）并进入内核态时，用来保存用户态进程的寄存器状态。

函数 copy_thread()用于复制进程的 CPU 体系结构的相关信息。具体实现方式如下。

```
1 int copy_thread(unsigned long clone_flags, unsigned long stack_start,
2                 unsigned long stk_sz, struct task_struct *p)
3 {
4     struct pt_regs *childregs = task_pt_regs(p);
5
6     memset(&p->thread.cpu_context, 0, sizeof(struct cpu_context));
7     ...
8     if (likely(!(p->flags & PF_KTHREAD))) {
9         *childregs = *current_pt_regs();
10            childregs->regs[0] = 0;
11    ...
12    } else {
13            memset(childregs, 0, sizeof(struct pt_regs));
14    childregs->pstate = PSR_MODE_EL1h;
15        if (IS_ENABLED(CONFIG_ARM64_UAO) &&
16            cpus_have_const_cap(ARM64_HAS_UAO))
17        childregs->pstate |= PSR_UAO_BIT;
18        p->thread.cpu_context.x19 = stack_start;
19        p->thread.cpu_context.x20 = stk_sz;
20    }
21    p->thread.cpu_context.pc = (unsigned long)ret_from_fork;
22    p->thread.cpu_context.sp = (unsigned long)childregs;
23
24    ptrace_hw_copy_thread(p);
25
26    return 0;
27 }
```

第 4 行代码用于获取新建的进程的 pt_regs 结构体。

第 6 行代码用于将新建的进程的 thread_struct 结构体清空。

第 8 行代码表示用户进程的情况。

第 9 行代码用于获取当前进程的 pt_regs 结构体。

第 10 行代码表示一般用户态通过系统调度陷入内核态后，处理完毕后会通过 X0 寄存器设置返回值，这里将先把返回值设置为 0。

第 14 行代码用于设置当前进程 pstate 在 EL1 模式下。ARM64 架构中使用 pstate 来描述当前处理器模式。

第 18 行代码创建内核线程的时候会传递内核线程的回调函数到 stack_start 参数，将其设置到 X19 寄存器中。

第 19 行代码创建内核线程的时候也会传递回调函数的参数，并设置到 X20 寄存器中。

第 21 行代码用于设置新建的进程的 PC 指针为 ret_from_fork，当新建的进程运行时会从 ret_from_fork 运行。ret_from_fork 是用汇编语言编写的。

第 22 行代码用于设置新建的进程的 SP_EL1 的值为 childregs，SP_EL1 则指向内核栈的底部。

task_struct 结构体的详细解释如图 4.6 所示。

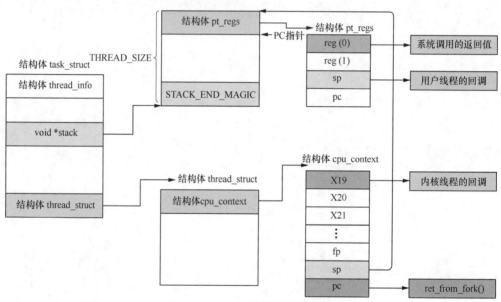

图 4.6　task_struct 结构体的详细解释

4.3.2　wake_up_new_task()函数

当 copy_process()函数返回新创建进程的 task_struct 结构体后，通过 wake_up_new_task()函数唤醒进程，函数中会设置进程的状态为 TASK_RUNNING，选择需要在哪个 CPU 上运行，然后将此进程加入该 CPU 对应的就绪队列中，等待 CPU 的调度。当调度器选择此进程运行时，就会运行之前在 copy_thread()函数中设置的 ret_from_fork()函数。

```
1 # arch/arm64/include/asm/assembler.h
2
3     .macro     get_thread_info, rd
```

```
4   mrs     \rd, sp_el0
5   .endm
6 # arch/arm64/kernel/entry.S
7
8 tsk     .req    x28
9
10 ENTRY(ret_from_fork)
11   bl    schedule_tail
12   cbz   x19, 1f
13   mov   x0, x20
14   blr   x19
15 1: get_thread_info tsk
16   b     ret_to_user
17 ENDPROC(ret_from_fork)
18 NOKPROBE(ret_from_fork)
```

第 10 行代码用于为上一个切换出去的进程做扫尾的工作。

第 11 行代码用于判断 X19 寄存器的值是不是 0。

第 13 行代码表示如果 X19 寄存器的值不为 0，则通过 blr x19 处理内核线程的回调函数（其中 X20 寄存器的值要赋值给 X0 寄存器，X0 寄存器一般当作参数传递），如果 X19 寄存器的值为 0，则会跳到标号 1 处。

第 14 行代码表示 get_thread_info()会读取 SP_EL0 的值，SP_EL0 存储的是当前进程的 thread_info 的值（tsk 代表的是 X28 寄存器，则使用 X28 寄存器存储当前进程 thread_info 的值）。

第 15 行代码用于跳转到 ret_to_user 处，返回用户空间。

```
1  work_pending:
2    mov   x0, sp
3    bl    do_notify_resume
4  #ifdef CONFIG_TRACE_IRQFLAGS
5    bl    trace_hardirqs_on
6  #endif
7    ldr   x1, [tsk, #TSK_TI_FLAGS]
8    b     finish_ret_to_user
9
10 ret_to_user:
11   disable_daif
12   ldr    x1, [tsk, #TSK_TI_FLAGS]
13   and    x2, x1, #_TIF_WORK_MASK
14   cbnz   x2, work_pending
15 finish_ret_to_user:
16   enable_step_tsk x1, x2
17 #ifdef CONFIG_GCC_PLUGIN_STACKLEAK
18   bl    stackleak_erase
19 #endif
20   kernel_exit 0
21 ENDPROC(ret_to_user)
```

第 12 行代码用于将 thread_info.flags 的值赋值给 X1 寄存器。

第 13 行代码用于对 X1 寄存器的值和 TIF_WORK_MASK 的值执行逻辑与操作（TIF_WORK_MASK 是一个宏，里面包含了很多字段，例如，字段 TIF_NEED_RESCHED 等）。

第 14 行代码表示当 X2 寄存器的值不等于 0 时，跳转到 work_pending。

第 20 行代码用于返回用户空间。

至此，关于 do_fork() 的实现分析完毕。调用 do_fork() 的流程如图 4.7 所示。

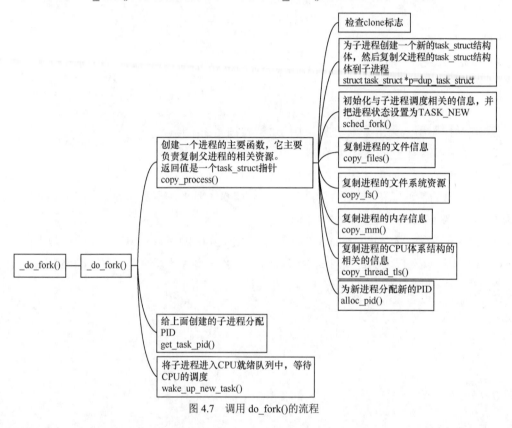

图 4.7　调用 do_fork() 的流程

4.4　进程调度

前面重点介绍了如何通过 fork()、vfork()、pthread_create() 创建一个进程或者线程，并讲解了它们共同调用的 do_fork() 的实现。现在已经知道进程的创建过程，但是进程执行的时机则需要调度器决定。所以本节介绍进程调度和进程切换的详情。

4.4.1　进程的分类

从 CPU 的角度，进程可以分为两类。

❑ CPU 消耗型进程：此类进程会一直占用 CPU 资源，CPU 利用率很高。

❑ I/O 消耗型进程：此类进程会涉及 I/O，需要和用户交互，如键盘输入，它们占用的 CPU 资源不是很多，只需要 CPU 的一部分计算资源，大多数时间在等待 I/O。

CPU 消耗型进程需要较高的吞吐率，I/O 消耗型进程需要较强的响应性，这两点都是调度器需要考虑的。

为了更快响应 I/O 消耗型进程，内核提供了一个抢占（preempt）机制，该机制使优先级更高的进程抢占优先级低的进程。内核用以下宏来选择是否打开抢占机制.

❑ CONFIG_PREEMPT_NONE：不打开抢占，主要面向服务器，此配置下，CPU 在计算时，用户从键盘输入之后，因为没有抢占，所以可能需要等待一段时间，负责接收键盘输入的进程才会被 CPU 调度。

❑ CONFIG_PREEMPT：打开抢占，一般多用于手机设备，此配置下，虽然会影响吞吐率，但可以及时响应用户的输入操作。

4.4.2 与调度相关的数据结构

本节介绍与调度相关的数据结构。

1. task_struct

task_struct 中和调度相关的成员如下。

```
struct task_struct {
    ...
    const struct sched_class        *sched_class;
    struct sched_entity             se;
    struct sched_rt_entity          rt;
    ...
    struct sched_dl_entity          dl;
    ...
    unsigned int                    policy;
    ...
}
```

sched_class 结构体对调度器进行抽象，一共分为 5 类。

❑ 停机（Stop）调度器：优先级最高的调度器，可以抢占其他所有进程，不能被其他进程抢占。

❑ 期限（Deadline）调度器：使用红黑树把进程按照绝对截止期限进行排序，选择最小进程并调度、运行。

❑ 实时（Real Time，RT）调度器：为每个优先级维护一个队列。

❑ 完全公平调度器（Completely Fair Scheduler，CFS）：采用完全公平调度算法，引入虚拟运行时间概念。

❑ 空闲任务（IDLE-Task）调度器：每个 CPU 都会有一个空闲线程，当没有其他进程可以调度时，调度、运行空闲线程。

unsigned int policy 定义进程的调度策略。进程的调度策略有 6 种，用户可以调用调度器里的不同调度策略。

❑ SCHED_DEADLINE：使任务选择期限调度器。

❑ SCHED_RR：时间片轮转，进程用完时间片后加入优先级对应运行队列的尾部，把 CPU 让给同优先级的其他进程。

❑ SCHED_FIFO：先进先出调度，没有时间片，在没有更高优先级的情况下，只能等待主动让出 CPU。

❑ SCHED_NORMAL：使任务选择 CFS。

❑ SCHED_BATCH：批量处理，使任务选择 CFS。

❑ SCHED_IDLE：使任务以最低优先级选择 CFS。

调度器的分类如图 4.8 所示。

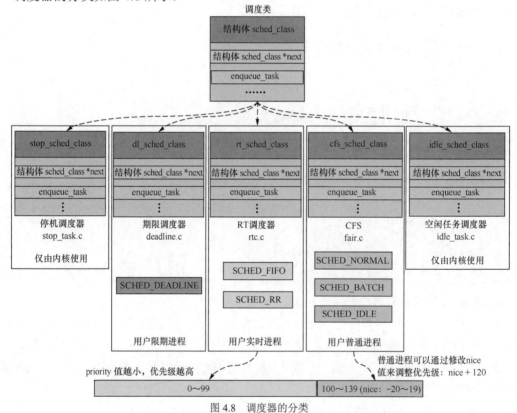

图 4.8　调度器的分类

sched_entity se 表示采用 CFS 算法调度的普通非实时进程的调度实体。

sched_rt_entity rt 表示采用轮询算法或者先进先出（First in First Out，FIFO）算法调度的

实时调度实体。

sched_dl_entity dl 表示采用最早截止时间优先（Earliest Deadline First，EDF）算法调度的实时调度实体。

分配给 CPU 的任务，作为调度实体加入运行队列中。

2. 运行队列

运行队列是 CPU 上所有可运行进程的队列集合。每个 CPU 都有一个运行队列，每个运行队列中有 3 个调度队列，把任务作为调度实体加入各自的调度队列中。

```
struct rq {
    ...
    struct cfs_rq cfs;
    struct rt_rq rt;
    struct dl_rq dl;
    ...
}
```

3 个调度队列如下。

❏ struct cfs_rq cfs：CFS 调度队列。

❏ struct rt_rq rt：RT 调度队列。

❏ struct dl_rq dl：DL 调度队列

调度队列中的数据关系如图 4.9 所示。

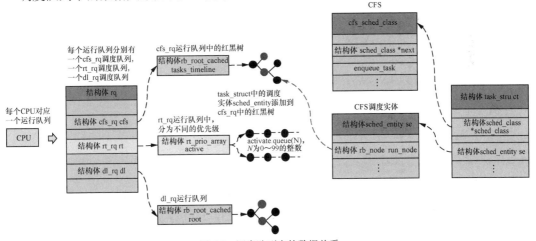

图 4.9 调度队列中的数据关系

cfs_rq 跟踪就绪队列信息及管理就绪态调度实体，并维护一棵按照虚拟时间排序的红黑树。tasks_timeline->rb_root 是红黑树的根，tasks_timeline->rb_leftmost 指向红黑树中最左边的调度实体，即虚拟时间最短的调度实体。

```
struct cfs_rq {
```

```
    ...
    struct rb_root_cached tasks_timeline
    ...
};
```

sched_entity 表示可被内核调度的实体。每个就绪态的调度实体包含插入红黑树中使用的节点 rb_node，同时 vruntime 成员记录已经运行的虚拟时间。

```
struct sched_entity {

    ...
    struct rb_node    run_node;
    ...

u64    vruntime;
    ...
};
```

这些数据结构的关系如图 4.10 所示。

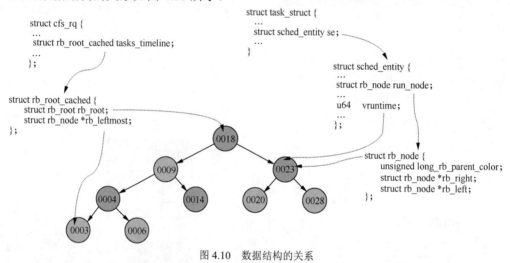

图 4.10　数据结构的关系

4.4.3　调度时刻

调度的本质就是选择下一个进程，然后切换。在执行调度之前需要设置调度标记 TIF_NEED_RESCHED，在调度的时候判断当前进程有没有设置 TIF_NEED_RESCHED。如果设置，则调用函数 schedule() 来进行调度。

1. 设置调度标记

为 CPU 上正在运行的进程 thread_info 结构体中的 flags 成员设置 TIF_NEED_RESCHED。
下面介绍设置 TIF_NEED_RESCHED 的时机。
scheduler_tick() 函数的实现如图 4.11 所示。

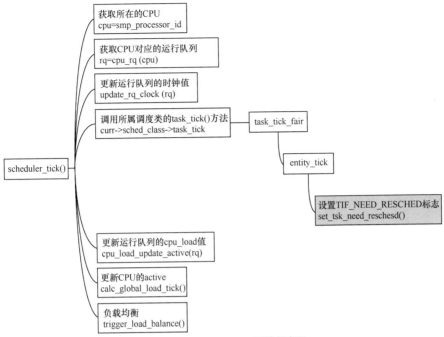

图 4.11 scheduler_tick()函数的实现

wake_up_process()函数的实现如图 4.12 所示。

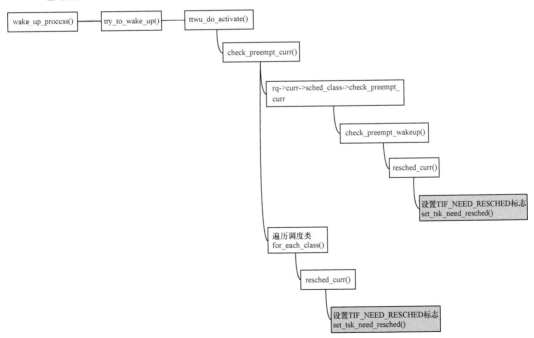

图 4.12 wake_up_process()函数的实现

do_fork()函数的实现如图 4.13 所示。

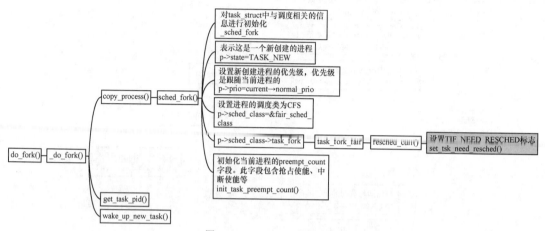

图 4.13　do_fork()函数的实现

set_user_nice()函数的实现如图 4.14 所示。

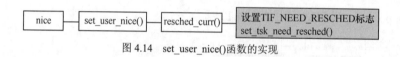

图 4.14　set_user_nice()函数的实现

2. 执行调度

内核会判断当前进程标记是否为 TIF_NEED_RESCHED。若标记设置为 TIF_NEED_RESCHED，则调用 schedule()函数，执行调度，切换上下文，这也是抢占机制的本质。那么在哪些情况下会调用 schedule()呢？

1）用户态抢占

ret_to_user()是异常触发、系统调用、中断处理完成后都会调用的函数。用户态抢占如图 4.15 所示。

2）内核态抢占

内核态抢占如图 4.16 所示。在每种情况下，都会调用__schedule()。

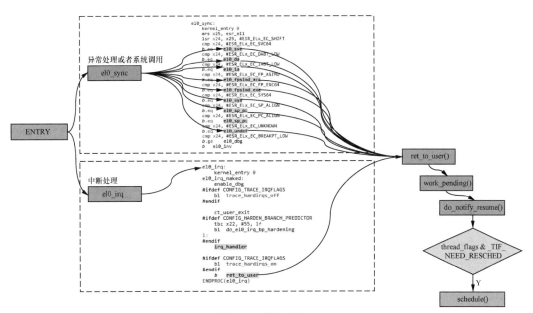

图 4.15 用户态抢占

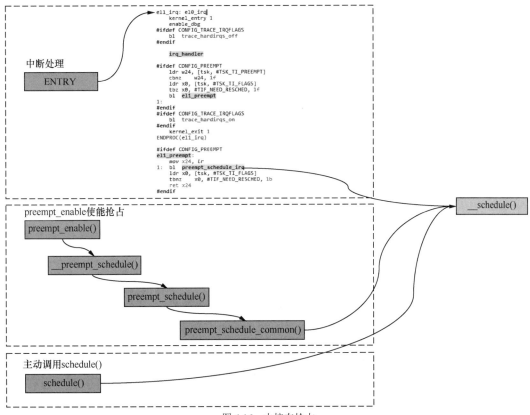

图 4.16 内核态抢占

可以看出无论是用户态抢占，还是内核态抢占，最终都会调用 schedule()函数来执行真正的调度。schedule()函数的实现如图 4.17 所示。

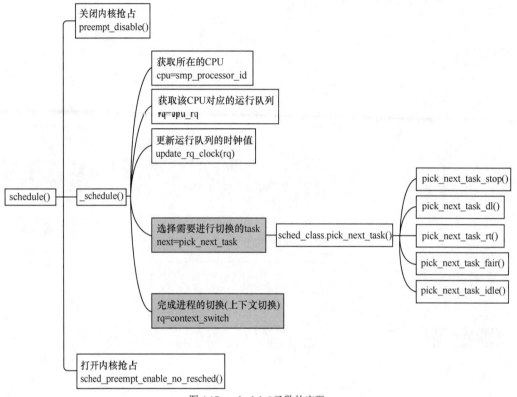

图 4.17　schedule()函数的实现

函数 pick_next_task 用于选择下一个进程，其本质就是调度算法的实现。用函数 context_switch() 完成进程的切换，即进程上下文的切换。

4.4.4　调度算法

表 4.1 列出了调度器的 Linux 版本。

表 4.1　调度器的 Linux 版本

调度器	调度器的 Linux 版本
$O(n)$调度器	Linux 0.11～2.4
$O(1)$调度器	Linux 2.5
CFS	从 Linux 2.6 至今

1. $O(n)$调度器

$O(n)$调度器是在 Linux 2.4 及更早期版本采用的算法，$O(n)$代表的是寻找一个合适的任务的时间复杂度。调度器定义了一个运行队列，状态变为 RUNNING 的进程都会添加到此运行队列中，不管是实时进程，还是普通进程。当需要从运行队列中选择一个合适的任务时，就需要从队列的头部遍历到尾部。这个时间复杂度是 $O(n)$。运行队列中的任务数目越大，调度器的效率就越低。$O(n)$调度器的运行队列如图 4.18 所示。

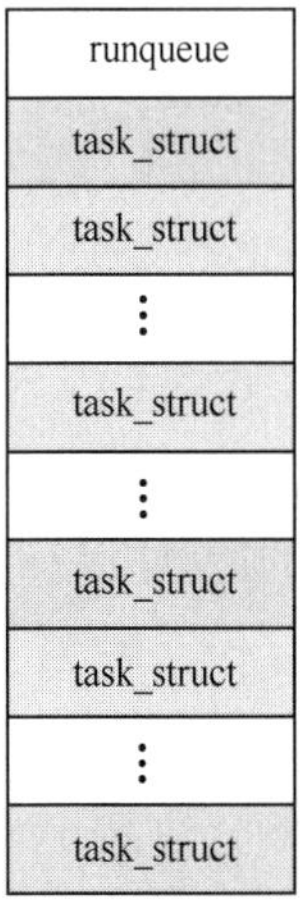

$O(n)$调度器有如下缺陷。

❑ 实时进程不能及时调度，因为实时进程和普通进程在同一个运行队列中，每次查找实时进程时，都需要扫描整个运行队列，所以实时进程不是很"实时"。

❑ SMP 系统不好，因为只有一个运行队列，所以在选择下一个任务时，需要对这个运行队列进行加锁操作，当任务较多的时候，在临界区花费的时间就比较长，这会导致其余的 CPU 自旋。

❑ 存在 CPU 空转的现象，因为系统中只有一个运行队列，当运行队列中的任务少于 CPU 的个数时，其余的 CPU 处于空闲状态。

图 4.18 $O(n)$调度器的运行队列

2. $O(1)$调度器

Linux 2.5 采用了 $O(1)$调度器，让每个 CPU 维护一个自己的运行队列，从而减少了锁的竞争。每一个运行队列维护两个链表，一个是活动（active）链表，表示运行的进程都挂载到活动链表中，另一个是过期（expired）链表，表示所有时间片用完的进程都挂载到过期链表中。当活动链表中无进程可运行时，说明系统中所有进程的时间片都已经耗光。这时候只需要调整活动链表和过期链表的指针即可。每个优先级数组包含 140 个优先级队列，也就是每个优先级对应一个队列，其中前 100 个对应实时进程，后 40 个对应普通进程。$O(1)$调度器的运行队列如图 4.19 所示。

总的来说，$O(1)$调度器的出现是为了解决 $O(n)$

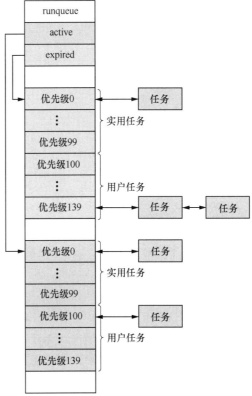

图 4.19 $O(1)$调度器的运行队列

调度器不能解决的问题。但 $O(1)$调度器有个问题：一个高优先级多线程的应用会比低优先级单线程的应用获得更多的资源。这会导致一个调度周期内低优先级的应用可能一直无法响应，直到高优先级应用结束。CFS 解决了这个问题，保证在一个调度周期内每个任务都有执行的机会，执行时间的长短取决于任务的权重。下面介绍 CFS 是如何动态调整任务的运行时间，以达到公平调度的。

4.4.5　CFS

CFS 和其他调度器的不同之处在于它没有固定时间片的概念，而会公平分配 CPU 使用的时间。例如，如果两个优先级相同的任务在同一个 CPU 上运行，那么每个任务都将会分配一半的 CPU 运行时间，这就是要实现的公平。

但在现实中，有的任务优先级高，有的任务优先级低。CFS 引入权重的概念，用权重代表任务的优先级，各个任务按照权重的比例分配 CPU 的时间。例如，对于两个任务 A 和 B，若 A 的权重是 1024，B 的权重是 2048，则 A 占 1024/(1024+2048)≈33.3% 的 CPU 时间，B 占 2048/(1024+2048)≈66.7%的 CPU 时间。

在引入权重之后，分配给进程的时间计算公式如下：

实际运行时间＝调度周期×进程权重÷所有进程权重之和

CFS 用 nice 值表示优先级，其取值范围是[−20, 19]，nice 和权重是一一对应的关系。数值越小，优先级越高，同时意味着权重值越大。nice 值和权重之间的转换关系如下。

```
const int sched_prio_to_weight[40] = {
        88761,    71755,    56483,    46273,    36291,
        29154,    23254,    18705,    14949,    11916,
        9548,     7620,     6100,     4904,     3906,
        3121,     2501,     1991,     1586,     1277,
        1024,     820,      655,      526,      423,
        335,      272,      215,      172,      137,
        110,      87,       70,       56,       45,
        36,       29,       23,       18,       15,
};
```

对应的计算公式如下。

$$权重= 1024÷(1.25nice)$$

1. 调度周期

如果一个 CPU 上有 n 个优先级相同的进程，那么每个进程会得到 $1/n$ 的执行机会，每个进程执行一段时间后，就被调出，换下一个进程执行。如果 n 太大，导致每个进程执行很短的时间就要调度出去，那么系统的资源就消耗在进程的上下文切换上去了。

所以对于此问题，CFS 中引入了调度周期，使进程至少保证执行 0.75ms。调度周期的计算通过如下代码完成。

```
static u64 __sched_period(unsigned long nr_running)
{
    if (unlikely(nr_running > sched_nr_latency))
        return nr_running * sysctl_sched_min_granularity;
    else
        return sysctl_sched_latency;
}

static unsigned int sched_nr_latency = 8;
unsigned int sysctl_sched_latency            = 6000000ULL;
unsigned int sysctl_sched_min_granularity        = 750000ULL;
```

当进程数目小于或等于 8 时，调度周期等于 6ms；当进程数目大于 8 时，调度周期等于进程的数目乘以 0.75ms。

2. 虚拟运行时间

根据上面计算进程实际运行时间的公式可以看出，权重不同的两个进程的实际运行时间是不相等的，但是 CFS 想保证每个进程的运行时间相等，因此引入了虚拟运行时间的概念。虚拟运行时间和实际运行时间的转换公式如下。

```
vriture_runtime = (wall_time * NICE0_TO_weight) / weight
```

其中，NICE0_TO_weight 代表的是 nice 值等于 0 对应的权重，即 1024，weight 是该任务对应的权重。

权重越大的进程获得的虚拟运行时间越短，它被调度器调度的机会就越大，所以 **CFS 的调度原则是始终调度虚拟运行时间最短的任务**。

为了能够快速找到虚拟运行时间最短的进程，Linux 内核使用红黑树来保存可运行的进程。根据调度实体的虚拟运行时间，CFS 将调度实体通过 enqueue_entity()和 dequeue_entity()进行红黑树的入队和出队，虚拟运行时间短的调度实体排列到红黑树的左边，如图 4.20 所示。

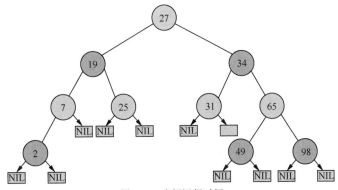

图 4.20　虚拟运行时间

红黑树的左节点比父节点小，而右节点比父节点大。所以查找最小节点时，只需要获取红黑树的最左节点即可。

相关步骤如下。

（1）在每个 sched_latency 内，根据各个任务的权重，计算出运行时间。

（2）运行时间可以转换成虚拟运行时间。

（3）根据虚拟运行时间的长短，将调度实体插入 CFS 红黑树中，把虚拟运行时间短的放置到左边，如图 4.21 所示。

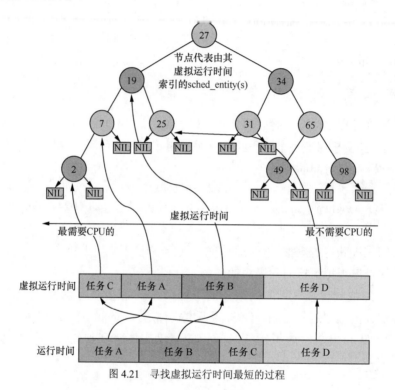

图 4.21　寻找虚拟运行时间最短的过程

（4）在下一次任务调度的时候，选择虚拟运行时间短的调度实体来运行。pick_next_task() 函数从就绪队列中选择最适合运行的调度实体，即虚拟时间最短的调度实体。下面我们看 CFS 如何通过 pick_next_task() 的回调函数 pick_next_task_fair() 选择下一个进程。

4.4.6　选择下一个进程

选择下一个进程的总体流程如图 4.22 所示。

pick_next_task_fair() 会判断上一个任务的调度器是否是 CFS，这里默认上一个任务的调度器都是 CFS，涉及的具体流程如图 4.23 所示。

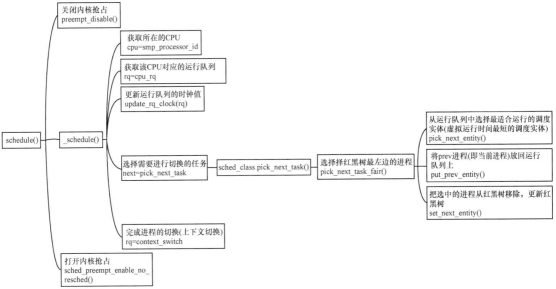

图 4.22 选择下一个进程的总体流程

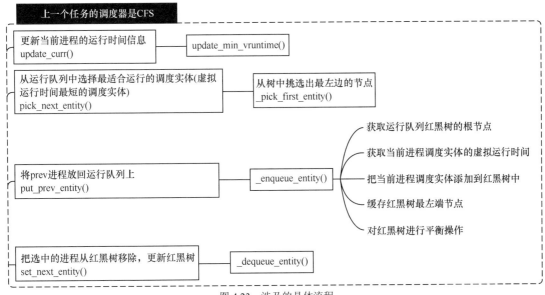

图 4.23 涉及的具体流程

1. update_curr()函数

update_curr()函数用来更新当前进程的运行时间信息，如下所示。

```
1 static void update_curr(struct cfs_rq *cfs_rq)
2 {
3     struct sched_entity *curr = cfs_rq->curr;
4     u64 now = rq_clock_task(rq_of(cfs_rq));
```

```
5    u64 delta_exec;
6
7    if (unlikely(!curr))
8        return;
9
10   delta_exec = now - curr->exec_start;
11   if (unlikely((s64)delta_exec <= 0))
12       return;
13
14   curr->exec_start = now;
15
16   schedstat_set(curr->statistics.exec_max,
17           max(delta_exec, curr->statistics.exec_max));
18
19       curr->sum_exec_runtime += delta_exec;
20   schedstat_add(cfs_rq->exec_clock, delta_exec);
21
22   curr->vruntime += calc_delta_fair(delta_exec, curr);
23   update_min_vruntime(cfs_rq);
24
25
26   account_cfs_rq_runtime(cfs_rq, delta_exec);
27 }
```

第 10 行代码用于计算当前 CFS 的运行队列中进程的运行时间距离上次更新虚拟运行时间的差值。

第 14 行代码更新 exec_start 的值。

第 19 行代码更新当前进程总共的执行时间。

第 22 行代码通过 calc_delta_fair() 计算当前进程的虚拟运行时间。

第 23 行代码通过 update_min_vruntime() 函数更新 CFS 的运行队列中最短的虚拟运行时间的值。

2. pick_next_entity() 函数

pick_next_entity() 函数会从就绪队列中选择最适合运行的调度实体（虚拟运行时间最短的调度实体），即从 CFS 红黑树最左边节点获取一个调度实体。该函数的代码如下。

```
1 static struct sched_entity *
2 pick_next_entity(struct cfs_rq *cfs_rq, struct sched_entity *curr)
3 {
4    struct sched_entity *left = __pick_first_entity(cfs_rq);
5    struct sched_entity *se;
6
7    if (!left || (curr && entity_before(curr, left)))
8        left = curr;
9
10   se = left; /* ideally we run the leftmost entity */
```

```
11
12   if (cfs_rq->skip == se) {
13       struct sched_entity *second;
14
15       if (se == curr) {
16           second = __pick_first_entity(cfs_rq);
17       } else {
18           second = __pick_next_entity(se);
19               if (!second || (curr && entity_before(curr, second)))
20           second = curr;
21       }
22
23       if (second && wakeup_preempt_entity(second, left) < 1)
24           se = second;
25   }
26
27   if (cfs_rq->last && wakeup_preempt_entity(cfs_rq->last, left) < 1)
28       se = cfs_rq->last;
29
30   if (cfs_rq->next && wakeup_preempt_entity(cfs_rq->next, left) < 1)
31       se = cfs_rq->next;
32
33   clear_buddies(cfs_rq, se);
34
35 return se;
36 }
```

第 4 行代码用于从树中挑选出最左边的节点。

第 16 行代码用于选择最左边的调度实体。

第 18 行代码用于获取红黑树上从左往右数第 2 个进程节点。

3. put_prev_entity()函数

put_prev_entity()函数会调用__enqueue_entity()将 prev 进程加入 CFS 的运行队列上的红黑树，然后将 cfs_rq->curr 设置为空。__enqueue_entity()函数的代码如下。

```
1 static void __enqueue_entity(struct cfs_rq *cfs_rq, struct sched_entity *se)
2 {
3    struct rb_node **link = &cfs_rq->tasks_timeline.rb_root.rb_node; //红黑树根节点
4    struct rb_node *parent = NULL;
5    struct sched_entity *entry;
6    bool leftmost = true;
7    while (*link) {
8        parent = *link;
9        entry = rb_entry(parent, struct sched_entity, run_node);
10       if (entity_before(se, entry)) {
11               link = &parent->rb_left;
12       } else {
```

```
13                    link = &parent->rb_right;
14                    leftmost = false;
15            }
16      }
17
18      rb_link_node(&se->run_node, parent, link);
19      rb_insert_color_cached(&se->run_node,
20                      &cfs_rq->tasks_timeline, leftmost);
21  }
```

第 8 和 9 行代码从红黑树中找到 se 所在的位置。

第 10 行代码以 se->vruntime 值为键值进行红黑树节点的比较。

第 18 行代码将新进程的节点加入红黑树中。

第 19 行代码为新插入的节点着色。

4. set_next_entity()函数

set_next_entity()函数会调用__dequeue_entity()将下一个选择的进程从 CFS 的运行队列的红黑树中删除，然后将 CFS 的运行队列的 curr 指针指向进程的调度实体。

4.4.7　进程上下文切换

理解了下一个进程的选择后，就需要做当前进程和所选进程的上下文切换。

Linux 内核用函数 context_switch()进行进程的上下文切换，进程的上下文切换主要涉及两部分，即进程的地址空间切换和处理器状态切换。上下文切换的流程如图 4.24 所示。

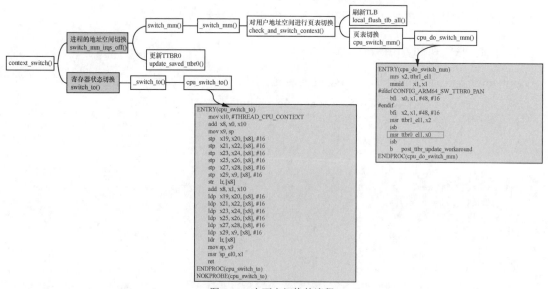

图 4.24　上下文切换的流程

进程的地址空间切换如图 4.25 所示。

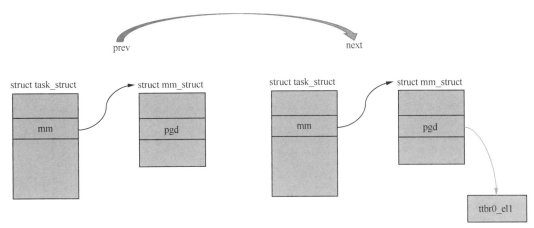

图 4.25　进程的地址空间切换

将下一个进程的 PGD 虚拟地址转化为物理地址并存放在 TTBR0_EL1（这是用户空间的页表基址寄存器）中。当访问用户空间地址的时候，MMU 会通过这个寄存器来遍历页表，以获得物理地址。完成了这一步，也就完成了进程的地址空间切换，确切地说是进程的虚拟地址空间切换。

寄存器的状态切换如图 4.26 所示。

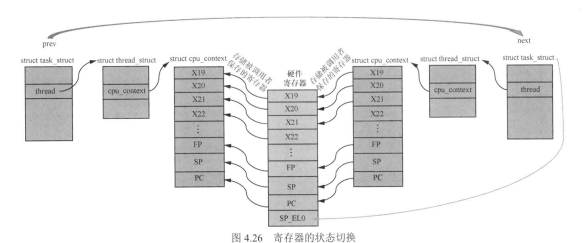

图 4.26　寄存器的状态切换

其中，X19～X28 是 ARM64 架构中需要调用、保存的寄存器。处理器切换状态的时候会将前一个进程（prev）的 X19～X28 寄存器以及 FP、SP、PC 保存到进程描述符的 cpu_context 中，然后将即将执行的进程（next）的描述符中 cpu_context 的 X19～X28 寄存器以及 FP、SP、

PC 恢复到相应寄存器中，而且将 next 进程的描述符 task_struct 的地址存放在 SP_EL0 中，用于通过 current 找到当前进程，这样就完成了处理器的状态切换。

4.5　多核系统的负载均衡

前面的调度默认都是单个 CPU 上的调度。为了减少 CPU 之间的"干扰"，每个 CPU 上都有一个任务队列。运行的过程中可能会出现有的 CPU 很忙，有的 CPU 很闲的情况，如图 4.27 所示。

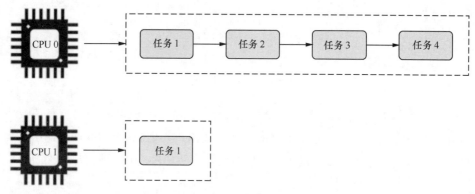

图 4.27　多核系统负载不均的情况

为了避免这种情况的出现，Linux 内核实现了 CPU 可运行进程队列之间的负载均衡。

因为负载均衡是在多个内核上的均衡，所以在讲解负载均衡之前，我们先看多核的架构。

将任务从负载较重的 CPU 上转移到负载相对较轻的 CPU 上执行，这个过程就是负载均衡的过程。

4.5.1　多核架构

这里以 ARM64 的 NUMA 架构为例，介绍多核架构的组成，如图 4.28 所示。

可以看出，这是非均匀内存访问。每个 CPU 访问本地内存的速度更快，延迟更短。因为 Interconnect 模块的存在使整体的内存构成一个内存池，所以 CPU 也能访问远程内存，但是相对于本地内存来说访问速度更慢，延迟更长。

一个多核的 SoC（System on Chip，片上系统）的内部结构是很复杂的。内核采用 CPU 拓扑结构来描述一个 SoC 的架构，使用调度域和调度组来描述 CPU 之间的层次关系。

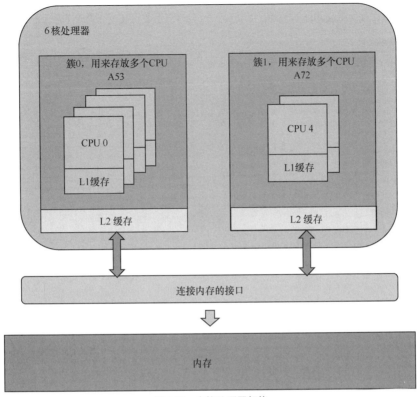

图 4.28 多核处理器架构

4.5.2 CPU 拓扑

每一个 CPU 都会维护一个 cpu_topology 结构体,用来描述 CPU 拓扑,代码如下。

```
struct cpu_topology {
    int thread_id;
    int core_id;
    int cluster_id;
    cpumask_t thread_sibling;
    cpumask_t core_sibling;
};
```

❑ thread_id:从 mpidr_el1 寄存器中获取。

❑ core_id:从 mpidr_el1 寄存器中获取。

❑ cluster_id:从 mpidr_el1 寄存器中获取。

❑ thread_sibling:当前 CPU 的"兄弟"线程。

❑ core_sibling:当前 CPU 的"兄弟"内核,即在同一个簇中的 CPU。

通过串口查看节点/sys/devices/system/cpu/cpuX/topology,获取 CPU 拓扑的信息。

cpu_topology 结构体是通过函数 parse_dt_topology() 解析设备树中的信息建立的,设备树是

kernel_init()→kernel_init_freeable()→smp_prepare_cpus()→init_cpu_topology()→parse_dt_topology()。
涉及的代码如下。

```
1 static int __init parse_dt_topology(void)
2 {
3     struct device_node *cn, *map;
4     int ret = 0;
5     int cpu;
6
7     cn = of_find_node_by_path("/cpus");
8     if (!cn) {
9         pr_err("No CPU information found in DT\n");
10        return 0;
11    }
12
13    map = of_get_child_by_name(cn, "cpu-map");
14        if (!map)
15    goto out;
16
17    ret = parse_cluster(map, 0);
18    if (ret != 0)
19        goto out_map;
20
21    topology_normalize_cpu_scale();
22
23        for_each_possible_cpu(cpu)
24    if (cpu_topology[cpu].cluster_id == -1)
25            ret = -EINVAL;
26
27 out_map:
28    of_node_put(map);
29 out:
30    of_node_put(cn);
31    return ret;
32 }
```

第 7 行代码用于找到设备树中 CPU 拓扑的根节点/cpus。

第 13 行代码用于找到 cpu-map 节点。

第 17 行代码用于解析 cpu-map 中的 cluster。

以 imx8qm 为例，CPU 拓扑为 4 个 A53 与两个 A72。设备树中的定义如下。

```
# imx8qm.dtsi

cpus: cpus {
        #address-cells = <2>;
        #size-cells = <0>;

        A53_0: cpu@0 {
```

```
                device_type = "cpu";
                compatible = "arm,cortex-a53", "arm,armv8";
                reg = <0x0 0x0>;
                clocks = <&clk IMX_SC_R_A53 IMX_SC_PM_CLK_CPU>;
                enable-method = "psci";
                next-level-cache = <&A53_L2>;
                operating-points-v2 = <&a53_opp_table>;
                #cooling-cells = <2>;
        };

        A53_1: cpu@1 {
                device_type = "cpu";
                compatible = "arm,cortex-a53", "arm,armv8";
                reg = <0x0 0x1>;
                clocks = <&clk IMX_SC_R_A53 IMX_SC_PM_CLK_CPU>;
                enable-method = "psci";
                next-level-cache = <&A53_L2>;
                operating-points-v2 = <&a53_opp_table>;
                #cooling-cells = <2>;
        };

        A53_2: cpu@2 {
                device_type = "cpu";
                compatible = "arm,cortex-a53", "arm,armv8";
                reg = <0x0 0x2>;
                clocks = <&clk IMX_SC_R_A53 IMX_SC_PM_CLK_CPU>;
                enable-method = "psci";
                next-level-cache = <&A53_L2>;
                operating-points-v2 = <&a53_opp_table>;
                #cooling-cells = <2>;
        };

        A53_3: cpu@3 {
                device_type = "cpu";
                compatible = "arm,cortex-a53", "arm,armv8";
                reg = <0x0 0x3>;
                clocks = <&clk IMX_SC_R_A53 IMX_SC_PM_CLK_CPU>;
                enable-method = "psci";
                next-level-cache = <&A53_L2>;
                operating-points-v2 = <&a53_opp_table>;
                #cooling-cells = <2>;
        };

        A72_0: cpu@100 {
                device_type = "cpu";
                compatible = "arm,cortex-a72", "arm,armv8";
```

```
                reg = <0x0 0x100>;
                clocks = <&clk IMX_SC_R_A72 IMX_SC_PM_CLK_CPU>;
                enable-method = "psci";
                next-level-cache = <&A72_L2>;
                operating-points-v2 = <&a72_opp_table>;
                #cooling-cells = <2>;
        };

        A72_1: cpu@101 {
                device_type = "cpu";
                compatible = "arm,cortex-a72", "arm,armv8";
                reg = <0x0 0x101>;
                clocks = <&clk IMX_SC_R_A72 IMX_SC_PM_CLK_CPU>;
                enable-method = "psci";
                next-level-cache = <&A72_L2>;
                operating-points-v2 = <&a72_opp_table>;
                #cooling-cells = <2>;
        };

        A53_L2: l2-cache0 {
                compatible = "cache";
        };

        A72_L2: l2-cache1 {
                compatible = "cache";
        };

        cpu-map {
                cluster0 {
                        core0 {
                                cpu = <&A53_0>;
                        };
                        core1 {
                                cpu = <&A53_1>;
                        };
                        core2 {
                                cpu = <&A53_2>;
                        };
                        core3 {
                                cpu = <&A53_3>;
                        };
                };

                cluster1 {
                        core0 {
                                cpu = <&A72_0>;
```

```
                };
                core1 {
                        cpu = <&A72_1>;
                };
            };
        };
};
```

通过 parse_dt_topology() 得到 cpu_topology 的值。

```
CPU0: cluster_id = 0, core_id = 0
CPU1: cluster_id = 0, core_id = 1
CPU2: cluster_id = 0, core_id = 2
CPU3: cluster_id = 0, core_id = 3
CPU4: cluster_id = 1, core_id = 0
CPU5: cluster_id = 1, core_id = 1
```

4.5.3　调度域和调度组

在 Linux 内核中，调度域使用 sched_domain 结构体表示，调度组使用 sched_group 结构体表示。

sched_domain 结构体的定义如下。

```
struct sched_domain {
   struct sched_domain *parent;
   struct sched_domain *child;
   struct sched_group *groups;
   unsigned long min_interval;
     unsigned long max_interval;
   ...
};
```

❏ parent：由于调度域是分层的，上层调度域是下层调度域的"父亲"，因此这个字段指向的是当前调度域的上层调度域。

❏ child：这个字段用来指向当前调度域的下层调度域。

❏ groups：每个调度域都拥有一批调度组，这个字段指向属于当前调度域的调度组列表。

❏ min_interval/max_interval：做均衡也是需要开销的，不能时刻检查调度域的均衡状态，这两个参数定义检查调度域均衡状态的时间间隔。

sched_domain 分为两个层级——底层区域与顶层区域。

sched_group 结构体的定义如下。

```
struct sched_group {
   struct sched_group *next;
   unsigned int group_weight;
   ...
```

```
struct sched_group_capacity *sgc;
unsigned long cpumask[0];
};
```

- ❑　next：指向属于同一个调度域的下一个调度组。
- ❑　group_weight：表示调度组中 CPU 的个数。
- ❑　sgc：表示调度组的算力信息。
- ❑　cpumask：用于标记属于当前调度组的 CPU 列表（每位表示一个 CPU）。

为了减少锁的竞争，每一个 CPU 都有自己的 MC 调度域、DIE 调度域及 sched_group，并且形成了 sched_domain 之间的层级结构与 sched_group 的环形链表结构。CPU 对应的调度域和调度组可在/proc/sys/kernel/sched_domain 文件夹下查看。

sched_domain 的初始化代码如下。调度顺序是 kernel_init() → kernel_init_freeable() → sched_init_smp() → init_sched_domains(cpu_active_mask) → build_sched_domains(doms_cur[0], NULL)。

```
1  static int
2  build_sched_domains(const struct cpumask *cpu_map, struct sched_domain_attr *attr)
3  {
4      enum s_alloc alloc_state;
5      struct sched_domain *sd;
6      struct s_data d;
7      int i, ret = -ENOMEM;
8
9      alloc_state = __visit_domain_allocation_hell(&d, cpu_map);
10     if (alloc_state != sa_rootdomain)
11         goto error;
12
13         for_each_cpu(i, cpu_map) {
14     struct sched_domain_topology_level *tl;
15
16             sd = NULL;
17     for_each_sd_topology(tl) {
18             sd = build_sched_domain(tl, cpu_map, attr, sd, i);
19             if (tl == sched_domain_topology)
20                     *per_cpu_ptr(d.sd, i) = sd;
21         if (tl->flags & SDTL_OVERLAP)
22                 sd->flags |= SD_OVERLAP;
23             }
24 }
25
26     for_each_cpu(i, cpu_map) {
27             for (sd = *per_cpu_ptr(d.sd, i); sd; sd = sd->parent) {
28         sd->span_weight = cpumask_weight(sched_domain_span(sd));
29             if (sd->flags & SD_OVERLAP) {
```

```
30                    if (build_overlap_sched_groups(sd, i))
31                        goto error;
32            } else {
33                    if (build_sched_groups(sd, i))
34                        goto error;
35                }
36      }
37    }
38    ...
39    rcu_read_lock();
40    for_each_cpu(i, cpu_map) {
41        int max_cpu = READ_ONCE(d.rd->max_cap_orig_cpu);
42        int min_cpu = READ_ONCE(d.rd->min_cap_orig_cpu);
43
44        sd = *per_cpu_ptr(d.sd, i);
45
46        if ((max_cpu < 0) || (cpu_rq(i)->cpu_capacity_orig >
47            cpu_rq(max_cpu)->cpu_capacity_orig))
48    WRITE_ONCE(d.rd->max_cap_orig_cpu, i);
49
50            if ((min_cpu < 0) || (cpu_rq(i)->cpu_capacity_orig <
51    cpu_rq(min_cpu)->cpu_capacity_orig))
52        WRITE_ONCE(d.rd->min_cap_orig_cpu, i);
53
54    cpu_attach_domain(sd, d.rd, i);
55    }
56    rcu_read_unlock();
57
58    if (!cpumask_empty(cpu_map))
59        update_asym_cpucapacity(cpumask_first(cpu_map));
60
61    ret = 0;
62 error:
63    __free_domain_allocs(&d, alloc_state, cpu_map);
64    return ret;
65}
```

第 9 行代码表示在每个 tl 层次，给每个 CPU 分配 sd、sg、sgc 空间。

第 18 行代码用于遍历 cpu_map 里所有的 CPU，创建与物理拓扑结构对应的多级调度域。

第 33 行代码用于遍历 cpu_map 里所有的 CPU，创建调度组。

第 54 行代码用于将每个 CPU 的 rq 与 rd(root_domain) 进行绑定。

第 63 行代码用于释放分配失败或者分配成功的多余的内存。

可运行进程队列与调度域和调度组的关系如图 4.29 所示。

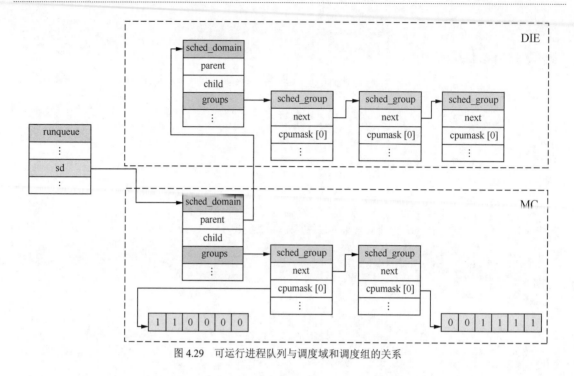

图 4.29　可运行进程队列与调度域和调度组的关系

4.5.4　CPU 拓扑中调度域的初始化

CPU 拓扑中调度域初始化的过程如图 4.30 所示。

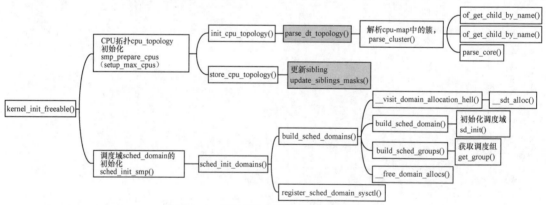

图 4.30　CPU 拓扑中调度域初始化的过程

根据已经生成的 CPU 拓扑、调度域和调度组，最终可以生成图 4.31 所示的关系。

在图 4.31 所示的结构中，DIE 调度域覆盖了系统中所有的 CPU。4 个 A53 属于 Cluster 0，共享 L2 缓存；两个 A72 属于 Cluster 1，共享 L2 缓存。每个 Cluster 可以视为一个 MC 调度域，左边的 MC 调度域中有 4 个调度组，右边的 MC 调度域中有两个调度组，每个调度组中只有一个 CPU。整个 SoC 可以视为高一级别的 DIE 调度域，其中有两个调度组，Cluster 0 属于一个调度组，Cluster 1 属于另一个调度组。跨 Cluster 的负载均衡是需要清除 L2 缓存的，开销是很大的，因此 SoC 级别的 DIE 调度域进行负载均衡的开销比 MC 调度域更大一些。

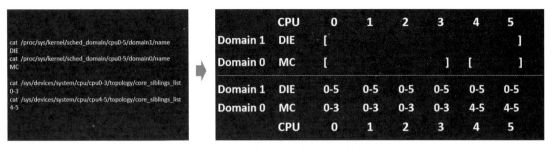

图 4.31　CPU 拓扑、调度域和调度组的关系

到目前为止，我们已经将内核的调度域构建起来了，CFS 可以利用 sched_domain 来完成多核间的负载均衡了。

4.5.5　何时做负载均衡

负载均衡器有两种，如图 4.32 所示。一种是针对繁忙 CPU 的周期负载均衡器（periodic balancer），用于繁忙 CPU 上进程的均衡。另一种是针对空闲 CPU 的空闲负载均衡器（idle balancer），用于把繁忙 CPU 上的进程均衡到空闲 CPU 上。

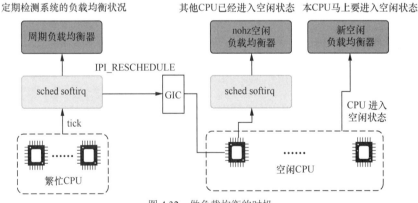

图 4.32　做负载均衡的时机

周期性负载均衡器在时钟中断 scheduler_tick 中，找到该域中最繁忙的调度组和 CPU 运行队列，将其上的任务拉（pull）到本 CPU，以便让系统的负载处于均衡的状态，其工作流程如图 4.33 所示。

当其他 CPU 已经进入空闲状态时，如果某个 CPU 的任务太重，需要通过 IPI（Inter-Processor Interrupt，处理器之间的中断）将其他空闲的 CPU 唤醒，进行负载均衡。nohz（表示没有频率）空闲负载均衡器的工作流程如图 4.34 所示。

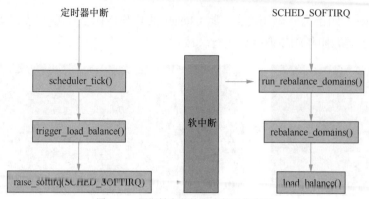

图 4.33　周期性负载均衡器的工作流程

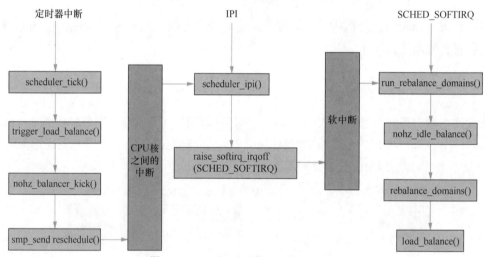

图 4.34　nohz 空闲负载均衡器的工作流程

如果某个 CPU 上没有任务执行，马上要进入空闲状态，就要看看其他 CPU 是否需要帮忙，从繁忙 CPU 上拉任务，让整个系统的负载处于均衡状态。新空闲负载均衡器的工作流程如图 4.35 所示。

4.5.6　负载均衡的基本过程

当在一个 CPU 上进行负载均衡的时候，始终从基本调度域开始，检查其所属调度组之间的负载均衡情况。如果有不均衡的情况，那么会在该 CPU 所属聚类之间进行迁移，以便维护聚类内各个 CPU 的任务负载均衡。

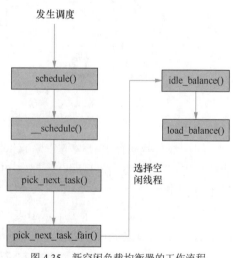

图 4.35　新空闲负载均衡器的工作流程

load_balance()是处理负载均衡的核心函数，它的处理单元是一个调度域，其中包含对调度组的处理。load_balance()的代码如下。

```
1 static int load_balance(int this_cpu, struct rq *this_rq,
2                    struct sched_domain *sd, enum cpu_idle_type idle,
3                    int *continue_balancing)
4 {
5                    ...
6 redo:
7     if (!should_we_balance(&env)) {
8            *continue_balancing = 0;
9           goto out_balanced;
10    }
11
12    group = find_busiest_group(&env);
13    if (!group) {
14          schedstat_inc(sd->lb_nobusyg[idle]);
15          goto out_balanced;
16    }
17
18    busiest = find_busiest_queue(&env, group);
19     if (!busiest) {
20          schedstat_inc(sd->lb_nobusyq[idle]);
21           goto out_balanced;
22    }
23
24    BUG_ON(busiest == env.dst_rq);
25
26    schedstat_add(sd->lb_imbalance[idle], env.imbalance);
27
28    env.src_cpu = busiest->cpu;
29    env.src_rq = busiest;
30
31    ld_moved = 0;
32    if (busiest->nr_running > 1) {
33          env.flags |= LBF_ALL_PINNED;
34          env.loop_max  = min(sysctl_sched_nr_migrate, busiest->nr_running);
35
36 more_balance:
37          rq_lock_irqsave(busiest, &rf);
38          update_rq_clock(busiest);
39
40          cur_ld_moved = detach_tasks(&env);
41
42          rq_unlock(busiest, &rf);
43
44          if (cur_ld_moved) {
```

```
45                          attach_tasks(&env);
46                          ld_moved += cur_ld_moved;
47              }
48
49          local_irq_restore(rf.flags);
50
51          if (env.flags & LBF_NEED_BREAK) {
52                  env.flags &= ~LBF_NEED_BREAK;
53                  goto more_balance;
54          }
55          ...
56      }
57      ...
58 out:
59      return ld_moved;
60 }
```

第 12 行代码用来找到该调度域中最繁忙的调度组。

第 18 行代码用于在这个最繁忙的组中挑选最繁忙的 CPU 运行队列，作为 src。

第 40 行代码用于从这个队列中选择任务，然后把被选中的任务从其所在的运行队列中移除。

第 45 行代码用于把最繁忙的 CPU 运行队列中的一些任务放入当前可运行队列。

load_balance()函数的实现思路如图 4.36 所示。

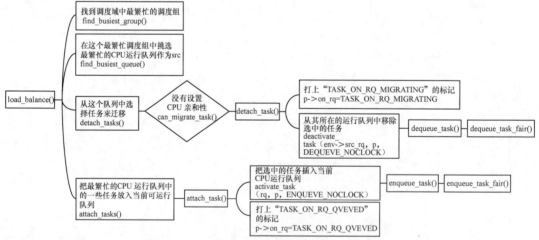

图 4.36　load_balance()函数的实现思路

第 5 章　Linux 系统开发工具

5.1　GDB 调试工具

5.1.1　程序调试方法

GNU 项目调试器（GNU Project Debugger，GDB）是 Linux 系统下的程序调试工具。GDB 支持 Linux、BSD、OS X 等系统。除了用户态的应用程序调试，GDB 还可以用来调试 Linux Kernel、Bootloader 等程序。下面介绍 GDB 在程序调试方面的技巧。

使用日志输出跟踪程序的执行过程和查看执行结果是一种既简单又高效的方法，但是其灵活性有所欠缺。例如，日志输出不够丰富以致无法完全掌控当前的程序执行细节，或者调试一个内存越界问题时，日志输出方法显然难以捕获对内存越界的改写操作。日志输出法的另外一个不足之处在于，在系统初始化阶段的早期，设备未完成显示器件的初始化，甚至未完成串口设备的初始化，这时，日志输出无用武之地。

规范的日志应该输出程序中关键的事件转折、发生的错误和重要的执行结果。它能够帮助开发人员初步定位问题或缩小问题范围。经过初步调试，接下来，继续完善日志输出，定位问题。此时，开发人员可以使用另一种方案，GDB 可以对程序执行过程进行更细致严格的跟踪。

5.1.2　代码断点

1. 执行调试

下面描述 GDB 的基本使用方法。测试示例代码如下。

```
1    #include <stdio.h>
2    #include <stdlib.h>
3    #include <string.h>
4
```

```
5    typedef struct school_info
6    {
7        char name[8];
8        int rooms_count;
9    } school_info;
10
11   int school_init(school_info *school, const char *name, int count)
12   {
13       if (count > 40)
14       {
15           printf("%s has %d rooms beyond limit\n", name, count);
16           return -1;
17       }
18       school->rooms_count = count;
19       strcpy(school->name, name);
20
21       return 0;
22   }
23
24   int main(int argc, char *argv[])
25   {
26       int rev, i;
27       const char *school_prefix = "SCHOOL";
28       char school_name[6];
29       school_info *schools = malloc(sizeof(school_info) * 10);
30
31       for (i = 0; i < 10; i ++)
32       {
33           school_info *school;
34           int room_count;
35           school = &schools[i];
36           room_count = i - 1;
37           room_count /= 5;
38           room_count += 1;
39           room_count *= 5;
40
41           sprintf(school_name, "%s%d", school_prefix, i + 1);
42           rev = school_init(school, school_name, room_count);
43           if (rev == -1) {
44               printf("school init failed\n");
45               exit(-1);
46           }
47
48           printf("[%s] has %d rooms\n", school->name,
49                   school->rooms_count);
50       }
```

```
51
52        free(schools);
53        return 0;
54    }
55
```

第 29 行代码表示从内存中动态分配一个结构体数组，用以记录全部的学校信息。

第 36~39 行代码表示每所学校的教室个数必须是 5 的整数倍。

第 42 行代码调用 school_init()函数完成学校信息的初始化，向该函数传入了每所学校的教室数量和校名。

先要把程序源代码编译为可执行程序。这里使用-g 参数生成详细的调试信息。后续章节会对调试信息的详细内容进行介绍。编译指令如下。

```
gcc -g -o example example.c
```

接下来，使用 gdb example 指令启动 GDB。启动后的 GDB 进入命令行界面（Command Line Interface，CLI），在其中输入一系列指令，完成对 example 程序的执行流程控制。在下面的代码中加入--silent 参数，用于配置 GDB 启动后不输出其版本、版权等冗余信息。

```
1     $ gdb --silent example
2     Reading symbols from example...done.
3     (gdb) break main
4     Breakpoint 1 at 0x8ce: file example.c, line 27.
5     (gdb) break school_init
6     Breakpoint 2 at 0x873: file example.c, line 13.
7     (gdb) run
8     Starting program:
9     /root/workspace/Linux_Program_And_Optimization/debug_code/example
10    Breakpoint 1, main (argc=1, argv=0x7fffffffdde8) at example.c:27
11    27            const char *school_prefix = "SCHOOL";
12    (gdb) next
13    29            school_info *schools = malloc(sizeof(school_info) * 10);
14    (gdb) c
15    Continuing.
16
17    Breakpoint 2, school_init (school=0x555555756010, name=0x7fffffffdcd2
                              "SCHOOL1", count=5)
18       at example.c:13
19    13            if (count > 40)
20    (gdb) next 2
21    19            strcpy(school->name, name);
22    (gdb) finish
23    Run till exit from #0  school_init (school=0x555555756010, name=0x7fffffffdcd2
                                      "SCHOOL1", count=5)
24       at example.c:19
```

```
25    0x0000555555554980 in main (argc=1, argv=0x7fffffffdde8) at example.c:42
26    42               rev = school_init(school, school_name, room_count);
27    Value returned is $1 = 0
28    (gdb) info break
29    Num     Type           Disp Enb Address              What
30    1       breakpoint     keep y   0x00005555555548ce in main at example.c:27
31            breakpoint already hit 1 time
32    2       breakpoint     keep y   0x0000555555554873 in school_init at example.c:13
33            breakpoint already hit 1 time
34    (gdb) delete 2
35    (gdb) c
36    Continuing.
37    [SCHOOL2] has 5 rooms
38    [SCHOOL3] has 5 rooms
39    [SCHOOL4] has 5 rooms
40    [SCHOOL5] has 5 rooms
41    [SCHOOL6] has 5 rooms
42    [SCHOOL7] has 10 rooms
43    [SCHOOL8] has 10 rooms
44    [SCHOOL9] has 10 rooms
45    [SCHOOL10] has 0 rooms
46    [Inferior 1 (process 3169) exited normally]
47    (gdb) q
```

上面的步骤演示了断点的基本用法。在启动 example 程序之前，我们先要为目标位置设置断点，这里通过 break main 指令完成对 main()函数的断点设置。当输入 run 指令时，GDB 会启动 example 进程，并将启动的程序作为其子进程。执行 run 指令启动被调试进程。程序启动后，遇到设置的第一个断点，c 指令表示继续执行当前程序，直到遇到下一个断点。next 2 表示执行两行代码后停止。第 28 行的 info break 指令用于显示当前设置的全部断点。

表 5.1 展示了执行过程中的基本控制指令。表中的第 2 列表示指令的简写，用于辅助快速输入。

表 5.1　GDB 基本控制指令

指令	简写形式	说明
run	r	启动被调试程序
continue	c	继续运行，直到遇到下一次断点
next	n	继续执行 3 行代码后暂停。若遇到函数调用，则跳过。如果数字不给出，则执行 1 行代码
ni	ni	以指令方式执行一条指令。若遇到函数调用，则跳过
step	s	继续执行 3 行代码后暂停。若遇到函数调用，则进入。如果数字不给出，则执行 1 行代码
si	si	以指令方式执行一条指令。若遇到函数调用，则进入

指令	简写形式	说明
return	ret	立即结束执行并返回
finish	fin	当前函数执行结束后并返回
info break	i b	查看当前设置的断点
delete 2	d 2	删除 2 号断点
disable 2	dis 2	禁用 2 号断点，不给出断点号时指示禁用全部断点
enable 2	e 2	使能 2 号断点，不给出断点号时指示使能全部断点
break main	b main	给 main()函数设置断点
break example.c:24	b example.c:24	给 exmple.c 文件的第 24 行设置断点

2. 条件断点

仔细观察前面的操作步骤，可以从第 45 行发现，第 10 所学校的 rooms 为 0。这显然是一个错误。分析测试程序源代码后，怀疑 count 临时变量的计算存在问题。

为了验证这一点，给第 33 行代码设置断点，并且反复执行 continue 指令，直到第 10 次时，逐行查看 room_count 变量的变化。这时，设置条件断点以巧妙解决问题。下面演示如何使用条件断点进行程序排错。

```
1   $ gdb --silent example
2   Reading symbols from example...done.
3   (gdb) b 41 if i == 9
4   Breakpoint 1 at 0x948: file example.c, line 41.
5   (gdb) r
6   Starting program:
    /root/workspace/Linux_Program_And_Optimization/debug_code/example
7   ...
8
9   Breakpoint 1, main (argc=1, argv=0x7fffffffdde8) at example.c:41
10  41              sprintf(school_name, "%s%d", school_prefix, i + 1);
11  (gdb) p i
12  $1 = 9
13  (gdb) p room_count
14  $2 = 10
15  (gdb) n
16  42              rev = school_init(school, school_name, room_count);
17  (gdb) s
18  school_init (school=0x55555575607c, name=0x7fffffffdcd2 "SCHOOL10", count=10)
     at example.c:13
19  13              if (count > 40)
20  (gdb) n
```

```
21    18        school->rooms_count = count;
22    (gdb) n
23    19        strcpy(school->name, name);
24    (gdb) p school->rooms_count
25    $3 = 10
26    (gdb) n
27    21        return 0;
28    (gdb) p school->rooms_count
29    $4 = 0
```

这里设置条件断点的指令是 b 41 if i == 9，表示 i 等于 9 时，在第 41 行处停下。执行 run 指令后，函数直接停下。通过执行 p i 指令，看到 i 的值为 9，说明程序循环到第 10 次时自动停下，符合预期。执行 p room_count 可知 room_count 的值为 10，符合预期。于是，排除 count 变量计算出错。分析流程可知，错误可能位于 school_init()函数中，单步进入该函数后，发现 strcpy()操作覆盖了 room_count 变量。这是一个内存越界导致的内存非法篡改错误。问题定位结束。

5.1.3　数据断点

上一节使用条件断点定位了内存越界问题。内存越界问题是应用开发中常见而又棘手的错误。上一个例子中我们可以明确得知，第 10 次初始化的 school 变量存在错误，这样我们才有机会单步跟踪调试。如果 school_init()是一个极其复杂的函数，包含数十个函数调用，每个调用都盘根错节，甚至存在线程操作，那么单步逐行跟踪显然不是好的解决方案。

GDB 提供的 waptchpoint 指令可以实现对一个内存位置的"监控"，当发生对这个内存的读写时，程序会暂停下来。watchpoint 指令是一个定位内存越界的工具。watchpoint 指令的用法如表 5.2 所示。当 watchpoint 的参数是地址时，该地址应该强制转换为某一类型的指针，因为 watchpoint 需要知道调试的内存区域范围。

表 5.2　watchpoint 指令的用法

指令	说明
watchpoint 变量名	启动被调试程序
watchpoint *(类型 *)内存地址	继续运行，直到遇到下一个断点

下面演示如何使用 watchpoint 指令调试内存越界问题。

```
1    $ gdb --silent example
2    Reading symbols from example...done.
3    (gdb) b 31
4    Breakpoint 1 at 0x8e7: file example.c, line 31.
5    (gdb) r
6    Starting program:
     /root/workspace/Linux_Program_And_Optimization/debug_code/example
```

```
 7
 8    Breakpoint 1, main (argc=1, argv=0x7fffffffdde8) at example.c:31
 9    31            for (i = 0; i < 10; i ++)
10    (gdb) watch schools[9].rooms_count
11    Hardware watchpoint 3: schools[9].rooms_count
12    (gdb) c
13    Continuing.
14    [SCHOOL1] has 5 rooms
15    [SCHOOL2] has 5 rooms
16    [SCHOOL3] has 5 rooms
17    [SCHOOL4] has 5 rooms
18    [SCHOOL5] has 5 rooms
19    [SCHOOL6] has 5 rooms
20    [SCHOOL7] has 10 rooms
21    [SCHOOL8] has 10 rooms
22    [SCHOOL9] has 10 rooms
23
24    Hardware watchpoint 3: schools[9].rooms_count
25
26    Old value = 0
27    New value = 10
28    school_init (school=0x55555575607c, name=0x7fffffffdcd2 "SCHOOL10", count=10)
                   at example.c:19
29    19            strcpy(school->name, name);
30    (gdb) c
31    Continuing.
32
33    Hardware watchpoint 3: schools[9].rooms_count
34
35    Old value = 10
36    New value = 0
37    __strcpy_sse2_unaligned ()
      at ../sysdeps/x86_64/multiarch/strcpy-sse2-unaligned.S:651
38    651     ../sysdeps/x86_64/multiarch/strcpy-sse2-unaligned.S: No such file or
      directory.
39    (gdb) bt
40    #0  __strcpy_sse2_unaligned ()
      at ../sysdeps/x86_64/multiarch/strcpy-sse2-unaligned.S:651
41    #1  0x00005555555548b8 in school_init (school=0x55555575607c,
      name=0x7fffffffdcd2 "SCHOOL10", count=10)
42      at example.c:19
43    #2  0x0000555555554980 in main (argc=1, argv=0x7fffffffdde8) at example.c:42
44    (gdb)
```

  school 变量是动态分配出来的，所以先停在第 31 行代码才能对 school 变量进行操作。然后使用 watch point 3: schools[9].rooms_count 指令监控内存。继续运行后，程序很快停下，这个现象符合预期，并报告 __strcpy_sse2_unaligned 操作修改了内存。使用 bt 指令输出当前线程的调用栈，可以发现示例程序中第 19 行中 strcpy() 的越界操作导致数据异常。问题定位结束。

前面几节已经展示了调试过程中输出变量值的操作，实际上 GDB 也提供了更丰富的数据查看指令。表 5.3 列出了常用的数据查看指令。

表 5.3　数据查看指令

指令	简写形式	说明
print 变量	p	输出变量的值
print /a 变量	p	输出变量的值
examine 地址	—	输出指定内存的值
info reg	i r	输出寄存器
info reg 寄存器名	i r	输出指定寄存器的值
info dis	—	查看 display 列表
display 变量	—	实时显示变量的值
undisplay 1	und 1	取消实时显示变量

5.1.4　多线程调试

当给一个函数设置断点时，所有的线程在执行这个函数时都会停下。有时我们仅仅希望指定线程会停下，其他线程继续运行，或者在各个线程栈对线程直接进行切换，从而能够查看各个线程的执行状态。

GDB 会为每个线程分配编号，后面的操作会用到这个编号。常用的 Linux 线程模型为内核态一对一的线程模型，每一个线程在系统中都有一个 LWP 线程号。该 LWP 线程号和 GDB 为其分配的编号没有隶属关系。GDB 的线程控制指令始终使用线程编号。info thread 指令可以输出全部线程，并输出 LWP 线程号和编号的对应关系。前面带*字符的是当前正在调试的线程。线程控制类的指令如表 5.4 所示。

表 5.4　线程控制指令

指令	说明
info thread	查看当前的线程
thread thno	切换线程
break point thno	设置对指定线程有效的断点
thread apply thno continue	指定线程继续运行
set scheduler-locking mode	设置单步模式

单步模式是指，如果 mode 是 off，则表示没有锁定，任何线程在任何时候都有可能在运行。当 mode 为 on 的时候，锁定其他的线程，单步调试时只有当前线程在执行。本节中，使用以下示例代码进行演示。

```c
1    #include <stdio.h>
2    #include <pthread.h>
3    #include <errno.h>
4    #include <string.h>
5    #include <stdlib.h>
6    #include <sys/types.h>
7    #include <unistd.h>
8
9
10   int math_pow(int num_1, int num_2)
11   {
12       int i, rev;
13       rev = 1;
14       for (i = 0; i < num_1; i ++)
15       {
16           rev *= num_2;
17       }
18       return rev;
19   }
20
21   int sub_thread()
22   {
23       int num_1, num_2;
24       printf("sub_thread pid=%d\n", (int)getpid());
25       sleep(1);
26       while(1) {
27           num_1 = rand() % 10;
28           num_2 = rand() % 10;
29           printf("sub_thread %d pow %d=%d\n", num_1, num_2, math_pow(num_1,
                      num_2));
30           sleep(2);
31       }
32   }
33
34   int main_thread()
35   {
36       int num_1, num_2;
37       printf("main thread pid=%d\n", (int)getpid());
38       while(1) {
39           num_1 = rand() % 10;
40           num_2 = rand() % 10;
```

```
41              printf("main thread %d x %d=%d\n", num_1, num_2, math_pow(num_1, num_2));
42              sleep(2);
43          }
44      return 0;
45  }
46
47  void *pthread_entry(void *param)
48  {
49      sub_thread();
50      return NULL;
51  }
52
53  int main(int argc, char *argv[])
54  {
55      int rev;
56      pthread_t thread;
57
58      rev = pthread_create(&thread, NULL, pthread_entry, NULL);
59      if (rev != 0)
60      {
61          printf("faile to create pthread errno:%d\n", errno);
62          return -1;
63      }
64      main_thread();
65      return 0;
```

多线程调试的另外一个常见需求是，我们要能够设置对指定线程有效的断点，没有指定的线程能够继续执行。GDB 提供了 b func thread threadno 指令，用于在 threadno 上设置断点。下面演示如何对上述程序进行多线程调试。根据前文的介绍，GDB 为每一个线程分配了一个线程号，只有线程创建后才能获取该线程号。为第 64 行代码设置断点，启动线程，查看新线程的编号。然后通过 b math_pow thread 2 指令设置断点，继续运行。GDB 只会在子线程执行 math_pow()时停下。

```
1   $gdb --silent multi_thread
2   Reading symbols from multi_thread...done.
3   (gdb) b 64
4   Breakpoint 1 at 0xa8c: file multi_thread.c, line 64.
5   (gdb) r
6   Starting program:
    /root/workspace/Linux_Program_And_Optimization/debug_thread/multi_thread
7   [Thread debugging using libthread_db enabled]
8   Using host libthread_db library "/lib/x86_64-linux-gnu/libthread_db.so.1".
9   [New Thread 0x7ffff781c700 (LWP 8264)]
10  sub_thread pid=8260
11
```

```
12   Thread 1 "multi_thread" hit Breakpoint 1, main (argc=1, argv=0x7fffffffddd8)
     at multi_thread.c:64
13   64              main_thread();
14   (gdb) info th
15     Id    Target Id           Frame
16   * 1     Thread 0x7ffff7fd3700 (LWP 8260) "multi_thread" main (argc=1,
                                                 argv=0x7fffffffddd8)
17       at multi_thread.c:64
18     2     Thread 0x7ffff781c700 (LWP 8264) "multi_thread" 0x00007ffff78d528d in
     nanosleep ()
19       at ../sysdeps/unix/syscall-template.S:84
20   (gdb) b math_pow thread 2
21   Breakpoint 2 at 0x55555555486a: file multi_thread.c, line 13.
22   (gdb) c
23   Continuing.
24   [Switching to Thread 0x7ffff781c700 (LWP 8264)]
25
26   Thread 2 "multi_thread" hit Breakpoint 2, math_pow (num_1=3, num_2=6) at
     multi_thread.c:13
27   13              rev = 1;
28   (gdb)
```

5.1.5 捕获当前位置

1. 获取当前执行位置

GDB 的一个重要功能就是跟踪程序的调用情况，bt 指令可以获取程序的调用栈。如果编译程序是通过-g 参数编译生成的，那么 GDB 可以自动从调试段中获取行地址信息。如果不存在调试段，即没有-g 参数，那么 GDB 仍然可以根据符号表推导出调用函数名，但是没有行信息。当输出栈过长时，我们可以在 bt 指令后面加上数字，控制输出栈的数据量。bt 3 表示输出栈顶 3 个调用的情况。

2. 栈切换

bt 指令默认输出当前线程的调用栈。使用 thread apply thno bt 输出 thno 的调用栈。当然，每次都使用 thread 指令就比较麻烦。thread thno 指令可用于切换当前的线程。info thread 指令可用于查看当前全部线程。frame num 指令可用于切换栈帧，读者可以借助该指令在当前栈中切换栈帧，只有切换栈帧后才能观察该级栈帧的局部变量。

3. 栈回溯

根据当前的寄存器反推当前线程的调用层次称作栈回溯。先回顾一下基本的函数调用流程。CPU 在执行调用指令时，会将当前指令地址的下一条指令压入栈中，并转而执行被调用的函数。被调用函数执行返回指令时，CPU 从栈中取出执行指令地址，并转移执行新的地址，从而实现函数调用返回机制。这种调用满足了函数调用和返回需求，但是并不能从被调用的函数中推导出上一级调用的函数。为此，现代编译器提供了栈帧概念。栈帧即指一个完整的函数执行过程中用到的栈区域。调用函数时，函数调用指令把指令地址压入栈中，这个过程同时会伴有参数的压栈，不同的调用约定有不同的压栈顺序。被调用函数首先把栈帧寄存器压入栈中，然后恢复栈寄存器到栈帧寄存器中。显然，函数总可以根据栈帧寄存器恢复指令地址。函数返回时，先恢复栈帧，再执行 ret 指令。递归进行这种操作，根据当前栈帧地址获取上一级调用的栈帧地址，从而获取到完整的调用情况。既然程序返回不依赖于固定地址的回退，那么 alloca 分配的内存就不需要释放。对 alloca 分配的内存执行释放操作，会引起程序异常。图 5.1 展示了 P 函数调用 C 函数时栈帧空间布局和寄存器的变化。

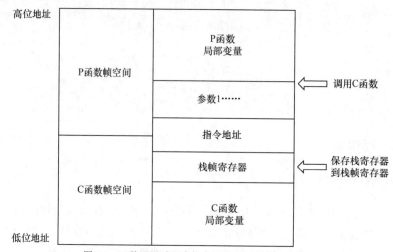

图 5.1　函数调用过程中栈空间布局和寄存器的变化

　　下面给出了一段栈回溯代码。get_frame_pointer()用于获取当前栈帧地址，print_pc()函数反复推导上一级的栈帧地址，并输出指令地址。本例没有给出内存地址到符号的推导代码，而利用 addr2line 指令从地址推导符号。由于例中程序编译后生成动态可执行程序，因此实际执行地址会随机化，这会使符号地址推导变得困难。因此这里把 PC 寄存器转化为相对于_start 的偏移量。addr2line 的-p 参数也表示相对于.text 的偏移量。

```
    ...
17  typedef unsigned long ulong;
18
19  ulong get_frame_pointer(void)
20  {
21      ulong a;
22      __asm__ __volatile__(
23        "str x29, %0"
```

```
24          :"=m" (a)
25          :
26      );
27      return a;
28  }
29
30  void print_pc(void *main_begin_addr, void *main_end_addr)
31  {
32      ulong frame = get_frame_pointer();
33      ulong *addr = (ulong *)frame;
34      int i;
35      char addr_line[1024*2];
36      int addr_p = 0;
37      extern void _start(void);
38
39      addr_line[0] = '\0';
40      //printf("main addr:%p\n", main_begin_addr);
41      i = 1;
42      while(1)
43      {
44          ulong next_frame = *addr;
45          ulong pc = *(addr + 1);
46          addr = (ulong *)next_frame;
47          //printf("pc%d:%p addr:%p\n", i, pc, addr);
48          addr_p += sprintf(addr_line + addr_p," %p", (ulong)pc-(ulong)_start);
49          i++;
50          if (pc >= (ulong)main_begin_addr && pc <= (ulong)main_end_addr)
51          {
52              break;
53          }
54      }
55      printf("addr: %s\n", addr_line);
56  }
57
58  int sys_backtrace(void)
59  {
60      void *buffer[10];
61      int rev = backtrace(buffer, 10);
62      int i;
63      if (rev <= 0)
64      {
65          return -1;
66      }
67
68      char **stacks = backtrace_symbols(buffer, rev);
69      if (stacks == NULL) {
```

```
70              perror("backtrace_symbols");
71              return 0;
72          }
73          printf("backtrace_symbols:%p", stacks);
74          for (i = 0; i < rev; i ++)
75          {
76              printf("%d  %s\n", i, stacks[i]);
77          }
78          return 0;
79      }
80
81      static void _main_end(void);
82      int main(int argc, char *argv[]);
83
84      void parse_config(void)
85      {
86          print_pc(main, _main_end);
87      }
88
89      void signal_interrupt(int signo)
90      {
91          print_pc(main, _main_end);
92      }
93
94      int main(int argc, char *argv[])
95      {
96          signal(SIGSEGV, signal_interrupt);
97
98          parse_config();
99          if (argc > 1)
100         {
101             int *a = 0;
102             *a = 0;
103         }
104         return 0;
105     }
106
107     static void _main_end(void)
108     {
109
```

得到程序调用地址后，使用 addr2line 指令完成调用地址的符号化。下面的代码中的第 5～6 行表示测试程序的调用栈。

```
1   $ ./test
2   main addr:0x55aa4168acfd
3   addr:  0x309 0x352
4   $ addr2line -p -s -f -j .text -e test $*
```

```
5    parse_config at test3.c:87
6    main at test3.c:99
```

5.1.6 GDB 的原理

1. ptrace

内核提供的 ptrace 机制用于使一个程序控制另外一个程序。进程之间通过 ptrace 的系统调用，实现双方通信。调试程序发送指令给被调试程序，被调试程序发送指令表示同意执行。协议达成后，调试程序可以向被调试程序发送指令，进行读取寄存器、读取内存、修改内存等操作。

2. 可执行程序的行地址信息

GDB 可配置成实时输出上下文代码，提供 list 指令，输出上下文代码。这说明，可执行程序需要记录代码的行地址信息和执行地址的关系。表 5.5 展示了 list 指令的用法。基于文本的用户界面（Text-based User Interface，TUI）在终端中划分为多窗口，同时提供源代码窗口、寄存器窗口。使用 layout 指令控制窗口的划分方式。使用 layout src 指令可同屏展示命令行窗口和源代码窗口。使用 layout asm 指令可展示命令行窗口和汇编窗口。使用 layout split 指令则可以切换到混合模式，实时对比汇编代码和源代码的执行情况。使用 Ctrl+X+O 快捷键可以切换窗口，使用方向键可以滚动窗口内容，TUI 的快捷键使用 emacs 按键风格。

表 5.5 list 指令的用法

指令	说明
list -	输出当前断点处的程序
list 8,20	输出第 8~20 行程序
list read	输出 read()函数的程序
set listsize 30	设置输出的行数为 30

可执行程序的行地址信息保存在可执行程序的.debug 段中。GCC 的-g 参数表明 GCC 需要生成这些信息，并保存在以.debug 开头的段中。这些段的格式以 dwarf 的形式保存。使用 readelf 指令查看可执行程序的行地址信息。

```
readelf -W test
```

5.1.7 coredump 文件的使用

1. core 文件生成

程序异常时会产生 coredump 文件。能够产生 coredump 文件的信号包括 SIGQUIT、SIGILL、

SIGTRAP、SIGABRT、SIGFPE、SIGSEGV、SIGBUS、SIGSYS、SIGXCPU、SIGXFSZ。内核不仅可以直接输出 core 文件，还可以启动进程，通过管道输出 coredump 数据。/proc/sys/kernel/core_pattern 文件记录了 coredump 文件的输出方式。如果第一个字符为|，则表示通过管道输出。部分桌面系统设置输出为 sysctl 指令，Linux 内核中该项配置为|/usr/lib/systemd/systemd-coredump。通过 sysctl -w 'kernel.core_pattern=core'指令设置 coredump 文件的输出文件名为 core。coredumpctl 是一个管理并获取 systemd-coredump 数据的工具。表 5.6 给出该工具的常用指令。

表 5.6　coredumpctl 的常用指令

指令	说明
ulimit -c unlimited	启用当前进程可输出 coredump 文件
ulimit -c limited	禁用当前进程可输出 coredump 文件
coredumpctl list exename	查看 exename 进程的 coredump 记录
coredumpctl dump -o 2320	导出 coredump 数据

下面给出了 coredump 文件的测试代码。该测试代码的第 27 行用于生成随机数并保存到全局变量 rand_number 中，调用 show_rand_number()函数输出该值。该程序调用 suspend()时产生异常。通过 ulimit 或 sysctlcoredump 指令启用 coredump 机制，重新运行测试用例并复现崩溃现象后，会输出 17MB 的 core 文件。

```
1    #include <stdio.h>
2    #include <stdlib.h>
3    #include <unistd.h>
4    #include "proc_maps.h"
5
6    #define MAX_LINE 4096
7    int rand_number;
8
9    void suspend(void)
10   {
11       int *wild_p;*wild_p = NULL;
12   }
13
14   void show_rand_number(void)
15   {
16       char *buf = alloca(MAX_LINE);
17       sprintf(buf, "rand_number is %d", rand_number);
18       puts(buf);
19       suspend();
20   }
21
```

```
22    char g_array[16 * 1024 * 1024] = "This area record static global data.";
23    int main(int argc, char *argv[])
24    {
25
26        do {
27            rand_number = rand() % 100;
28            show_rand_number();
29            sleep(1);
30        } while(1);
31
32        return 0;
33    }
```

2. core 文件大小优化

复杂的应用程序可能会生成一个庞大的 core 文件。对于上文中的测试示例，其生成的 core 文件有 17MB，主要是因为全局变量会输出到文件的 PT_LOAD 段中。这时控制 core 文件的大小就成为必要的任务。开发人员可以通过配置当前进程以决定哪些内存区域需要产生 coredump 文件。/proc/$$/coredump_filter 文件记录了当前进程的内存页配置表。该记录的低 9 位有效，相关的标志位如表 5.7 所示。我们可以修改内存页的配置表决定哪些页面应该转储至 core 文件。但是这个需求往往难以满足，因为即使是记录堆区数据的私有内存页，也足够大。另一种方案是，使全部的内存页都无效，这样内核在转储时只会输出当前寄存器、信号、退出等进程属性信息。根据当前寄存器，推导出栈顶调用地址，部分情况下，这些信息足够满足需求。GDB 的内置指令 core-file 用于加载 core 文件。

表 5.7　coredump_filter 文件的标志位

标志位	说明
bit[0]	输出私有匿名内存页
bit[1]	输出共享匿名内存页
bit[2]	输出映射了文件的私有内存页
bit[3]	输出映射了文件的共享内存页
bit[4]	输出可执行和链接格式（ELF）头信息
bit[5]	输出私有大内存页
bit[6]	输出共享大内存页

core 文件加载后，我们可以在当前环境查看信号值、栈的调用情况等信息，我们也可以使用 GDB 参数加载 core 文件，格式为 "gdb -c core_file"。

```
1    $ ./coredump_ex
2    rand_number is 83
3    [2]    8513 segmentation fault (core dumped)  ./coredump_ex
```

```
 4    $ ls -lh core
 5    -rw------- 1 root root 28K Sep 25 10:07 core
 6    $ gdb --silent coredump_ex -c core
 7    Reading symbols from coredump_ex...done.
 8    [New LWP 8513]
 9    Core was generated by './coredump_ex'.
10    Program terminated with signal SIGSEGV, Segmentation fault.
11    #0  0x000055e384d617d8 in suspend () at coredump_ex.c:10
12    10          int *wild_p;*wild_p = NULL;
13    (gdb) bt
14    #0  0x000055e384d617d8 in suspend () at coredump_ex.c:10
15    Backtrace stopped: Cannot access memory at address 0x7ffe03d499f8
16    (gdb) q
17
```

关闭所有页面的转储标志后，core 文件的大小骤减至 28KB。在栈顶调用 suspend() 函数，GDB 输出 Backtrace stopped: Cannot access memory at address 0x7ffe03d499f8，这表示无法从栈中回溯出所有的调用关系。考虑普适性，仍然有必要实现对转储区域的精确控制。

进程地址空间在进程执行期间划分成多个区域。内核以/proc/self/maps 提供这些区域的信息。我们可以在进程中读取这些区域的分配地址，并取消内存页的转储标志，从而实现对内存页的精确控制。在实际调试环境中，我们只需要栈内存以方便 GDB 进行栈回溯，而忽略冗余的全局堆空间。下方给出了页面转储标志的详细代码。

```
 1    #include <stdio.h>
...
46    typedef struct _proc_maps_item {
47        void *start_addr;
48        void *end_addr;
49        int   type;
50    } proc_maps_item;
51
...
80    static void trim_items(proc_maps_item *items, int count, int keeped_types)
81    {
82        int i, rev;
83        proc_maps_item *item = items;
84        unsigned long len;
85        for (i = 0; i < count; i ++) {
86            if (item->type & keeped_types)
87                continue;
88            rev = madvise(item->start_addr, item->end_addr - item->start_addr,
                         MADV_DONTDUMP);
89            if (rev == -1) {
90                printf("madvise err start=%p, end=%p, errno=%d",0, 0, errno);
91            }
```

```
92              item ++;
93          }
94      }
95
96      static int parse_proc_maps(proc_maps_item **items, int *count) {
97          char line[4096];
98          FILE* maps = fopen("/proc/self/maps", "r");
99          if (maps == NULL) {
100             printf("parse_proc_maps open err\n");
101             return -1;
102         }
103         *items = NULL;
104         *count = 0;
105         while (fgets(line, sizeof(line), maps)) {
106             proc_maps_item *item;
107             char *temp_str, *temp_str_b;
108             void *start_addr, *end_addr;
109             int type, w_perms;
110
111             temp_str = strchr(line, '-');
112             temp_str[0] = 0;
113             start_addr = (void *)atoi_hex(line);
114
115             temp_str = strchr(temp_str_b = ++temp_str, ' ');
116             temp_str[0] = 0;
117             end_addr = (void *)atoi_hex(temp_str_b);
118
119             temp_str_b = ++temp_str;
120             w_perms = (temp_str_b[1] == 'w');
121
122             if (strstr(temp_str_b, "[stack]"))
123                 type = PROC_MAPS_ITEM_TYPE_STACK;
124             else if (strstr(temp_str_b, "[heap]"))
125                 type = PROC_MAPS_ITEM_TYPE_HEAP;
126             else if (w_perms)
127                 type = PROC_MAPS_ITEM_TYPE_STATIC;
128             else
129                 type = PROC_MAPS_ITEM_TYPE_OTHER;
130
131             *items = realloc(*items, ++*count * sizeof(proc_maps_item));
132             item = &(*items)[*count - 1];
133             item->start_addr = start_addr;
134             item->end_addr = end_addr;
135             item->type = type;
136         }
137
```

```
138          fclose(maps);
139          return 0;
140      }
         ...
143    void coredump_trim_space(int keeped_types)
144    {
145          int rev;
146          proc_maps_item *items; int count;
147          rev = parse_proc_maps(&items, &count);
148          if (rev == -1)
149              return;
150          trim_items(items, count, keeped_types);
151          free(items);
152    }
```

其中扫描了/proc/self/maps 的所有行，并将其保存到 proc_maps_item 数组中，不同的段空间使用不同的类型标记。这些类型包括静态堆区（PROC_MAPS_ITEM_TYPE_STATIC）、堆区（PROC_MAPS_ITEM_TYPE_HEAP）、栈区（PROC_MAPS_ITEM_TYPE_STACK）和其他空间（PROC_MAPS_ITEM_TYPE_OTHER）。coredump_trim_space()函数完成对页面权限的控制。这里只需启用栈区空间的转储，所以在主函数中调用 trim_space(PROC_MAPS_ITEM_TYPE_STACK)完成对页面权限的设置。

经过上面的测试可知，限制区域前 core 文件大小为 17MB，限制区域后，core 文件大小为 28KB。GDB 依然可以使用 bt 指令进行栈回溯。由于我们已经设置全局变量，全局变量不再转储到 core 文件，因此无法查看全局变量的值。下面的代码演示了对栈页面标志位的设置。

```
1    $ ./coredump_ex
2    rand_number is 83
3    [2]    11575 segmentation fault (core dumped)  ./coredump_ex
4    $ ls -lh core
5    -rw------- 1 root root 160K Sep 25 13:00 core
6    $ gdb --silent coredump_ex -c core
7    Reading symbols from coredump_ex...done.
8    [New LWP 11575]
9    Core was generated by './coredump_ex'.
10   Program terminated with signal SIGSEGV, Segmentation fault.
11   #0  0x000055e94ea6aaf8 in suspend () at coredump_ex.c:11
12   11          int *wild_p;*wild_p = NULL;
13   (gdb) bt
14   #0  0x000055e94ea6aaf8 in suspend () at coredump_ex.c:11
15   #1  0x000055e94ea6ab6e in show_rand_number () at coredump_ex.c:19
16   #2  0x000055e94ea6abc4 in main (argc=1, argv=0x7ffda25bae88) at
     coredump_ex.c:29
17   (gdb) q
```

5.1.8　通过网络进行 GDB 远程调试

在嵌入式开发中，运行环境级系统往往是资源受限的设备，而开发环境是计算机。本节介绍通过网络链接开发设备进行远程调试的方法。

传统单机工作模式下，GDB 启动并控制被调试程序，同时提供命令行窗口。在网络调试模式下，我们需要一个 GDB Server 软件，充当服务器端，而 GDB 工作在 PC 中，充当客户端。从 GNU 官网下载 GDB Server 的源代码，并使用下面的指令编译 GDB Server。需要注意的是，GDB Server 工作在设备侧，所以编译器要设置与设备相符的计算机架构，这里指定目标平台为 ARM 设备。

把 GDB Server 的编译结果复制到设备中，现在软件环境就位。硬件环境要求开发设备和计算机能够进行网络通信。本例中，设备 IP 地址配置为 192.168.1.113，PC 的 IP 地址为 192.168.1.12，两者通过交换机保证它们在同一网段下。

```
$ ./configure --target=arm-linux --host=arm-linux
$ make
```

这里使用 5.1.2 节的例子。在设备侧，执行 gdbserver，启动服务器端程序，并监听本地 1234 端口，被调试程序为 example。

```
# ./gdbserver :1234 example
Process example created; pid = 311
Listening on port 1234
```

在客户端，启动 GDB，输入 "target remote 192.168.1.110:1234" 连接设备。双方调试通信建立后，GDB 自动进入命令行窗口，等待调试指令。接下来，输入以下指令，实现单步跟踪等控制。gdbserver 远程调试和本机调试有一处区别，gdbserver 调试不需要先执行 run 指令以启动被调试程序。

```
1    $ gdb -silent example
2    (gdb) target remote 192.168.1.110:1234
3    Remote debugging using 192.168.1.110:1234
4    Reading /lib64/ld-linux-x86-64.so.2 from remote target...
5    warning: File transfers from remote targets can be slow. Use "set sysroot" to
     access files locally instead.
6    Reading /lib64/ld-linux-x86-64.so.2 from remote target...
7    Reading symbols from target:/lib64/ld-linux-x86-64.so.2...Reading symbols from
     /usr/lib/debug/.build-id/60/6df9c355103e82140d513bc7a25a635591c153.debug...
     done.
8    done.
9    0x00007ffff7dd9c20 in _start () from target:/lib64/ld-linux-x86-64.so.2
10   (gdb) b main
```

```
11    Breakpoint 1 at 0x5555555548ce: file example.c, line 27.
12    (gdb) c
13    Continuing.
14    Reading /lib/x86_64-linux-gnu/libc.so.6 from remote target...
15
16    Breakpoint 1, main (argc=1, argv=0x7fffffffed98) at example.c:27
17    27          const char *school_prefix = "SCHOOL";
18    (gdb) n
19    29          school_info *schools = malloc(sizeof(school_info) * 10);
20    (gdb) p school_prefix
21    $1 = 0x555555554a82 "SCHOOL"
22    (gdb) q
```

5.2　trace 工具

5.2.1　ltrace

ltrace 主要用来跟踪进程调用函数的情况。

1. 基本功能

ltrace 的基本功能如下。

❑　跟踪函数库的调用。

❑　跟踪系统和信号调用。

ltrace 利用 ptrace()函数重写了过程链接表（Procedure Linkage Table，PLT），该表负责建立动态库函数调用与实际函数地址之间的映射。这意味着 ltrace 能够拦截所有的动态链接函数。

2. 语法

ltrace 的语法如下。

```
ltrace [option ...] [command [arg ...]]
```

ltrace 的常用参数如表 5.8 所示。

表 5.8　ltrace 的常用参数

参数	说明
-c	统计库函数每次调用的时间，在程序退出时输出摘要
-C	解码低级别名称（内核级）为用户级名称
-d	输出调试信息
-e expr	输出过滤器，通过表达式过滤掉不想要的输出 • -e printf 表示只查看 printf()函数调用 • -e !printf 表示查看除 printf()函数以外的所有函数调用

续表

参数	说明
-f	跟踪子进程
-o filename	将 ltrace 的输出写入文件 filename
-p pid	指定要跟踪的进程的 ID
-r	输出每一个调用的相对时间
-S	显示系统调用
-t	在输出中的每一行前加上时间信息，例如，16：45：28
-tt	在输出中的每一行前加上时间信息，精确到微秒，例如，11：18：59.759546
-T	显示每次调用所花费的时间
-u username	以 username 的 UID 和 GID 执行所跟踪的指令

3. 使用示例

ltrace 的基本用法如图 5.2 所示。

```
e00470@E00470-virtual-machine:~/Project/Tracer$ ltrace ./test_ltrace
puts("Hello world!"Hello world!
)
+++ exited (status 0) +++
```

图 5.2　ltrace 的基本用法

输出调用消耗的时间，如图 5.3 所示。

```
e00470@E00470-virtual-machine:~/Project/Tracer$ ltrace -T ./test_ltrace
puts("Hello world!"Hello world!
)                                                              = 13 <0.001808>
+++ exited (status 0) +++
```

图 5.3　输出调用消耗的时间

通过 PID 跟踪一个正在运行的进程调用，如图 5.4 所示。

```
root@E00470-virtual-machine:/home/e00470/Project/Tracer# ltrace -p 32131
puts("Hello world!")                                           = 13
sleep(10)                                                      = 0
+++ exited (status 0) +++
```

图 5.4　通过 PID 跟踪一个正在运行的进程调用

显示系统调用，如图 5.5 所示。

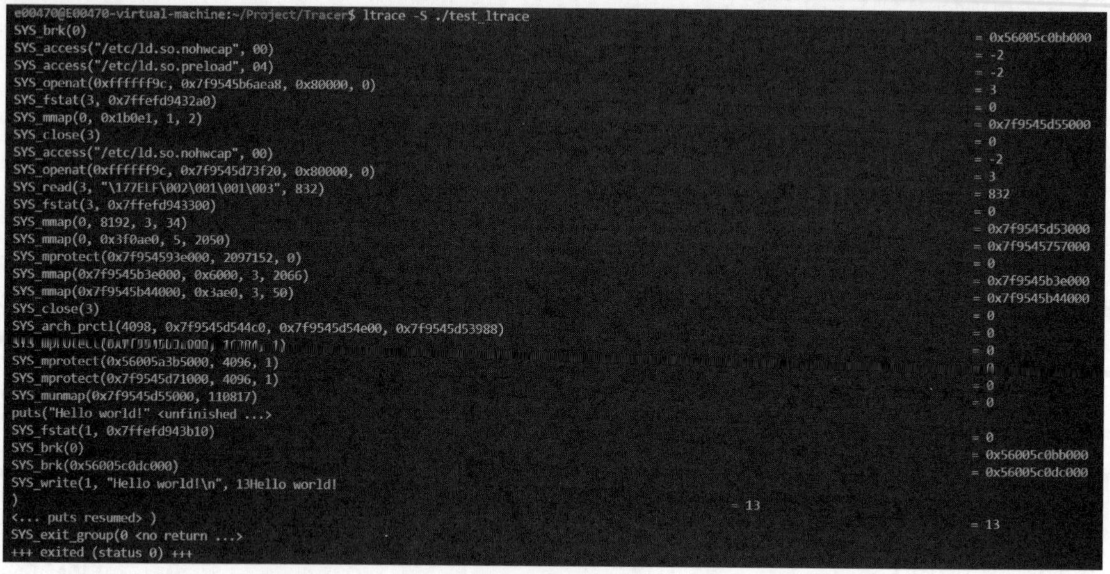

图 5.5 显示系统调用

提示：ltrace 只跟踪动态库，不能跟踪静态库，而且不能跟踪内核级的内容。

5.2.2 strace

strace 跟踪进程的系统调用和所接收的信号。

1. 基本功能

strace 的基本功能如下。

❑ 监控用户进程与内核进程的交互。

❑ 追踪进程的系统调用、信号传递、状态变化。

strace 的实现原理与 ltrace 大同小异，strace 底层主要通过 ptrace 实现。

2. 语法

strace 的语法如下。

```
strace [option ...] [command [arg ...]]
```

strace 的常用参数如表 5.9 所示。

表 5.9 strace 的常用参数

参数	说明
-c	统计每一系统调用执行的时间、执行的次数和出错的次数等
-d	输出 strace 关于标准错误的调试信息
-f	跟踪由 fork()调用所产生的子进程

续表

参数	说明
-F	尝试跟踪 vfork()调用。在使用-f 时，vfork()不被跟踪
-i	输出系统调用的入口指针
-r	在进入每个系统调用时输出相对时间
-t	在输出中的每一行前加上时间信息
-tt	在输出中的每一行前加上时间信息，精确到微秒
-T	显示每一个调用所耗的时间
-e expr	指定一个表达式来控制如何跟踪，格式如下。 [qualifier=][!]value1[,value2]... qualifier 只能是 trace、abbrev、verbose、raw、signal、read、write 中之一。value 是用来限定的符号或数字。默认的 qualifier 是 trace。感叹号是否定符号。例如，-e open 等价于 -e trace=open，表示只跟踪 open 调用，-e trace!=open 表示跟踪除 open 以外的其他调用。有两个特殊的符号 all 和 none。注意有些 Shell 使用 "!" 来执行历史记录里的指令，所以要使用\\。 -e trace=set 只跟踪指定的系统调用。 例如，-e trace=open,close,rean,write 表示只跟踪这 4 个系统调用。默认情况下，set=all。 -e trace=file 表示只跟踪有关文件操作的系统调用。 -e trace=process 表示只跟踪有关进程控制的系统调用。 -e trace=network 表示跟踪与网络有关的所有系统调用。 -e trace=signal 表示跟踪所有与系统信号有关的系统调用。 -e trace=ipc 表示跟踪所有与进程通信有关的系统调用
-o filename	将 strace 的输出写入文件 filename
-p pid	跟踪指定的进程的 ID

3. 使用示例

通过 PID 跟踪一个正在运行的进程调用，如图 5.6 所示。

图 5.6 通过 PID 跟踪一个正在运行的进程调用

跟踪进程的启动，看它启动时都访问了哪些文件，如图 5.7 所示。

图 5.7 跟踪进程的启动

输出与路径与文件描述符相关的更多信息，如图 5.8 所示。

```
root@E00470-virtual-machine:/home/e00470# strace -yy cat /dev/null
execve("/bin/cat", ["cat", "/dev/null"], 0x7ffe72dc83d0 /* 33 vars */) = 0
brk(NULL)                               = 0x556916f02000
access("/etc/ld.so.nohwcap", F_OK)      = -1 ENOENT (No such file or directory)
access("/etc/ld.so.preload", R_OK)      = -1 ENOENT (No such file or directory)
openat(AT_FDCWD, "/etc/ld.so.cache", O_RDONLY|O_CLOEXEC) = 3</etc/ld.so.cache>
fstat(3</etc/ld.so.cache>, {st_mode=S_IFREG|0644, st_size=110817, ...}) = 0
mmap(NULL, 110817, PROT_READ, MAP_PRIVATE, 3</etc/ld.so.cache>, 0) = 0x7fb55a37c000
close(3</etc/ld.so.cache>)              = 0
access("/etc/ld.so.nohwcap", F_OK)      = -1 ENOENT (No such file or directory)
openat(AT_FDCWD, "/lib/x86_64-linux-gnu/libc.so.6", O_RDONLY|O_CLOEXEC) = 3</lib/x86_64-linux-gnu/libc-2.27.so>
read(3</lib/x86_64-linux-gnu/libc-2.27.so>, "\177ELF\2\1\1\3\0\0\0\0\0\0\0\0\3\0>\0\1\0\0\0\20\35\2\0\0\0\0\0"..., 832) = 832
fstat(3</lib/x86_64-linux-gnu/libc-2.27.so>, {st_mode=S_IFREG|0755, st_size=2030928, ...}) = 0
mmap(NULL, 8192, PROT_READ|PROT_WRITE, MAP_PRIVATE|MAP_ANONYMOUS, -1, 0) = 0x7fb55a37a000
mmap(NULL, 4131552, PROT_READ|PROT_EXEC, MAP_PRIVATE|MAP_DENYWRITE, 3</lib/x86_64-linux-gnu/libc-2.27.so>, 0) = 0x7fb559d7e000
mprotect(0x7fb559f65000, 2097152, PROT_NONE) = 0
mmap(0x7fb55a165000, 24576, PROT_READ|PROT_WRITE, MAP_PRIVATE|MAP_FIXED|MAP_DENYWRITE, 3</lib/x86_64-linux-gnu/libc-2.27.so>, 0x1e7000) = 0x7fb55a165000
mmap(0x7fb55a16b000, 15072, PROT_READ|PROT_WRITE, MAP_PRIVATE|MAP_FIXED|MAP_ANONYMOUS, -1, 0) = 0x7fb55a16b000
close(3</lib/x86_64-linux-gnu/libc-2.27.so>) = 0
arch_prctl(ARCH_SET_FS, 0x7fb55a37b540) = 0
mprotect(0x7fb55a165000, 16384, PROT_READ) = 0
mprotect(0x556915a81000, 4096, PROT_READ) = 0
mprotect(0x7fb55a398000, 4096, PROT_READ) = 0
munmap(0x7fb55a37c000, 110817)          = 0
brk(NULL)                               = 0x556916f02000
brk(0x556916f23000)                     = 0x556916f23000
openat(AT_FDCWD, "/usr/lib/locale/locale-archive", O_RDONLY|O_CLOEXEC) = 3</usr/lib/locale/locale-archive>
fstat(3</usr/lib/locale/locale-archive>, {st_mode=S_IFREG|0644, st_size=4795856, ...}) = 0
mmap(NULL, 4795856, PROT_READ, MAP_PRIVATE, 3</usr/lib/locale/locale-archive>, 0) = 0x7fb5598eb000
close(3</usr/lib/locale/locale-archive>) = 0
fstat(1</dev/pts/1>, {st_mode=S_IFCHR|0620, st_rdev=makedev(136, 1), ...}) = 0
```

图 5.8　输出与路径与文件描述符相关的更多信息

计算每个系统调用执行的时间、执行的次数和出错的次数，如图 5.9 所示。

```
root@E00470-virtual-machine:/home/e00470# strace -c ls > /dev/null
% time     seconds  usecs/call     calls    errors syscall
------ ----------- ----------- --------- --------- ----------------
 21.43    0.000407          24        17           mmap
 16.01    0.000304          25        12           mprotect
 11.64    0.000221          25         9           openat
  9.11    0.000173          25         7           read
  9.00    0.000171          16        11           close
  8.58    0.000163          16        10           fstat
  6.27    0.000119          15         8         8 access
  3.84    0.000073          37         2           getdents
  3.21    0.000061          31         2         2 statfs
  2.26    0.000043          43         1           munmap
  2.05    0.000039          13         3         3 ioctl
  1.32    0.000025           8         3           brk
  1.16    0.000022          11         2           rt_sigaction
  0.95    0.000018          18         1           arch_prctl
  0.68    0.000013          13         1           write
  0.68    0.000013          13         1           prlimit64
  0.63    0.000012          12         1           rt_sigprocmask
  0.58    0.000011          11         1           set_tid_address
  0.58    0.000011          11         1           set_robust_list
  0.00    0.000000           0         1           execve
------ ----------- ----------- --------- --------- ----------------
100.00    0.001899                    94        13 total
```

图 5.9　计算每个系统调用执行的时间、执行的次数和出错的次数

5.2.3　ftrace

ftrace 用来动态跟踪 Linux 内核的函数调用。

1. 基本功能

最早 ftrace 是一个功能跟踪器，仅能够记录内核的函数调用流程。现在 ftrace 已经成为一

个框架，采用插件支持开发人员添加更多种类的跟踪功能。ftrace 本质上是一种静态代码插装技术。

Linux 内核中的静态跟踪程序可以跟踪以下静态事件。

❑ 调度。

❑ 中断。

❑ 文件系统。

❑ 虚拟用户和主机的连接。

动态核函数追踪程序的功能如下。

❑ 跟踪内核中的所有函数。

❑ 挑选并选择要跟踪的功能。

❑ 跟踪函数调用关系图。

❑ 跟踪栈使用情况。

延迟跟踪器的功能如下。

❑ 中断被禁用的时间。

❑ 抢占被禁用的时间。

❑ 中断/抢占被禁用的时间。

唤醒延迟跟踪程序可以跟踪进程被唤醒后运行需要的时间。

2. 使用示例

ftrace 通过 debugfs 向用户态提供访问接口，debugfs 在大部分发行版中挂载在/sys/kernel/debug 目录下，而 ftrace 就在这个目录下的 tracing 文件中，即/sys/kernel/debug/tracing（仅对 root 用户可用）。其中存放了供用户访问的 ftrace 服务接口文档，如图 5.10 所示。

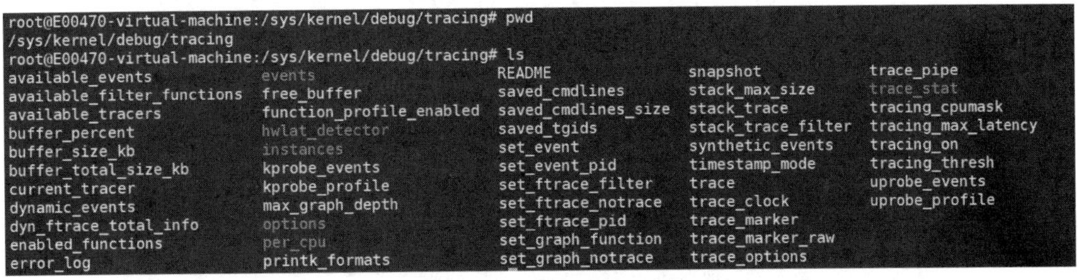

```
root@E00470-virtual-machine:/sys/kernel/debug/tracing# pwd
/sys/kernel/debug/tracing
root@E00470-virtual-machine:/sys/kernel/debug/tracing# ls
available_events              events                     README                 snapshot             trace_pipe
available_filter_functions    free_buffer                saved_cmdlines         stack_max_size       trace_stat
available_tracers             function_profile_enabled   saved_cmdlines_size    stack_trace          tracing_cpumask
buffer_percent                hwlat_detector             saved_tgids            stack_trace_filter   tracing_max_latency
buffer_size_kb                instances                  set_event              synthetic_events     tracing_on
buffer_total_size_kb          kprobe_events              set_event_pid          timestamp_mode       tracing_thresh
current_tracer                kprobe_profile             set_ftrace_filter      trace                uprobe_events
dynamic_events                max_graph_depth            set_ftrace_notrace     trace_clock          uprobe_profile
dyn_ftrace_total_info         options                    set_ftrace_pid         trace_marker
enabled_functions             per_cpu                    set_graph_function     trace_marker_raw
error_log                     printk_formats             set_graph_notrace      trace_options
```

图 5.10 ftrace 的服务接口文档

如果发行版没有自动挂载，用以下指令手动挂载。

```
mount-t debugfs none /sys/kernel/debug/
```

跟踪系统调用，以 ls 指令为例，显示 do_sys_open 调用栈，使用默认挂载，代码如下。

```
# 启用函数跟踪程序
$ sysctl kernel.ftrace_enabled=1
```

```
# 设置要显示调用栈的函数
$ echo do_sys_open > set_graph_function
# 配置跟踪选项，开启函数调用跟踪，并跟踪调用进程
$ echo function_graph > current_tracer
$ echo funcgraph-proc > trace_options
# 开启追踪
$ echo 1 > tracing_on
# 执行一条 ls 指令后，关闭跟踪
$ ls
# 关闭跟踪
$ echo 0 > tracing_on
# 查看跟踪日志
$ cat trace
```

跟踪日志如图 5.11 所示。

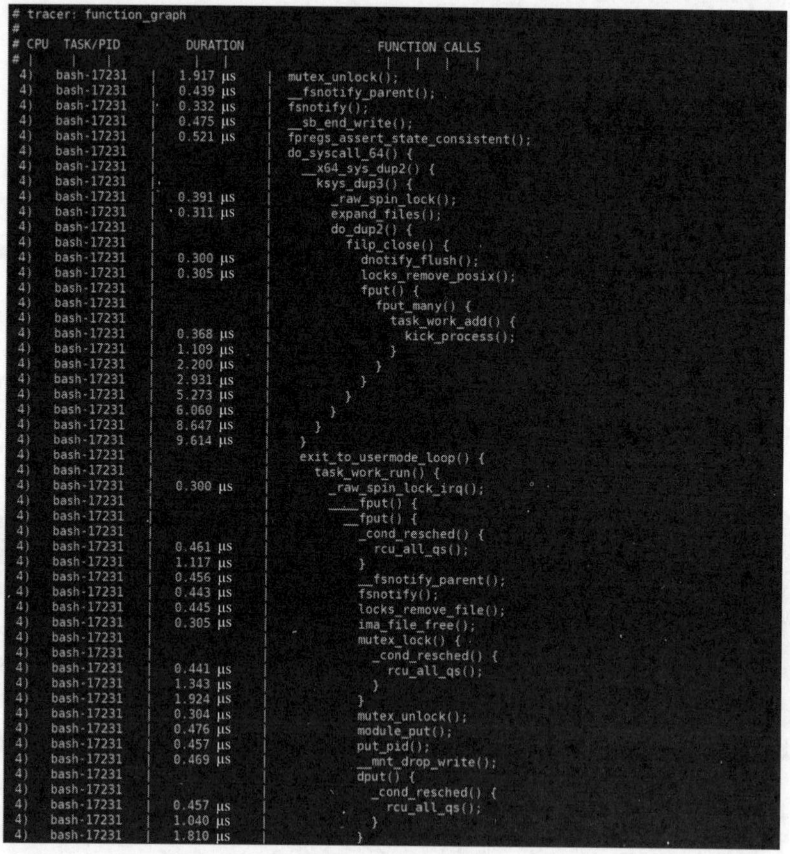

```
# tracer: function_graph
#
# CPU  TASK/PID         DURATION                  FUNCTION CALLS
# |     |    |           |   |                     |   |   |   |
 4)   bash-17231   |   1.917 µs    |  mutex_unlock();
 4)   bash-17231   |   0.439 µs    |  __fsnotify_parent();
 4)   bash-17231   |   0.332 µs    |  fsnotify();
 4)   bash-17231   |   0.475 µs    |  __sb_end_write();
 4)   bash-17231   |   0.521 µs    |  fpregs_assert_state_consistent();
 4)   bash-17231   |               |  do_syscall_64() {
 4)   bash-17231   |               |    __x64_sys_dup2() {
 4)   bash-17231   |               |      ksys_dup3() {
 4)   bash-17231   |   0.391 µs    |        _raw_spin_lock();
 4)   bash-17231   |   0.311 µs    |        expand_files();
 4)   bash-17231   |               |        do_dup2() {
 4)   bash-17231   |               |          filp_close() {
 4)   bash-17231   |   0.300 µs    |            dnotify_flush();
 4)   bash-17231   |   0.305 µs    |            locks_remove_posix();
 4)   bash-17231   |               |            fput() {
 4)   bash-17231   |               |              fput_many() {
 4)   bash-17231   |               |                task_work_add() {
 4)   bash-17231   |   0.368 µs    |                  kick_process();
 4)   bash-17231   |   1.109 µs    |                }
 4)   bash-17231   |   2.200 µs    |              }
 4)   bash-17231   |   2.931 µs    |            }
 4)   bash-17231   |   5.273 µs    |          }
 4)   bash-17231   |   6.060 µs    |        }
 4)   bash-17231   |   8.647 µs    |      }
 4)   bash-17231   |   9.614 µs    |    }
 4)   bash-17231   |               |    exit_to_usermode_loop() {
 4)   bash-17231   |               |      task_work_run() {
 4)   bash-17231   |   0.300 µs    |        _raw_spin_lock_irq();
 4)   bash-17231   |               |        ____fput() {
 4)   bash-17231   |               |          __fput() {
 4)   bash-17231   |               |            _cond_resched() {
 4)   bash-17231   |   0.461 µs    |              rcu_all_qs();
 4)   bash-17231   |   1.117 µs    |            }
 4)   bash-17231   |   0.456 µs    |            __fsnotify_parent();
 4)   bash-17231   |   0.443 µs    |            fsnotify();
 4)   bash-17231   |   0.445 µs    |            locks_remove_file();
 4)   bash-17231   |   0.305 µs    |            ima_file_free();
 4)   bash-17231   |               |            mutex_lock() {
 4)   bash-17231   |               |              _cond_resched() {
 4)   bash-17231   |   0.441 µs    |                rcu_all_qs();
 4)   bash-17231   |   1.343 µs    |              }
 4)   bash-17231   |   1.924 µs    |            }
 4)   bash-17231   |   0.304 µs    |            mutex_unlock();
 4)   bash-17231   |   0.476 µs    |            module_put();
 4)   bash-17231   |   0.457 µs    |            put_pid();
 4)   bash-17231   |   0.469 µs    |            __mnt_drop_write();
 4)   bash-17231   |               |            dput() {
 4)   bash-17231   |               |              _cond_resched() {
 4)   bash-17231   |   0.457 µs    |                rcu_all_qs();
 4)   bash-17231   |   1.040 µs    |              }
 4)   bash-17231   |   1.810 µs    |            }
```

图 5.11　跟踪日志

3. 相关工具

源代码参见 GitHub 网站（请搜索“rostedt/trace-cmd”）。

帮助文档参见 KernelShark。

1）trace-cmd

trace-cmd 是读取 ftrace 缓冲区的命令行工具（需 root 权限）。

安装指令（Ubuntu 系统中）如下。

```
sudo apt-get install trace-cmd
```

trace-cmd 的使用方法如图 5.12 所示。

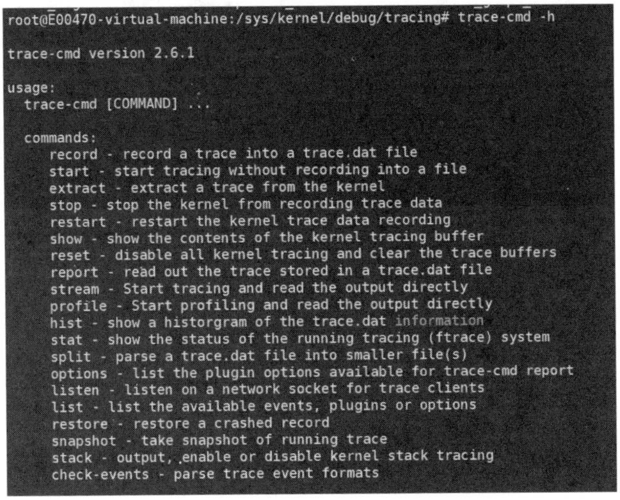

```
root@E00470-virtual-machine:/sys/kernel/debug/tracing# trace-cmd -h

trace-cmd version 2.6.1

usage:
  trace-cmd [COMMAND] ...

  commands:
     record - record a trace into a trace.dat file
     start - start tracing without recording into a file
     extract - extract a trace from the kernel
     stop - stop the kernel from recording trace data
     restart - restart the kernel trace data recording
     show - show the contents of the kernel tracing buffer
     reset - disable all kernel tracing and clear the trace buffers
     report - read out the trace stored in a trace.dat file
     stream - Start tracing and read the output directly
     profile - Start profiling and read the output directly
     hist - show a historgram of the trace.dat information
     stat - show the status of the running tracing (ftrace) system
     split - parse a trace.dat file into smaller file(s)
     options - list the plugin options available for trace-cmd report
     listen - listen on a network socket for trace clients
     list - list the available events, plugins or options
     restore - restore a crashed record
     snapshot - take snapshot of running trace
     stack - output, enable or disable kernel stack tracing
     check-events - parse trace event formats
```

图 5.12　trace-cmd 的使用方法

下面介绍跟踪 do_sys_open 的 trace-cmd 版本。trace-cmd 可以把上面这些步骤包装起来，通过同一个命令行工具完成所有过程，如图 5.13 和图 5.14 所示。

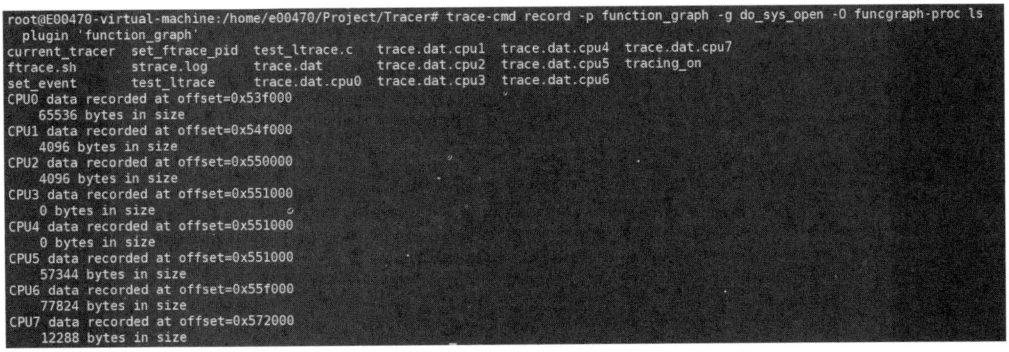

```
root@E00470-virtual-machine:/home/e00470/Project/Tracer# trace-cmd record -p function_graph -g do_sys_open -O funcgraph-proc ls
  plugin 'function_graph'
current_tracer  set_ftrace_pid  test_ltrace.c   trace.dat.cpu1  trace.dat.cpu4  trace.dat.cpu7
ftrace.sh       strace.log      trace.dat       trace.dat.cpu2  trace.dat.cpu5  tracing_on
set_event       test_ltrace     trace.dat.cpu0  trace.dat.cpu3  trace.dat.cpu6
CPU0 data recorded at offset=0x53f000
    65536 bytes in size
CPU1 data recorded at offset=0x54f000
    4096 bytes in size
CPU2 data recorded at offset=0x550000
    4096 bytes in size
CPU3 data recorded at offset=0x551000
    0 bytes in size
CPU4 data recorded at offset=0x551000
    0 bytes in size
CPU5 data recorded at offset=0x551000
    57344 bytes in size
CPU6 data recorded at offset=0x55f000
    77824 bytes in size
CPU7 data recorded at offset=0x572000
    12288 bytes in size
```

图 5.13　使用 record 选项跟踪事件

2）kernelshark

kernelshark 是一个可视化工具，既可以记录数据，又可以展示分析结果，如图 5.15 所示。

安装指令（Ubuntu 系统中）如下。

```
sudo apt-get install kernelshark
```

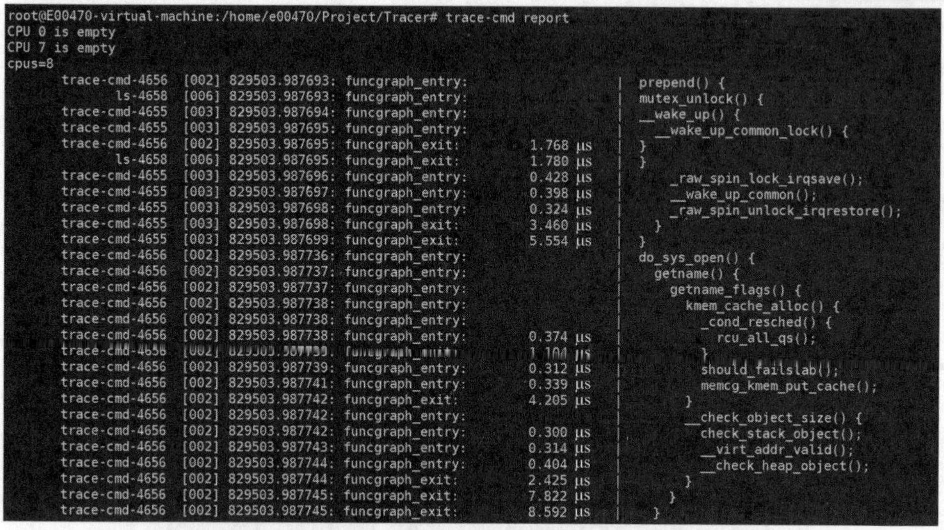

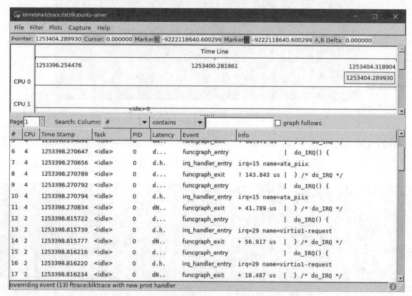

图 5.14　使用 report 选项查看跟踪数据

图 5.15　使用 kernelshark 展示分析结果

5.2.4　kprobe

kprobe 用于在内核中特定的位置动态添加探针，执行预定义的操作，并调试代码。

1. 基本功能

kprobe 提供了 3 种形式的探测点。

❑　基本的 kprobe：能够在指定代码执行前、执行后进行探测，但此时不能访问被探测函数内的相关变量信息。

❑ jprobe：用于探测某一函数的入口，并且能够访问对应函数中的参数。

❑ kretprobe：用于完成指定函数返回值的探测功能。

这 3 种探测点可以让用户在执行内核指令前后、内核进入函数和从函数退出时进行断点处理。jprobe 与 kretprobe 都是基于 kprobe 实现的。

2. 实现原理

用户使用 kprobe 时，需要定义 pre-handler 和 post-handler。当被探测的指令要执行时，先执行 pre-handler 程序。同样，当被探测指令执行之后，立即执行 post-handler。

kprobe 的工作流程如图 5.16 所示。

当用户注册一个探测点后，kprobe 首先备份被探测点的对应指令，然后将原始指令的入口点替换为断点指令。该指令是与 CPU 架构相关的，如 i386 和 x86_64 中使用 int3。当 CPU 执行到探测点的断点指令时，就触发了一个陷

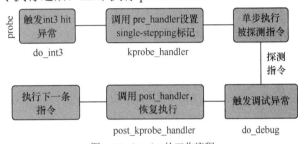

图 5.16 kprobe 的工作流程

阱，在陷阱处理流程中会保存当前 CPU 的寄存器信息并调用对应的陷阱处理函数。该处理函数会设置 kprobe 的调用状态并调用用户注册的 pre_handler 回调函数。kprobe 会向该函数传递注册的 kprobe 结构体的地址及保存的寄存器信息。

probe 单步执行前面所复制的被探测指令。具体执行方式在各个架构中不尽相同。ARM 架构会在异常处理流程中使用模拟函数执行，而 x86_64 架构则会设置单步调试 flag 并回到异常触发前的流程中执行。在单步执行完成后，kprobe 会执行用户注册的 post_handler 回调函数。

执行流程回到被探测指令之后的正常流程，继续执行。

3. 使用方法

kprobe 的使用方法如下。

❑ 通过模块加载。模块加载的方式是 kprobe 的一种原始用法：在 kprobe 结构体中定义插入点、钩子函数，然后通过 register_kprobe 注册即可。内核源代码的 sample/kprobes 目录下有许多关于 kprobe 的例子，我们可以仿照这些例子写自己的 kprobe 模块。

❑ 通过 debugfs 接口加载。模块加载终究不方便，ftrace 提供了一套注册、使能、注销 kprobe 的接口，用于方便地操作 kprobe。

4. 使用示例

为了结合使用 kprobe 和内核的 ftrace，需要对内核进行配置，然后添加探测点，进行探测，

查看结果。以在 do_sys_open 中添加 kprobe 为例。

首先，从内核符号信息中获取 do_sys_open()函数的地址

```
$ cat /proc/kallsyms | grep do_sys_open
```

返回值是 ffffffff94cd9280 T do_sys_open

然后，添加探测点 myprobe。

```
$ echo'p:myprobe 0xffffffff94cd9280 dfd=%ax filename=%dx flags=%cx mode=+4($stack)'>> /sys/kernel/debug/tracing/kprobe_events
```

接下来，添加探测点 kretprobe，返回值如下。

```
$ echo'p:myretprobe 0xffffffff94cd9280 $retval'> /sys/kernel/debug/tracing/kprobe_events
```

接下来，编写以下代码。

```
# 启用探测点
$ echo 1 > /sys/kernel/debug/tracing/events/kprobes/myprobe/enable
# 启用跟踪
$ echo 1 > /sys/kernel/debug/tracing/tracing_on
# 禁用 kprobe
$ echo 0 > /sys/kernel/debug/tracing/events/kprobes/myprobe/enable
# 禁用 tracing
$ echo 0 > tracing_on
# 删除添加的探测点
$ echo'-:myprobe'> /sys/kernel/debug/tracing/kprobe_events
$ echo'-:mykretprobe'> /sys/kernel/debug/tracing/kprobe_events
# 查看跟踪日志
$ cat /sys/kernel/debug/tracing/trace
```

trace 的日志信息如图 5.17 所示。

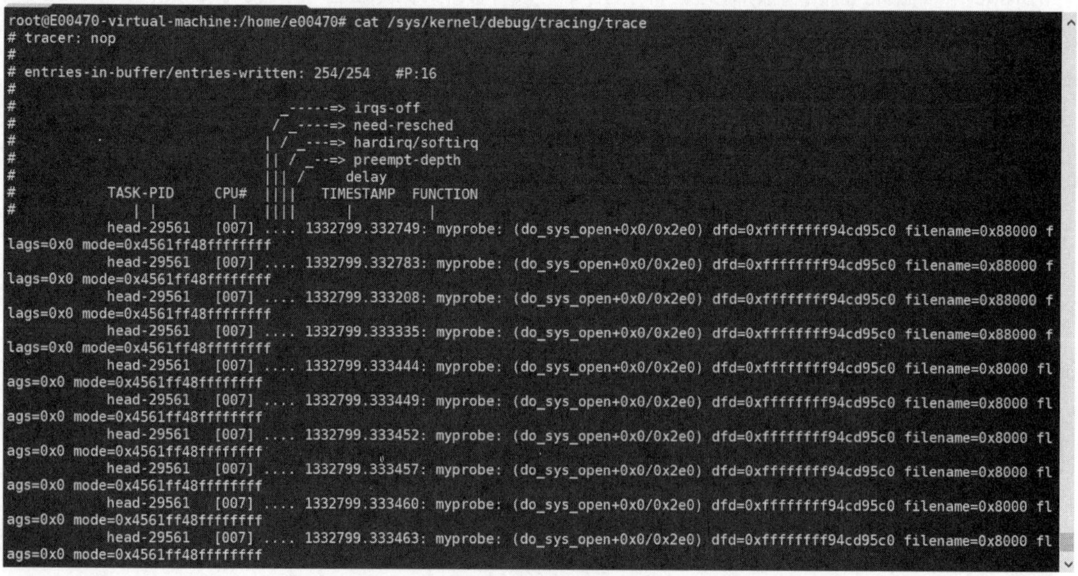

图 5.17　trace 的日志信息

5.3　eBPF

eBPF 起源于伯克利封包过滤器（Berkeley Packet Filter，BPF），它是一种网络过滤框架，为了向后兼容也称为 cBPF。BPF 和 eBPF 的主要区别如下。

BPF 仅限于网络性能监控，eBPF 扩展到内核追踪、性能监控和流量控制多个领域。eBPF 向下涵盖 kprobe、tracepoint、uprobe、profile 和 watchpoint 等调试接口，向上又在接口设计和易用性上做了较大改进。

目前使用的主流工具为 bcc 和 bpftrace。

eBPF 指令和寄存器更接近 64 位处理器，内核即时（Just-In-Time，JIT）编译的效率更高。在数据通信方面，eBPF 抛弃了 BPF 的 socket 通信机制，采用更加丰富高效的 map 机制。eBPF 属于驻留在内核的虚拟机，本质是代码注入技术，通过注入控制逻辑实现用户的监控和调试。其中，map 机制用来实现用户与内核的数据交换和管理。下面主要通过简单的 bpftrace 和 bcc 例子分析 eBPF 的 prog 注入流程与 map 机制。

5.3.1　prog 注入流程

eBPF 的核心流程是 prog 注入流程，主要包括如下 3 步。

（1）把 C 语言代码的控制逻辑通过 LLVM 和 Clang 编译成 eBPF 汇编程序。

（2）通过 BPF 系统调用加载 eBPF 的 prog 到内核，对 eBPF 程序进行验证，验证通过之后，在线编译成本机可执行指令。

（3）将 JIT 编译出的可执行程序关联到 kprobe、跟踪点的 hook 上。

下面是内核中的 prog 结构体。

```
struct bpf_prog {
    u16         pages;                  // 分配页面数
    u16         jited:1,                // prog 是否已经通过 JIT 编译
                jit_requested:1,        // 是否需要通过 JIT 编译
                undo_set_mem:1,
                gpl_compatible:1,
                cb_access:1,
                dst_needed:1,
                blinded:1,              // 常量致盲
                is_func:1,
                kprobe_override:1,      // 是否是重写的 kprobe
                has_callchain_buf:1;
    enum bpf_prog_type  type;          // prog 的类型
    enum bpf_attach_type    expected_attach_type;
    u32         len;                    // eBPF 指令个数
```

```
    u32        jited_len;              // eBPF 汇编指令代码总长度
    u8         tag[BPF_TAG_SIZE];
    struct bpf_prog_aux *aux;
    struct sock_fprog_kern *orig_prog;
    unsigned int         (*bpf_func)(const void *ctx,
                         const struct bpf_insn *insn);// 存放JIT编译后的可执行汇编程序
    // 不支持JIT编译,需要模拟, x64架构支持JIT编译,不需要模拟
    union {
        struct sock_filter  insns[0]; // 从用户态复制的eBPF原程序
        struct bpf_insn     insnsi[0];
    };
};
```

以 bpf_prog 结构体作为 eBPF 注入程序的载体,其中比较重要的成员是 bpf_func,它是 eBPF 程序经过 JIT 编译后的本机可执行程序,是用户控制逻辑在内核中的体现,jited_len 是其长度。insns 存放从用户复制过来的原 eBPF 汇编程序。

5.3.2　eBPF 寄存器

在介绍 eBPF prog 的加载流程之前,先介绍一下 eBPF 寄存器和 x64 的对应关系。eBPF 从 BPF 的两个 32 位寄存器扩展到 10 个 64 位寄存器 R0～R9 和一个只读栈帧寄存器,并支持 call 指令,更加贴近现代 64 位处理器的硬件架构。

R0 对应 rax,表示函数返回值。

R1 对应 rdi,表示函数的参数 1。

R2 对应 rsi,表示函数的参数 2。

R3 对应 rdx,表示函数的参数 3。

R4 对应 rcx,表示函数的参数 4。

R5 对应 R8,表示函数的参数 5。

R6 对应 rbx,需要被调用函数保存。

R7 对应 R13,需要被调用函数保存。

R8 对应 R14,需要被调用函数保存。

R9 对应 R15,需要被调用函数保存。

R10 对应 rbp,是只读栈帧寄存器。

可以看到 x64 架构中的 R9 寄存器没有对应的 eBPF 寄存器,所以 eBPF 函数最多支持 5 个参数。

5.3.3　eBPF prog 的加载流程

BPF 系统调用 bpf_prog_load 来加载 eBPF 程序,大概分成以下 5 步。

(1)调用 bpf_prog_alloc()为 prog 申请内存,大小为 bpf_prog 结构体的大小加上 eBPF 指令的总长度。

（2）将 eBPF 指令复制到 prog->insns。

（3）调用 bpf_check 对 eBPF 程序的合法性进行检查，这是保证 eBPF 安全性的关键所在，不符合 eBPF 规则的加载失败。

（4）调用 bpf_prog_select_runtime 进行在线 JIT 编译，将 eBPF 指令编译成 x64 指令。

（5）调用 bpf_prog_alloc_id 为 prog 生成 ID，作为 prog 的唯一标识的 ID 被很多工具（如 bpftool）用来查找 prog。

其中第（3）步的 bpf_check()函数会对 eBPF 程序进行各种检查，以确保安全性，主要包括如下操作。

❑ 调用 replace_map_fd_with_map_ptr 将 eBPF 汇编中的 fd 替换为对应的 map 结构体的地址。在 map 通信之后，LLVM 和 Clang 会使用 map 的 fd 来标识 map 结构体的地址，并把 fd 作为参数供 map 辅助输出函数使用，所以这里需要进行转换。这里需要构造 load 64-bit immediate nsn，这是两条指令，即原指令和一个空白指令，把 map 结构体的地址分成前后 32 位分别存入这两条指令的 imm 域。在将其编译成 eBPF 指令的时候，load map fd 指令的下一个指令是无效指令，仅供填充。

❑ check_subprogs()检查所有条件跳转指令是否都位于相应的 subprog 内（本 eBPF 函数内）。先遍历 prog 中所有的指令，根据函数首地址，生成 subprog（一个 eBPF 可能有多个函数），并把 subprog 以函数首地址为键升序插入 subprog_info 数组中。最后遍历所有指令，确保所有的条件跳转指令都位于本函数体的地址之内。第 1 个 subprog 是 BPF 的 main()函数。BPF 指令支持两种调用：一种是 BPF 函数对 BPF 函数的调用，指令 class 为 BPF_JMP，指令操作码为 BPF_CALL，并且 src 寄存器为 BPF_PSEUDO_CALL，指令 imm 为被调用函数到本指令的距离；另一种是对内核辅助函数的调用，指令 class 为 BPF_JMP，指令操作码为 BPF_CALL，并且 src_reg=0，指令 imm 在进行 JIT 编译之前为内核辅助函数 ID，在经过 JIT 编译之后为对应的函数到本指令的距离。

❑ check_cfg()采用深度优先算法确保函数分支不存在循环和执行不到的指令。

❑ do_check()函数检查寄存器和参数的合法性。在检查的过程中，以函数为维度记录 eBPF 的 10 个寄存器和每个栈数据的访问权限状态，对于没有读写过的寄存器，不允许访问。对 R10 寄存器执行写操作是非法的，R10 寄存器对应 x64 的 bp 寄存器，但 eBPF 是只读的。每条指令经过检查之后，更新寄存器和栈内存的权限状态。

❑ check_max_stack_depth()函数确保函数调用深度不超过 8（MAX_CALL_FRAMES）。该函数遍历 eBPF 的所有指令，在遇到操作码是 BPF_CALL 且 src_reg 是 BPF_PSEUDO_CALL 的指令（也就是 eBPF 函数对 eBPF 函数的调用）的时候进行函数模拟调用，并记录调用深度和返回地址，函数执行完后，返回上一层 subprog，在这期间如果调用深度超过 8 或者最大栈消耗超过 512 字节，则返回失败。

❑ fixup_bpf_calls()函数用于修正 BPF_CALL 指令（辅助函数的调用）。

❑　调用 fixup_call_args()函数对多 BPF 函数的 prog 进行 JIT 编译。注意，如果 prog 是包含
多个 eBPF 的函数，则调用 jit_subprogs()函数进行 JIT 编译。如果 prog 是包含单 BPF 函
数的 prog，则函数返回。包含单 BPF 函数的 prog 的 JIT 编译在 bpf_prog_select_runtime()
函数中进行。

下面分析 check_subprogs()函数。

```
static int check_subprogs(struct bpf_verifier_env *env)
{
    int i, ret, subprog_start, subprog_end, off, cur_subprog = 0;
    struct bpf_subprog_info *subprog = env->subprog_info;
    struct bpf_insn *insn = env->prog->insnsi;
    int insn_cnt = env->prog->len;

    // 添加 main 函数
    ret = add_subprog(env, 0);
    if (ret < 0)
        return ret;

    /* 遍历所有 prog 指令，只关注 BPF 函数对 BPF 函数的调用，把所有的 BPF 函数以函数首地址为键升序加入
    env->subprog_info 数组*/
    for (i = 0; i < insn_cnt; i++) {
        if (insn[i].code != (BPF_JMP | BPF_CALL))
            continue;
        if (insn[i].src_reg != BPF_PSEUDO_CALL)
            continue;
        if (!env->allow_ptr_leaks) {
            verbose(env, "function calls to other bpf functions are allowed for root only\n");
            return -EPERM;
        }
        // 运行到这里的都是 BPF 函数对 BPF 函数调用的 call 指令，i+insn[i].imm+1 为调用子函数的首地址
        ret = add_subprog(env, i + insn[i].imm + 1);
        if (ret < 0)
            return ret;
    }

    subprog[env->subprog_cnt].start = insn_cnt;

    if (env->log.level > 1)
        for (i = 0; i < env->subprog_cnt; i++)
            verbose(env, "func#%d @%d\n", i, subprog[i].start);

    // 遍历 prog 的所有指令，这次只关注跳转指令
    // 由于 env->subprog_info 数组中的元素按函数首地址升序排列，
    // 因此 suprog_info[i].start 和 subprog_info[i+1].start 就是第 i 个函数的真实地址
    subprog_start = subprog[cur_subprog].start;
```

```
        subprog_end = subprog[cur_subprog + 1].start;
    for (i = 0; i < insn_cnt; i++) {
        u8 code = insn[i].code;

        if (BPF_CLASS(code) != BPF_JMP)
            goto next;
        if (BPF_OP(code) == BPF_EXIT || BPF_OP(code) == BPF_CALL)
            goto next;
        // 运行到这里的都是 eBPF 跳转指令，i+insn[i].off+1 为跳转目的区
        off = i + insn[i].off + 1;
        // 如果跳转范围超过本跳转指令所在函数的地址范围，则验证失败
        if (off < subprog_start || off >= subprog_end) {e
            verbose(env, "jump out of range from insn %d to %d\n", i, off);
            return -EINVAL;
        }
next:
        // 到达函数末尾，运行下一个函数
        if (i == subprog_end - 1) {
            if (code != (BPF_JMP | BPF_EXIT) &&
                code != (BPF_JMP | BPF_JA)) {
                verbose(env, "last insn is not an exit or jmp\n");
                return -EINVAL;
            }
            subprog_start = subprog_end;
            cur_subprog++;
            if (cur_subprog < env->subprog_cnt)
                subprog_end = subprog[cur_subprog + 1].start;
        }
    }
    return 0;
}
```

check_subprogs()函数的逻辑比较简单，其中有两轮循环。首先找出所有 eBPF 函数的首地址（不包括内核辅助函数的调用），然后把每个函数的首地址按照升序插入 env->subprog_info 数组。第 2 轮循环遍历 prog 的所有指令，确保所有的跳转指令的跳转范围位于本函数的地址范围之内，否则验证失败。

check_cfg()函数用于检查 BPF 主函数是否存在循环。这里采用非递归深度优先算法探测程序是否是有向无环图（Directed Acyclic Graph，DAG），即检测程序是否存在循环。

```
static int check_cfg(struct bpf_verifier_env *env)
{
    struct bpf_insn *insns = env->prog->insnsi;
    int insn_cnt = env->prog->len;
    int ret = 0;
    int i, t;
```

```
    // 为 insn_stat 跟踪指令的状态分配空间
    insn_state = kcalloc(insn_cnt, sizeof(int), GFP_KERNEL);
    if (!insn_state)
        return -ENOMEM;

    // 保存当前执行流的指令，供 push 和 pop 指令使用
    insn_stack = kcalloc(insn_cnt, sizeof(int), GFP_KERNEL);
    if (!insn_stack) {
        kfree(insn_state);
        return -ENOMEM;
    }

    insn_state[0] = DISCOVERED;
    insn_stack[0] = 0;
    cur_stack = 1;
// 主循环，包含指令入栈和指令出栈
peek_stack:
    if (cur_stack == 0)
        goto check_state;
    t = insn_stack[cur_stack - 1];// 取上次入栈的指令
    // 函数调用和跳转指令的 class 都是 BPF_JMP
    if (BPF_CLASS(insns[t].code) == BPF_JMP) {
        u8 opcode = BPF_OP(insns[t].code);

        if (opcode == BPF_EXIT) {
            goto mark_explored;            // 遇到函数末尾，对执行过的指令进行 explored 标记，并出栈
        } else if (opcode == BPF_CALL) {// 函数调用
            // push_insn()把函数调用的下一条指令入栈，如果入栈成功，标记函数调用指令的 insn_state
            // 标记为 DISCOVERED 和 FALLTHROUGH，下一条指令为 DISCOVERED，并返回 1
            ret = push_insn(t, t + 1, FALLTHROUGH, env);
            if (ret == 1)
                goto peek_stack;  // 返回 1，代表入栈成功。跳转到 peek_stack，获取本次入栈的指令，
                // 并让下一条指令继续入栈
            else if (ret < 0)
                goto err_free;
            if (t + 1 < insn_cnt)
                env->explored_states[t + 1] = STATE_LIST_MARK;
            if (insns[t].src_reg == BPF_PSEUDO_CALL) {

                // BPF 程序调用 BPF 函数，对被调用函数也需要使用 push_insn()来入栈
                // 内核辅助函数不需要这一步调用
                // 内核辅助函数进不去，只能进入 BPF 函数
                env->explored_states[t] = STATE_LIST_MARK;
                ret = push_insn(t, t + insns[t].imm + 1, BRANCH, env);
```

```
                    if (ret == 1)
                        goto peek_stack;
                    else if (ret < 0)
                        goto err_free;
            }
        } else if (opcode == BPF_JA) {                // 无条件跳转，类似于 goto 语句
            if (BPF_SRC(insns[t].code) != BPF_K) {    // 合法性检查
                ret = -EINVAL;
                goto err_free;
            }
            // 无条件跳转指令只需要建立到跳转的分支的入栈操作
            // 因为永远不会执行下一条指令，所以没必要模拟
            ret = push_insn(t, t + insns[t].off + 1,
                    FALLTHROUGH, env);
            if (ret == 1)
                goto peek_stack;
            else if (ret < 0)
                goto err_free;
            if (t + 1 < insn_cnt)
                env->explored_states[t + 1] = STATE_LIST_MARK;
        } else {
            // 条件跳转中的两个分支都需要入栈并模拟执行，因为两个分支
            // 都有可能执行到。这里使用深度优先算法先搜索 false 分支
            env->explored_states[t] = STATE_LIST_MARK;
            // false 分支
            ret = push_insn(t, t + 1, FALLTHROUGH, env);
            if (ret == 1)
                goto peek_stack;
            else if (ret < 0)
                goto err_free;
            // true 分支
            ret = push_insn(t, t + insns[t].off + 1, BRANCH, env);
            if (ret == 1)
                goto peek_stack;
            else if (ret < 0)
                goto err_free;
        }
    } else {
        // 正常指令的入栈
        ret = push_insn(t, t + 1, FALLTHROUGH, env);
        if (ret == 1)
            goto peek_stack;
        else if (ret < 0)
            goto err_free;
    }
// 遇到 BPF_EXIT 指令后，触发一系列的出栈操作，把每条出栈的指令标记为 explored
```

```
mark_explored:
    insn_state[t] = EXPLORED;
    if (cur_stack-- <= 0) { //出栈
        verbose(env, "pop stack internal bug\n");
        ret = -EFAULT;
        goto err_free;
    }
    goto peek_stack;
// 入栈之后再出栈，出栈完毕之后，才会执行到这里，也就是整个深度优先搜索完成
check_state:
    // 检查所有指令是否执行过，如果没有，返回-EINVAL
    // 这会导致整个 BPF 验证流程失败
    for (i = 0; i < insn_cnt; i++) {
        if (insn_state[i] != EXPLORED) {
            verbose(env, "unreachable insn %d\n", i);
            ret = -EINVAL;
            goto err_free;
        }
    }
    ret = 0;

err_free:
    kfree(insn_state);
    kfree(insn_stack);
    return ret;
}
```

push_insn()函数负责指令入栈。

```
static int push_insn(int t, int w, int e, struct bpf_verifier_env *env)
{
    // 出栈时遇到树边缘的指令
    if (e == FALLTHROUGH && insn_state[t] >= (DISCOVERED | FALLTHROUGH))
        return 0;
    // 出栈时遇到分支跳转指令
    if (e == BRANCH && insn_state[t] >= (DISCOVERED | BRANCH))
        return 0;
    // 跳转超出 prog 程序的范围
    if (w < 0 || w >= env->prog->len) {
        verbose_linfo(env, t, "%d: ", t);
        verbose(env, "jump out of range from insn %d to %d\n", t, w);
        return -EINVAL;
    }

    if (e == BRANCH)
        env->explored_states[w] = STATE_LIST_MARK;
    // 入栈操作
```

```
        if (insn_state[w] == 0) {
            insn_state[t] = DISCOVERED | e;
            insn_state[w] = DISCOVERED;
            if (cur_stack >= env->prog->len)
                return -E2BIG;
            insn_stack[cur_stack++] = w; // 下一条指令入栈
            return 1;
            // 如果将要入栈的指令已经在栈中，则出现 loop
        } else if ((insn_state[w] & 0xF0) == DISCOVERED) {
            verbose_linfo(env, t, "%d: ", t);
            verbose_linfo(env, w, "%d: ", w);
            verbose(env, "back-edge from insn %d to %d\n", t, w);
            return -EINVAL;
            // 将要执行的指令已执行过，但不在栈中，出现 forward-edge 或者 cross-edge,
            // 这种情况不构成循环。需要注意的是，这种情况代表下一条指令已经执行过，不必再把这条指令入栈
            // 因为之前的检查已经模拟执行过，没有问题。遇到这种情况相当于 BPF_EXIT,可以触发出栈操作
        } else if (insn_state[w] == EXPLORED) {
            insn_state[t] = DISCOVERED | e;
        } else {
            verbose(env, "insn state internal bug\n");
            return -EFAULT;
        }
        return 0;
    }
```

其中，参数 t 为当前指令的索引，w 为下一条指令，也就是要入栈的指令。当 e 为 FALLTHROUGH 时，代表当前指令到下一条指令是顺序执行的。当 e 为 BRANCH 时，代表 w 指令为条件跳转指令。

若函数返回 1，代表 w 成功入栈，当前为入栈过程。若函数返回 0，w 不会入栈，当前为出栈流程。返回-EINVAl，代表跳转范围超出整个 prog 程序或者检测到 loop。

check_cfg()从 prog 的第一条指令开始进行模拟执行，遇到函数调用先执行函数后面的程序，再执行函数体，遇到条件跳转，先 false 分支，再 true 分支。因为使用深度优先搜索算法，所以每个分支的指令都会入栈，并执行到底，直到遇到 BPF_EXIT 指令。遇到 BPF_EXIT，开始出栈操作，遇到分支，再深度搜索相邻分支。

每次出栈操作会调用 push_insn()函数，尝试把出栈指令的下一条指令入栈。对于非分支或者非调用指令，因为指令已经执行过，所以 push_insn()指令会返回 0，继续出栈。在遇到分支处理指令时，对于已经处理的分支，如果 push_insn 返回 0，则会继续把另一条分支指令入栈，如果 push_insn()返回 1，则入栈成功，并会开始执行另外分支的深度遍历操作。push_insn()还会检测到超过 prog 程序范围的跳转，并返回-EINVAL。

入栈指令会标记为 DISCOVERED，代表指令在栈中。每次出栈之后，指令标记为 EXPLORED，代表该指令执行过，但不在栈中。如果当前执行的指令的下一条指令正在栈中

（DISCOVERED 状态），则检测到 loop。

在函数最后，深度优先搜索完毕，如果有指令不是 EXPLORED 状态，则说明它没有执行过，验证失败。

最后，check_cfg()函数同样可以检测函数递归的情况，递归调用是种特殊的 back-edge。

do_check()函数比较长，因此不展示其代码。do_check()函数遍历所有 prog 的指令，主要用于检测指令访问权限的合法性。它的框架主要是将每个跳转分支作为一级维度进行遍历，遇到分支，先处理本分支，把其他分支入栈。同时在分支处理过程中，如果遇到函数调用，再以函数调用为一级维度对函数返回地址进行入栈。函数执行完（也就是遇到 BPF EXIT 指令）后返回处理，如果本分支的所有函数都已出栈，那么遇到 BPF_EXIT 指令，会在栈中弹出 other 分支，继续处理。

do_check()以函数调用维度来维护 11 个寄存器和本函数中所有栈内存器的访问权限和状态，并记录到 strut bpf_func_state，代码如下。

```
struct bpf_func_state {
    struct bpf_reg_state regs[MAX_BPF_REG];  // 11 个寄存器的访问权限和状态
    int callsite;                            // 当前流程调用本函数的调用指令索引
    u32 frameno;                             // 当前函数调用深度
    u32 subprogno;                           // 本函数在 env->subprog_info 中的索引
    int acquired_refs;
    struct bpf_reference_state *refs;
    int allocated_stack;                     // 当前函数的栈的最大消耗量
    struct bpf_stack_state *stack;           // 本函数中所有栈的访问权限和状态
};
```

bpf_reg_state 的 type 有以下状态。

```
enum bpf_reg_type {
    NOT_INIT = 0,                // 寄存器包含无效值，不允许读
    SCALAR_VALUE,                // 寄存器包含有效值，但不是有效指针
    PTR_TO_CTX,                  // 指向 bpf_context
    CONST_PTR_TO_MAP,            // 指向 bpf_map
    PTR_TO_MAP_VALUE,
    PTR_TO_MAP_VALUE_OR_NULL,
    PTR_TO_STACK,
    PTR_TO_PACKET_META,
    PTR_TO_PACKET,
    PTR_TO_PACKET_END,
    PTR_TO_FLOW_KEYS,
    PTR_TO_SOCKET,
    PTR_TO_SOCKET_OR_NULL,
};
```

bpf_stack_state 有以下几种类型。

```
enum bpf_stack_slot_type {
    STACK_INVALID,               // 栈槽无有效数据
```

```
STACK_SPILL,          // spill 类型指针
STACK_MISC,           // 包含有效数据，但不是合法指针类型
STACK_ZERO,           // 常数 0
};
```

其中 STACK_SPILL 类型的栈槽保存了如下类型的合法指针。

```
CONST_PTR_TO_MAP,
PTR_TO_MAP_VALUE,
PTR_TO_MAP_VALUE_OR_NULL,
PTR_TO_STACK,
PTR_TO_PACKET_META,
PTR_TO_PACKET,
PTR_TO_PACKET_END,
PTR_TO_FLOW_KEYS,
PTR_TO_SOCKET,
```

以 PTR_TO_STACK 类型的数据（也就是栈数据的访问类型权限检查）为例介绍 BPF_LDX 和 BPF_STX 这两类指令，它们分别是读和写栈内存的指令。

BPF_LDX 是 BPF 的 64 位读内存指令。假设读的是栈内存，那么 insn->src_reg 为 BPF_REG_10，insn->src_reg->off 是指源寄存器内容相对于栈帧寄存器的偏移量，insn->off 代表本次加载要从 insn->src_reg 指向的区域中多大的偏移量开始读。do_check()开始会调用 init_reg_state()函数对所有寄存器类型做初始化。init_reg_state()函数的定义如下。

```
static void init_reg_state(struct bpf_verifier_env *env,
        struct bpf_func_state *state)
{
    struct bpf_reg_state *regs = state->regs;
    int i;

    for (i = 0; i < MAX_BPF_REG; i++) {
        mark_reg_not_init(env, regs, i); // 设置10个寄存器的类型为 NOT_INIT，全部不可读
        regs[i].live = REG_LIVE_NONE;
        regs[i].parent = NULL;
    }

    // 设置栈帧寄存器类型为 PTR_TO_STACK
    regs[BPF_REG_FP].type = PTR_TO_STACK;
    mark_reg_known_zero(env, regs, BPF_REG_FP);
    regs[BPF_REG_FP].frameno = state->frameno;

    // 设置 prog 的第 1 个参数中 R1 寄存器类型为 PTR_TO_CTX，也就是 pt_regs 结构体
    regs[BPF_REG_1].type = PTR_TO_CTX;
    mark_reg_known_zero(env, regs, BPF_REG_1);
}
```

可见，在刚开始只有栈帧寄存器和 prog 的第 1 个入参 R1 是可读的。

do_check()函数遍历到 BPF_LDX 指令的时候，先调用 check_reg_arg()检查 R10 寄存器是否

可读，看它是否是 NOT_INIT 状态。若是，代表不可读，返回失败。这里 R10 寄存器为 PTR_TO_STACK，check_reg_arg() 返回成功。

然后调用 check_mem_access() 函数检查具体要读的栈数据是否可读，此处只展示与 PTR_TO_STACK 检查相关的部分。

```
static int check_mem_access(struct bpf_verifier_env *env, int insn_idx, u32 regno,
            int off, int bpf_size, enum bpf_access_type t,
            int value_regno, bool strict_alignment_once)
{
    struct bpf_reg_state *regs = cur_regs(env);
    struct bpf_reg_state *reg = regs + regno;
    struct bpf_func_state *state;
    int size, err = 0;

    size = bpf_size_to_bytes(bpf_size);
    if (size < 0)
       return size;

    err = check_ptr_alignment(env, reg, off, size, strict_alignment_once);
    if (err)
       return err;
    ...
    if (reg->type == PTR_TO_STACK) {
       off += reg->var_off.value;
       err = check_stack_access(env, reg, off, size);
       if (err)
          return err;

       state = func(env, reg);
       err = update_stack_depth(env, state, off);
       if (err)
          return err;

       if (t == BPF_WRITE)
          err = check_stack_write(env, state, off, size,
                    value_regno, insn_idx);
       else
          err = check_stack_read(env, state, off, size,
       }
       ...
    }
```

先调用 check_ptr_alignment() 函数检查指针的对齐访问。若指针不对齐，则不允许访问。

check_stack_access() 函数主要检查偏移量是否为固定偏移量，并检查栈偏移量是否超过最大栈（512 字节）。

```
static int check_stack_access(struct bpf_verifier_env *env,
              const struct bpf_reg_state *reg,
              int off, int size)
{
    // 对于栈的访问，偏移量必须是固定的，不能用指针表示
    if (!tnum_is_const(reg->var_off)) {
        char tn_buf[48];

        tnum_strn(tn_buf, sizeof(tn_buf), reg->var_off);
        verbose(env, "variable stack access var_off=%s off=%d size=%d",
            tn_buf, off, size);
        return -EACCES;
    }
    // 栈是递减的，off 必须小于或等于零，并且绝对偏移量需要低于 512 字节
    if (off >= 0 || off < -MAX_BPF_STACK) {
        verbose(env, "invalid stack off=%d size=%d\n", off, size);
        return -EACCES;
    }

    return 0;
}
```

update_stack_depth()函数维护了每个函数对栈的最大消耗，并记录到 subprog_info 数组的相应函数的 stack_depth 中，这个值在 check_max_stack_depth()函数模拟函数调用时会用来判断当前所有栈消耗是否超标。

```
static int update_stack_depth(struct bpf_verifier_env *env,
              const struct bpf_func_state *func,
              int off)
{
    u16 stack = env->subprog_info[func->subprogno].stack_depth;

    if (stack >= -off)
        return 0;

    // 如果这次栈中的访问地址超出本函数目前的栈消耗，那么进行扩充
    env->subprog_info[func->subprogno].stack_depth = -off;
    return 0;
}
```

check_stack_read()函数的定义如下。

```
static int check_stack_read(struct bpf_verifier_env *env,
              struct bpf_func_state *reg_state
              int off, int size, int value_regno)
{
    struct bpf_verifier_state *vstate = env->cur_state;
    struct bpf_func_state *state = vstate->frame[vstate->curframe];
    int i, slot = -off - 1, spi = slot / BPF_REG_SIZE;
```

```
        u8 *stype;
        // off 是 insn->off 和 insn->src_reg->off 的和
        if (reg_state->allocated_stack <= slot) {
            verbose(env, "invalid read from stack off %d+0 size %d\n",
                off, size);
            return -EACCES;
        }
        stype = reg_state->stack[spi].slot_type;

        if (stype[0] == STACK_SPILL) {
            if (size != BPF_REG_SIZE) {
                verbose(env, "invalid size of register spill\n");
                return -EACCES;
            }
            for (i = 1; i < BPF_REG_SIZE; i++) {
                if (stype[(slot - i) % BPF_REG_SIZE] != STACK_SPILL) {
                    verbose(env, "corrupted spill memory\n");
                    return -EACCES;
                }
            }

            if (value_regno >= 0) {
                // 检查成功后，更新 src_dest 的寄存器状态到目标寄存器
                state->regs[value_regno] = reg_state->stack[spi].spilled_ptr;

                state->regs[value_regno].live |= REG_LIVE_WRITTEN;
            }
            mark_reg_read(env, &reg_state->stack[spi].spilled_ptr,
                    reg_state->stack[spi].spilled_ptr.parent);
            return 0;
        } else {
            int zeros = 0;
            for (i = 0; i < size; i++) {
                if (stype[(slot - i) % BPF_REG_SIZE] == STACK_MISC)
                    continue;
                if (stype[(slot - i) % BPF_REG_SIZE] == STACK_ZERO) {
                    zeros++;
                    continue;
                }
                verbose(env, "invalid read from stack off %d+%d size %d\n",
                    off, i, size);
                return -EACCES;
            }
            mark_reg_read(env, &reg_state->stack[spi].spilled_ptr,
                    reg_state->stack[spi].spilled_ptr.parent);
            if (value_regno >= 0) {
```

```
            if (zeros == size) {
                // 如果所有读取的字节均是 0，则标记目标寄存器的值为 0，类型为 SCALAR_VALUE
                __mark_reg_const_zero(&state->regs[value_regno]);
            } else {
                // 如果读取的数据不全为 0，则标记目标寄存器的类型为 SCALAR_VALUE
                mark_reg_unknown(env, state->regs, value_regno);
            }
            state->regs[value_regno].live |= REG_LIVE_WRITTEN;
        }
        return 0;
    }
}
```

check_stack_read()函数从以下几个方面进行读权限检查。

❏ 栈偏移量不能超过当前函数的最大栈消耗。

❏ 如果栈内存类型为 STACK_SPILL，那么不支持非对齐访问和部分读取，并且栈内存所在的 8 字节对应的槽全部应该是 STACK_SPILL 类型。

❏ 如果栈内存不是 STACK_SPILL 类型，则需要确保要读取的栈数据必须是 TACK_MISC 类型、STACK_ZERO 类型，或者二者兼有。非 STACK_SPILL 类型的栈支持部分读取。最后设置目标寄存器为 SCALAR_VALUE 类型。

对于 BPF_STX 指令，如果目的寄存器为 BPF_REG_10，那么需要调用 check_stack_write() 函数来检查栈内存的可写权限。

```
static int check_stack_write(struct bpf_verifier_env *env,
            struct bpf_func_state *state,
            int off, int size, int value_regno, int insn_idx)
{
    struct bpf_func_state *cur;
    int i, slot = -off - 1, spi = slot / BPF_REG_SIZE, err;
    enum bpf_reg_type type;
    // 如果这次对栈内存的写导致栈扩展，那么需要重新申请 bpf_stack_state 内存
    // 因为栈变大，所以用于跟踪栈数据状态的内存不够了
    err = realloc_func_state(state, round_up(slot + 1, BPF_REG_SIZE),
            state->acquired_refs, true);
    if (err)
        return err;
    // 如果栈数据保存的是合法的指针类型，但这次写是部分写，这会破坏指针，因此不允许非特权用户这么做
    if (!env->allow_ptr_leaks &&
        state->stack[spi].slot_type[0] == STACK_SPILL &&
        size != BPF_REG_SIZE) {
        verbose(env, "attempt to corrupt spilled pointer on stack\n");
        return -EACCES;
    }

    cur = env->cur_state->frame[env->cur_state->curframe];
```

```
        if (value_regno >= 0 &&
            is_spillable_regtype((type = cur->regs[value_regno].type))) {

            // 对于源寄存器是 STACK_SPILL 的情况，不允许部分写
            if (size != BPF_REG_SIZE) {
                verbose(env, "invalid size of register spill\n");
                return -EACCES;
            }

            if (state != cur && type == PTR_TO_STACK) {
                verbose(env, "cannot spill pointers to stack into stack frame of the caller\n");
                return -EINVAL;
            }

            state->stack[spi].spilled_ptr = cur->regs[value_regno];
            state->stack[spi].spilled_ptr.live |= REG_LIVE_WRITTEN;

            for (i = 0; i < BPF_REG_SIZE; i++) {
                if (state->stack[spi].slot_type[i] == STACK_MISC &&
                    !env->allow_ptr_leaks) {
                    int *poff = &env->insn_aux_data[insn_idx].sanitize_stack_off;
                    int soff = (-spi - 1) * BPF_REG_SIZE;

                    if (*poff && *poff != soff) {
                        verbose(env,
                          "insn %d cannot access two stack slots fp%d and fp%d",
                          insn_idx, *poff, soff);
                        return -EINVAL;
                    }
                    *poff = soff;
                }
                // 源寄存器包含合法的 BPF 指针类型，设置栈数据类型为 STACK_SPILL
                state->stack[spi].slot_type[i] = STACK_SPILL;
            }
        } else { // 源寄存器包含非有效指针的情况
            u8 type = STACK_MISC;

            state->stack[spi].spilled_ptr.type = NOT_INIT;
            // 如果栈内存是 STACK_SPILL 类型，因为写入的不是指针，所以需要设置为 STACK_MISC，这
            // 代表栈包含非指针、非零变量，这与前面不矛盾，运行到这里的是特权用户
            if (state->stack[spi].slot_type[0] == STACK_SPILL)
                for (i = 0; i < BPF_REG_SIZE; i++)
                    state->stack[spi].slot_type[i] = STACK_MISC;

            if (size == BPF_REG_SIZE)
            state->stack[spi].spilled_ptr.live |= REG_LIVE_WRITTEN;
```

```
        if (value_regno >= 0 &&
            register_is_null(&cur->regs[value_regno]))
            type = STACK_ZERO;

        //如果源寄存器的值为 0，则标记 slot_type 为 STACK_ZERO；否则，标记为 STACK_MISC
        for (i = 0; i < size; i++)
            state->stack[spi].slot_type[(slot - i) % BPF_REG_SIZE] =
                type;
    }
    return 0;
}
```

check_stack_write()函数对栈内存进行以下检查。

❏ 如果此次写超过本函数的目前最大栈用量（allocated_stack），则需要重新申请 bpf_stack_
state 内存，bpf_stack_state 需要记录每个栈数据的访问权限。

❏ 对于非特权用户，不允许部分写 STACK_SPILL 类型的栈数据。

❏ 对于源寄存器是 STACK_SPILL 的情况，不允许部分写栈数据。如果全写 8 字节，则
最后需要标记栈数据的 8 字节全部为 STACK_SPILL 类型。

❏ 对于源寄存器是非 STACK_SPILL 的情况，根据源寄存器和写入字节的情况设置栈数
据相应的 slot 类型为 STACK_ZERO 或者 STACK_MISC。源寄存器是非 STACK_SPILL
的情况支持部分写。

check_max_stack_depth()函数的定义如下。

```
static int check_max_stack_depth(struct bpf_verifier_env *env)
{
    int depth = 0, frame = 0, idx = 0, i = 0, subprog_end;
    struct bpf_subprog_info *subprog = env->subprog_info;
    struct bpf_insn *insn = env->prog->insnsi;
    int ret_insn[MAX_CALL_FRAMES]; // 函数返回地址
    int ret_prog[MAX_CALL_FRAMES]; // 保存返回函数的索引


process_func:
    // 近似到 32B，因为这是解释器栈的粒度
    depth += round_up(max_t(u32, subprog[idx].stack_depth, 1), 32); //stack_depth 是本
    // 层函数对栈最大的消耗量
    if (depth > MAX_BPF_STACK) {  // 超过 MAX_BPF_STACK(512)，验证失败
        verbose(env, "combined stack size of %d calls is %d. Too large\n",
            frame + 1, depth);
        return -EACCES;
    }
// 取下一个函数。subprog[0]是主函数
continue_func:
```

```
    subprog_end = subprog[idx + 1].start;
    for (; i < subprog_end; i++) {
        if (insn[i].code != (BPF_JMP | BPF_CALL))
            continue;
        if (insn[i].src_reg != BPF_PSEUDO_CALL)
            continue;
        ret_insn[frame] = i + 1;    // 函数调用的返回地址
        ret_prog[frame] = idx;       // 当前函数的索引

        i = i + insn[i].imm + 1;
        idx = find_subprog(env, i);
        if (idx < 0) {
            WARN_ONCE(1, "verifier bug. No program starts at insn %d\n",
                    i);
            return -EFAULT;
        }
        frame++;
        if (frame >= MAX_CALL_FRAMES) { // 函数调用深度大于 8，验证失败
            WARN_ONCE(1, "verifier bug. Call stack is too deep\n");
            return -EFAULT;
        }
        goto process_func;
    }
    // 运行到这里，当前函数已经执行完了，函数需要返回上一层
    if (frame == 0)
        return 0;
    depth -= round_up(max_t(u32, subprog[idx].stack_depth, 1), 32);
    frame--;
    i = ret_insn[frame];    // 弹出函数返回地址
    idx = ret_prog[frame];  // 弹出上层函数的索引
    goto continue_func;      // 返回上层函数
}
```

check_max_stack_depth()函数遍历 prog 的指令，只关注函数调用，模拟所有函数调用，检查函数调用深度是否超过 MAX_CALL_FRAMES（8），并检查栈的消耗量是否超过 MAX_BPF_STACK（512）。

fixup_bpf_calls()函数的定义如下。

```
1 static int fixup_bpf_calls(struct bpf_verifier_env *env)
2 {
3     struct bpf_prog *prog = env->prog;
4     struct bpf_insn *insn = prog->insnsi;
5     const struct bpf_func_proto *fn;
6     const int insn_cnt = prog->len;
7     const struct bpf_map_ops *ops;
8     struct bpf_insn_aux_data *aux;
9     struct bpf_insn insn_buf[16];
```

```
10      struct bpf_prog *new_prog;
11      struct bpf_map *map_ptr;
12      int i, cnt, delta = 0;
13
14      for (i = 0; i < insn_cnt; i++, insn++) {
15        if (insn->code == (BPF_ALU64 | BPF_MOD | BPF_X) ||
16            insn->code == (BPF_ALU64 | BPF_DIV | BPF_X) ||
17            insn->code == (BPF_ALU | BPF_MOD | BPF_X) ||
18            insn->code == (BPF_ALU | BPF_DIV | BPF_X)) {
19            bool is64 = BPF_CLASS(insn->code) == BPF_ALU64;
20            struct bpf_insn mask_and_div[] = {
21                BPF_MOV32_REG(insn->src_reg, insn->src_reg),
22                // 处理除以零的问题
23                BPF_JMP_IMM(BPF_JNE, insn->src_reg, 0, 2),
24                BPF_ALU32_REG(BPF_XOR, insn->dst_reg, insn->dst_reg),
25                BPF_JMP_IMM(BPF_JA, 0, 0, 1),
26                *insn,
27            };
28            struct bpf_insn mask_and_mod[] = {
29                BPF_MOV32_REG(insn->src_reg, insn->src_reg),
30                // 处理对零取模的问题
31                BPF_JMP_IMM(BPF_JEQ, insn->src_reg, 0, 1),
32                *insn,
33            };
34            struct bpf_insn *patchlet;
35
36            if (insn->code == (BPF_ALU64 | BPF_DIV | BPF_X) ||
37                insn->code == (BPF_ALU | BPF_DIV | BPF_X)) {
38                patchlet = mask_and_div + (is64 ? 1 : 0);
39                cnt = ARRAY_SIZE(mask_and_div) - (is64 ? 1 : 0);
40            } else {
41                patchlet = mask_and_mod + (is64 ? 1 : 0);
42                cnt = ARRAY_SIZE(mask_and_mod) - (is64 ? 1 : 0);
43            }
44
45            new_prog = bpf_patch_insn_data(env, i + delta, patchlet, cnt);
46            if (!new_prog)
47                return -ENOMEM;
48
49            delta    += cnt - 1;
50            env->prog = prog = new_prog;
51            insn     = new_prog->insnsi + i + delta;
52            continue;
53        }
54  // 跳过若干行
55
```

```
56          switch (insn->imm) {
57          case BPF_FUNC_map_lookup_elem:
58              insn->imm = BPF_CAST_CALL(ops->map_lookup_elem) -
59                      __bpf_call_base;
60              continue;
61          case BPF_FUNC_map_update_elem:
62              insn->imm = BPF_CAST_CALL(ops->map_update_elem) -
63                      __bpf_call_base;
64              continue;
65          case BPF_FUNC_map_delete_elem:
66              insn->imm = BPF_CAST_CALL(ops->map_delete_elem) -
67                      __bpf_call_base;
68              continue;
69          case BPF_FUNC_map_push_elem:
70              insn->imm = BPF_CAST_CALL(ops->map_push_elem) -
71                      __bpf_call_base;
72              continue;
73          case BPF_FUNC_map_pop_elem:
74              insn->imm = BPF_CAST_CALL(ops->map_pop_elem) -
75                      __bpf_call_base;
76              continue;
77          case BPF_FUNC_map_peek_elem:
78              insn->imm = BPF_CAST_CALL(ops->map_peek_elem) -
79                      __bpf_call_base;
80              continue;
81          }
82
83          goto patch_call_imm;
84      }
85
86 patch_call_imm:
87      fn = env->ops->get_func_proto(insn->imm, env->prog);
88      if (!fn->func) {
89          verbose(env,
90              "kernel subsystem misconfigured func %s#%d\n",
91              func_id_name(insn->imm), insn->imm);
92          return -EFAULT;
93      }
94      insn->imm = fn->func - __bpf_call_base;
95  }
```

　　fixup_bpf_calls()函数主要处理两个问题，一个是 BPF_MOD 和 BPF_DIV 除以 0 的问题，另一个是修正 BPF_CALL 指令的跳转距离的问题。

　　第 20～27 行代码表示将一条 BPF_DIV 指令扩展为 4 条指令。如果源操作数为 0，则目标寄存器置 0，跳到本指令的下一行；否则，执行原指令。

第 28～33 行代码表示将一条 BPF_MOD 指令扩展为两条指令。如果源操作数为 0，则目的操作数保持不变，跳到原指令的下一行；否则，执行原指令。

第 45～52 行代码用扩展的指令替换原指令，如果有必要，可以重新申请 prog 空间。

第 56～95 行代码用来修正 BPF_CALL 指令的跳转距离。eBPF 访问内核数据结构是受限的，需要通过调用相应的辅助函数来完成。eBPF 指令的格式如下。

```
struct bpf_insn {
    __u8    code;
    __u8    dst_reg:4;
    __u8    src_reg:4;
    __s16   off;
    __s32   imm;
};
```

eBPF 指令类似于 RISC 指令，除 BPF_LD_IMM64 指令是 16 字节之外，其余指令为 8 字节。对于 BPF_CALL 指令来说，imm 就是调用函数到本指令的距离。

根据 imm 中的 func id 找到内核中对应的以 BPF_FUNC 开头的辅助函数，然后把该函数的地址减去内核符号 __bpf_call_base 的地址，得出新的偏移量，将结果再写到 bpf_insn 的 imm 里，完成对 BPF_CALL 指令的修正。但这不是正确的偏移量，正确的偏移量应该是目标函数和本条指令地址的距离，真正的修正在 JIT 编译里完成。

下面通过 bpftrace 例子来说明。

```
#include <linux/fs.h>
#include <linux/path.h>
#include <linux/blk_types.h>
#include <linux/sched.h>

BEGIN
{
    printf("Tracing dcache lookups... Hit Ctrl-C to end.\n");
    printf("%-8s %-6s %-16s %1s %s\n", "TIME", "PID", "COMM", "T", "FILE");
}


kprobe:vfs_write
{
    $file = (struct file *)arg0;
    printf("ino %ld!\n",$file->f_inode->i_ino);
}
```

为了通过 kprobe 探测 vfs_write 函数，输出文件的 ino，先运行如下代码。

```
[root@111-11-11-11 my_examples]# bpftool perf
pid 27290  fd 4: prog_id 19  uprobe  filename /proc/self/exe  offset 1935000
pid 27290  fd 63: prog_id 20  kprobe  func vfs_write  offset 0
```

通过 bpftool 查看 eBPF 的 prog 的汇编代码。

```
[root@11-11-11-11 my_examples]# bpftool prog dump xlate id 20
    0: (bf) r6 = r1                    // r1 为 pt_regs 结构体
    1: (79) r3 = *(u64 *)(r6 +112)     // r3 = regs->di
    2: (b7) r1 = 2
    3: (7b) *(u64 *)(r10 -24) = r1
    4: (07) r3 += 32                   // r3 = file->inode, 参数 3
    5: (bf) r1 = r10
    6: (07) r1 += -8                   // 栈局部变量 (r10-8), 参数 1
    7: (b7) r2 = 8                     // 复制的字节, 参数 2
    8: (85) call bpf_probe_read#-46816
    9: (79) r3 = *(u64 *)(r10 -8)      // (r10-8) 存放 bpf_probe_read 读取的 file->inode 副本结
   // 果, r3=inode
   10: (07) r3 += 64                   // r3=inode->i_ino 的地址
   11: (bf) r1 = r10
   12: (07) r1 += -8                   // (r10-8), 栈局部变量
   13: (b7) r2 = 8                     // 复制的字节, 参数 2
   14: (85) call bpf_probe_read#-46816
   15: (79) r1 = *(u64 *)(r10 -8)      // r1 为读取的 inode->ino
   16: (7b) *(u64 *)(r10 -16) = r1
   17: (18) r7 = map[id:6]
   19: (85) call bpf_get_smp_processor_id#76416   // 这是一条无效指令, 用于供上条指令扩展, 扩展后
   // imm 存放 map 地址的低 32 位
   20: (bf) r4 = r10
   21: (07) r4 += -24     // 参数 4
   22: (bf) r1 = r6       // 参数 1, r1=struct ptr_reg
   23: (bf) r2 = r7       // 参数 2, r2 = map 地址
   24: (bf) r3 = r0       // 参数 3, flag
   25: (b7) r5 = 16       // 参数 4, 输出复制的字节, ino 是 8 字节, 这里多复制 8 字节
   26: (85) call bpf_perf_event_output#-45376
   27: (b7) r0 = 0
   28: (95) exit
```

第 8、14 和 26 行中 eBPF 调用内核辅助函数，"#"后面的数字经等于辅助函数的地址与 __bpf_call_base 的差值。在 LLVM 和 Clang 代码编译好之后，这里的 imm 应该是辅助函数的 id，在 fixup_bpf_call() 函数中根据函数 id 找真正的辅助函数，最后把函数的地址和 __bpf_call_base 的差值赋给 imm。

fixup_call_args() 函数调用了 jit_subprogs() 函数，jit_subprogs() 函数的定义如下。

```
static int jit_subprogs(struct bpf_verifier_env *env)
{
    struct bpf_prog *prog = env->prog, **func, *tmp;
    int i, j, subprog_start, subprog_end = 0, len, subprog;
    struct bpf_insn *insn;
    void *old_bpf_func;
    int err;
    // prog 只有一个 BPF 函数, 不做处理
```

```
    if (env->subprog_cnt <= 1)
        return 0;
    // 遍历 prog 的指令，只处理 BPF 函数对 BPF 函数调用的情况
    for (i = 0, insn = prog->insnsi; i < prog->len; i++, insn++) {
        if (insn->code != (BPF_JMP | BPF_CALL) ||
            insn->src_reg != BPF_PSEUDO_CALL)
            continue;
        // 根据调用地址找到被调用子程序所在 subinfo 数组内的索引 subprog，保存 subprog 到指令
        // 的 insn->off 里
        subprog = find_subprog(env, i + insn->imm + 1);
        if (subprog < 0) {
            WARN_ONCE(1, "verifier bug. No program starts at insn %d\n",
                  i + insn->imm + 1);
            return -EFAULT;
        }
        insn->off = subprog;
        env->insn_aux_data[i].call_imm = insn->imm;
        insn->imm = 1;
    }

    err = bpf_prog_alloc_jited_linfo(prog);
    if (err)
        goto out_undo_insn;

    err = -ENOMEM;
    func = kcalloc(env->subprog_cnt, sizeof(prog), GFP_KERNEL);
    if (!func)
        goto out_undo_insn;
    // 为每个 subprog 申请内存并根据父 prog 对其进行初始化
    for (i = 0; i < env->subprog_cnt; i++) {
        subprog_start = subprog_end;    // subprog 开始指令的索引
        subprog_end = env->subprog_info[i + 1].start; // subprog 结束指令的索引

        len = subprog_end - subprog_start;              // subprog 指令的长度
        // 申请 bpf_prog 结构体
        func[i] = bpf_prog_alloc(bpf_prog_size(len), GFP_USER) ;
        if (!func[i])
            goto out_free;          memcpy(func[i]->insnsi, &prog->insnsi[subprog_start],
                len * sizeof(struct bpf_insn));
        func[i]->type = prog->type;
        func[i]->len = len;
        if (bpf_prog_calc_tag(func[i]))
            goto out_free;
        func[i]->is_func = 1;
        func[i]->aux->func_idx = i;
```

```
        func[i]->aux->btf = prog->aux->btf;
        func[i]->aux->func_info = prog->aux->func_info;

        func[i]->aux->name[0] = 'F';
        func[i]->aux->stack_depth = env->subprog_info[i].stack_depth;  // 栈消耗
        func[i]->jit_requested = 1;                    // 需要进行 JIT 编译
        func[i]->aux->linfo = prog->aux->linfo;
        func[i]->aux->nr_linfo = prog->aux->nr_linfo;
        func[i]->aux->jited_linfo = prog->aux->jited_linfo;
        func[i]->aux->linfo_idx = env->subprog_info[i].linfo_idx;
        func[i] = bpf_int_jit_compile(func[i]),  // 对该 subprog 进行 JIT 编译
        if (!func[i]->jited) {
            err = -ENOTSUPP;
            goto out_free;
        }
        cond_resched();
    }
    // 修正 BPF 函数到 BPF 函数的调用距离
    for (i = 0; i < env->subprog_cnt; i++) {
    for (i = 0; i < env->subprog_cnt; i++) {
        insn = func[i]->insnsi;
        for (j = 0; j < func[i]->len; j++, insn++) {
            if (insn->code != (BPF_JMP | BPF_CALL) ||
                insn->src_reg != BPF_PSEUDO_CALL)
                continue;
            // 调用距离为调用子函数到__bpf_call_base 地址的距离，这和调用内核辅助函数的距离一致
            // 这个距离不是正确的,正确的调用距离为调用子函数到本指令的距离,这会在bpf_int_jit_compile()
            // 函数中处理
            // 因为后面还会进入 bpf_int_jit_compile()函数
            subprog = insn->off;
            insn->imm = (u64 (*)(u64, u64, u64, u64, u64))
                func[subprog]->bpf_func -
                __bpf_call_base;
        }
        func[i]->aux->func = func;
        func[i]->aux->func_cnt = env->subprog_cnt;
    }
    for (i = 0; i < env->subprog_cnt; i++) {
        old_bpf_func = func[i]->bpf_func;
        tmp = bpf_int_jit_compile(func[i]);  // 这次调用主要处理 BPF 函数到 BPF 函数的调用距离
        if (tmp != func[i] || func[i]->bpf_func != old_bpf_func) {
            verbose(env, "JIT doesn't support bpf-to-bpf calls\n");
            err = -ENOTSUPP;
            goto out_free;
        }
```

```
        cond_resched();
    }

    for (i = 0; i < env->subprog_cnt; i++) {
        bpf_prog_lock_ro(func[i]);          // 设置经过 JIT 编译之后的每个子函数所在内存只能读
        bpf_prog_kallsyms_add(func[i]);     // 添加每个 subprog->bpf_func 到 kallsyms 中
    }
    for (i = 0, insn = prog->insnsi; i < prog->len; i++, insn++) {
        if (insn->code != (BPF_JMP | BPF_CALL) ||
            insn->src_reg != BPF_PSEUDO_CALL)
            continue;
        insn->off = env->insn_aux_data[i].call_imm;
        subprog = find_subprog(env, i + insn->off + 1);
        insn->imm = subprog;
    }

    prog->jited = 1;    // JIT 编译完成，后面进入 bpf_int_jit_compile() 函数
    prog->bpf_func = func[0]->bpf_func;    // prog 在内核里的可执行函数的地址
    prog->aux->func = func;
    prog->aux->func_cnt = env->subprog_cnt;
    bpf_prog_free_unused_jited_linfo(prog);
    return 0;
out_free:
    for (i = 0; i < env->subprog_cnt; i++)
        if (func[i])
            bpf_jit_free(func[i]);
    kfree(func);
out_undo_insn:
    prog->jit_requested = 0;
    for (i = 0, insn = prog->insnsi; i < prog->len; i++, insn++) {
        if (insn->code != (BPF_JMP | BPF_CALL) ||
            insn->src_reg != BPF_PSEUDO_CALL)
            continue;
        insn->off = 0;
        insn->imm = env->insn_aux_data[i].call_imm;
    }
    bpf_prog_free_jited_linfo(prog);
    return err;
}
```

jit_subprogs() 函数用于多 BPF 函数 prog 的 JIT 编译。编译操作主要有 3 步。

首先，jit_subprogs() 函数为 prog 的每个函数生成一个 subprog 并初始化，调用 bpf_int_jit_compile() 函数对每个 subprog 进行单独的 JIT 编译。

然后，修正 BPF 函数到 BPF 函数的调用距离为被调用函数的地址和 __bpf_call_base 的差值，

并把这个值放入 insn->imm。

最后，对每个 subprog 调用 bpf_int_jit_compile()函数，进行 JIT 编译，这次 JIT 编译修正 BPF 函数到 BPF 函数的调用距离为被调用函数到本调用指令的距离。

为何要进行两轮 JIT 编译？第一次 JIT 编译中，如果后面的 subprog 的 JIT 编译还没有进行，虽然 eBPF 和 x64 指令基本可以做到一对一编译，但 eBPF 指令定长，x64 指令不定长，就不可能知道 BPF 函数调用的调用距离，也不知道每个调用指令的确切地址。只有对每个函数体都进行过 JIT 编译，每个 subprog 在内核中的函数地址才已经确定，每个 BPF 调用指令的地址也已经确定，这里再进行一轮 JIT 编译完成对 BPF 函数对 BPF 函数调用指令的距离修正。

内核里有两个进行 JIT 编译的路径，一个是 bpf_prog_load→bpf_check→fixup_bpf_args()→jit_subprogs()→bpf_int_jit_compile()，另一个是 bpf_prog_load→bpf_prog_select_runtime→bpf_int_jit_compile()。前者是多 BPF 函数的 prog 进行 JIT 编译的路径，后者是单 BPF 函数的 prog 进行 JIT 编译的路径。第 1 条路径执行完，prog->jited 设置为 1，等进入第 2 条路径之后，在 do_jit() 函数中看到 jited=1，函数直接返回。

关键的 JIT 编译的流程如下。在 bpf_prog_load 中，bpf_check 对 prog 验证通过之后，执行 bpf_prog_select_runtime 函数，执行 JIT 编译是在 do_jit()函数里实现的。

```
static int do_jit(struct bpf_prog *bpf_prog, int *addrs, u8 *image,
        int oldproglen, struct jit_context *ctx)
{
    struct bpf_insn *insn = bpf_prog->insnsi;
    int insn_cnt = bpf_prog->len;
    bool seen_exit = false;
    u8 temp[BPF_MAX_INSN_SIZE + BPF_INSN_SAFETY];
    int i, cnt = 0;
    int proglen = 0;
    u8 *prog = temp;

    emit_prologue(&prog, bpf_prog->aux->stack_depth,
            bpf_prog_was_classic(bpf_prog));

    for (i = 0; i < insn_cnt; i++, insn++) {
        const s32 imm32 = insn->imm;
        u32 dst_reg = insn->dst_reg;
        u32 src_reg = insn->src_reg;
        u8 b2 = 0, b3 = 0;
        s64 jmp_offset;
        u8 jmp_cond;
        int ilen;
        u8 *func;

        switch (insn->code) {
        // ALU
```

```
    case BPF_ALU | BPF_ADD | BPF_X:
    case BPF_ALU | BPF_SUB | BPF_X:
    case BPF_ALU | BPF_AND | BPF_X:
    case BPF_ALU | BPF_OR | BPF_X:
    case BPF_ALU | BPF_XOR | BPF_X:
    case BPF_ALU64 | BPF_ADD | BPF_X:
    case BPF_ALU64 | BPF_SUB | BPF_X:
    case BPF_ALU64 | BPF_AND | BPF_X:
    case BPF_ALU64 | BPF_OR | BPF_X:
    case BPF_ALU64 | BPF_XOR | BPF_X:
        switch (BPF_OP(insn->code)) {
        case BPF_ADD: b2 = 0x01; break;
        case BPF_SUB: b2 = 0x29; break;
        case BPF_AND: b2 = 0x21; break;
        case BPF_OR: b2 = 0x09; break;
        case BPF_XOR: b2 = 0x31; break;
        }
        if (BPF_CLASS(insn->code) == BPF_ALU64)
            EMIT1(add_2mod(0x48, dst_reg, src_reg));
        else if (is_ereg(dst_reg) || is_ereg(src_reg))
            EMIT1(add_2mod(0x40, dst_reg, src_reg));
        EMIT2(b2, add_2reg(0xC0, dst_reg, src_reg));
        break;

    case BPF_ALU64 | BPF_MOV | BPF_X:
    case BPF_ALU | BPF_MOV | BPF_X:
        emit_mov_reg(&prog,
                BPF_CLASS(insn->code) == BPF_ALU64,
                dst_reg, src_reg);
        break;

    case BPF_ALU | BPF_NEG:
    case BPF_ALU64 | BPF_NEG:
        if (BPF_CLASS(insn->code) == BPF_ALU64)
            EMIT1(add_1mod(0x48, dst_reg));
        else if (is_ereg(dst_reg))
            EMIT1(add_1mod(0x40, dst_reg));
        EMIT2(0xF7, add_1reg(0xD8, dst_reg));
        break;

    case BPF_ALU | BPF_ADD | BPF_K:
    case BPF_ALU | BPF_SUB | BPF_K:
    case BPF_ALU | BPF_AND | BPF_K:
    case BPF_ALU | BPF_OR | BPF_K:
    case BPF_ALU | BPF_XOR | BPF_K:
    case BPF_ALU64 | BPF_ADD | BPF_K:
```

```
        case BPF_ALU64 | BPF_SUB | BPF_K:
        case BPF_ALU64 | BPF_AND | BPF_K:
        case BPF_ALU64 | BPF_OR | BPF_K:
        case BPF_ALU64 | BPF_XOR | BPF_K:
           if (BPF_CLASS(insn->code) == BPF_ALU64)
              EMIT1(add_1mod(0x48, dst_reg));
           else if (is_ereg(dst_reg))
                EMIT1(add_1mod(0x40, dst_reg));

           switch (BPF_OP(insn->code)) {
           case BPF_ADD:
...

        case BPF_JMP | BPF_CALL:
        func = (u8 *) __bpf_call_base + imm32;
        jmp_offset = func - (image + addrs[i]);
        if (!imm32 || !is_simm32(jmp_offset)) {
           pr_err("unsupported BPF func %d addr %p image %p\n",
                  imm32, func, image);
           return -EINVAL;
        }
        EMIT1_off32(0xE8, jmp_offset);
        break;

        case BPF_JMP | BPF_TAIL_CALL:
           emit_bpf_tail_call(&prog);
           break;

        case BPF_JMP | BPF_JEQ | BPF_X:
        case BPF_JMP | BPF_JNE | BPF_X:
        case BPF_JMP | BPF_JGT | BPF_X:
        case BPF_JMP | BPF_JLT | BPF_X:
        case BPF_JMP | BPF_JGE | BPF_X:
        case BPF_JMP | BPF_JLE | BPF_X:
        case BPF_JMP | BPF_JSGT | BPF_X:
        case BPF_JMP | BPF_JSLT | BPF_X:
        case BPF_JMP | BPF_JSGE | BPF_X:
        case BPF_JMP | BPF_JSLE | BPF_X:
           EMIT3(add_2mod(0x48, dst_reg, src_reg), 0x39,
                add_2reg(0xC0, dst_reg, src_reg));
           goto emit_cond_jmp;

        case BPF_JMP | BPF_JSET | BPF_X:

           EMIT3(add_2mod(0x48, dst_reg, src_reg), 0x85,
                add_2reg(0xC0, dst_reg, src_reg));
           goto emit_cond_jmp;
```

```
        case BPF_JMP | BPF_JSET | BPF_K:
            EMIT1(add_1mod(0x48, dst_reg));
...

    if (image) {
        if (unlikely(proglen + ilen > oldproglen)) {
            pr_err("bpf_jit: fatal error\n");
            return -EFAULT;
        }
        memcpy(image + proglen, temp, ilen);
    }
    proglen += ilen;
    addrs[i] = proglen;
    prog = temp;
    }
    return proglen;
}
```

do_jit()主要完成以下工作。

（1）调用 emit_prologue()函数，由于 eBPF 指令没有栈操作指令，因此需要构造函数，执行栈初始化，使之完全符合 x64 的 abi 规则。其中包括 bp push、bp 初始化，以及保存需要被调用者保存的寄存器（R15、R14、R13 和 rbx）。

（2）对于普通指令，基本能根据操作码、eBPF 和 x64 的寄存器映射一对一地进行指令编译。

（3）修正 BPF_CALL 的函数调用。BPF_CALL 主要用于辅助函数的调用和 BPF 函数对 BPF 函数的调用，现在 BPF_CALL 的 imm 值是 func 的地址减去__bpf_call_base，因此，imm 加上__bpf_call_base 可得到 func 的地址，然后用 func 的地址减去当前指令的地址作为新的 imm。

（4）函数收尾工作。遇到 BPF_EXIT 指令，代表 BPF 函数结束。从栈中弹出先前保存的 R15、R14、R13 和 rbx 寄存器，添加 leave 指令，执行栈平衡操作，添加 ret 指令，用于返回。

（5）emit_bpf_tail_call()处理的是 prog 调用另外一个 prog 的函数的问题，eBPF 的 prog 是可以复用的。在调用深度允许的情况下，直接跳转到被调用者的 prog->bpf_func + prologue_size 对应的地址。

（6）do_jit()执行完毕，prog->bpf_func 存放编译后的可执行代码。

do_jit()函数只被 bpf_int_jit_compile()调用。bpf_init_jit_compile()的主要执行流程如下。

（1）申请 addr[prog->len]数组，用于存储与 eBPF 指令对应的 x64 指令的地址。假设每条 eBPF 指令对应 64 字节长的 x64 指令。

（2）循环调用 do_jit()函数。对一个函数体的 JIT 编译一般需要多轮。这主要因为跳转指令在进行 JIT 编译的时候，如果向后跳转，则无法知道确切的距离，因为后面的指令还没有生成，这里只能按照第（1）步的假设进行。假设每个 eBPF 指令对应的 x86 指令占 64 字节，那么生成的 x86 版本的 jmp 指令的长度比实际的长。所以几轮调用 do_jit()函数，并没有保存指令的编译结果，只是把每个 eBPF 指令对应的 x86 指令的偏移量记录到 addr 数组里，第 1 轮调用后，每条指令的位置信息都会记录到 addr 里，但这个位置信息并不准确，因为 jmp 指令的跳转是不对的，而且生成的 jmp 指令的长度也可能不对（本来是短跳转，现在可能是长跳转），所以需要第 2 轮调用，每一轮要生成的总的 x86 指令长度不断收缩，位置信息越来越准确，直到最后总的 x86 指令长度不再收缩，addr 信息就完全正确了。

（3）x86 指令总长度不再收缩后，根据这个长度申请内存，进行最后一轮 do_jit() 调用，保存所有编译后的 x64 指令。

举一个简单的例子，假设一个函数包含一条跳转指令。

第 1 轮之后，在 addr 里非跳转指令的长度从假设的 64 字节收敛为 x64 指令真实的长度，如果向后跳转，那么跳转指令的跳转距离不对，偏大，并且可能导致跳转指令本身的长度偏大。

因为所有非跳转指令在第 1 轮的长度都收敛为正确的长度，所以在第 2 轮中 do_jit() 遇到跳转指令的时候，生成的跳转指令无论是跳转距离还是指令长度都正确。

如果第 2 轮对跳转指令的修正导致 jmp 指令变短（例如，从长跳转变为短跳转），就需要进行第 3 轮。第 3 轮中，所有指令的长度都不再变化。

第 3 轮中，所有指令布局不会再收缩。add 记录的指令占位全部正确。bpf_int_jit_compile() 函数会为 do_jit() 申请内存，在 do_jit() 里会保存每条编译的指令，完成最后的 JIT 编译。

bpftrce 程序 prog 经过 JIT 编译后的汇编代码如下。

```
[root@11-11-11-11 ~]# bpftool prog dump jit id 20
0xfffffffffc03eb692:
    0:    push   %rbp
    1:    mov    %rsp,%rbp
    4:    sub    $0x40,%rsp
    b:    sub    $0x28,%rbp
    f:    mov    %rbx,0x0(%rbp)
   13:    mov    %r13,0x8(%rbp)
   17:    mov    %r14,0x10(%rbp)
   1b:    mov    %r15,0x18(%rbp)
   1f:    xor    %eax,%eax
   21:    mov    %rax,0x20(%rbp)
   25:    mov    %rdi,%rbx
   28:    mov    0x70(%rbx),%rdx
   2c:    mov    $0x2,%edi
   31:    mov    %rdi,-0x18(%rbp)
   35:    add    $0x20,%rdx
   39:    mov    %rbp,%rdi
   3c:    add    $0xfffffffffffffff8,%rdi
   40:    mov    $0x8,%esi
   45:    callq  0xffffffffff65d906e
   4a:    mov    -0x8(%rbp),%rdx
   4e:    add    $0x40,%rdx
```

```
52:     mov     %rbp,%rdi
55:     add     $0xfffffffffffffff8,%rdi
59:     mov     $0x8,%esi
5e:     callq   0xffffffffff65d906e
63:     mov     -0x8(%rbp),%rdi
67:     mov     %rdi,-0x10(%rbp)
6b:     movabs  $0xffff9860ed0ba000,%r13
75:     callq   0xffffffffff65f71ce
7a:     mov     %rbp,%rcx
7d:     add     $0xffffffffffffffe8,%rcx
81:     mov     %rbx,%rdi
84:     mov     %r13,%rsi
87:     mov     %rax,%rdx
8a:     mov     $0x10,%r8d
90:     callq   0xffffffffff65d960e
95:     xor     %eax,%eax
97:     mov     0x0(%rbp),%rbx
9b:     mov     0x8(%rbp),%r13
9f:     mov     0x10(%rbp),%r14
a3:     mov     0x18(%rbp),%r15
a7:     add     $0x28,%rbp
ab:     leaveq
ac:     retq
```

0xffffffffc03eb692 为 prog->bpf_func 的地址，其中的调用函数的地址是错误的，这里怀疑是工具的问题。

以基于 kprobe 的 eBPF 为例来看 bpf_func 的执行流程。

create_local_trace_kprobe()函数先调用 alloc_trace_kprobe()分配 trace_kprobe，并初始化 kprobe 的 pre_handler 为 kprobe_dispatcher()，然后调用__register_trace_kprobe()，注册 kprobe。

kprobe 探测函数执行之后，执行其 pre_handler（也就是 kprobe_dispatcher），代码如下。

```
static int kprobe_dispatcher(struct kprobe *kp, struct pt_regs *regs)
{
    struct trace_kprobe *tk = container_of(kp, struct trace_kprobe, rp.kp);
    int ret = 0;

    raw_cpu_inc(*tk->nhit);

    if (tk->tp.flags & TP_FLAG_TRACE)
        kprobe_trace_func(tk, regs);
#ifdef CONFIG_PERF_EVENTS
    if (tk->tp.flags & TP_FLAG_PROFILE)
        ret = kprobe_perf_func(tk, regs);
#endif
    return ret;
}
```

运行 kprobe_perf_func()分支。kprobe_perf_func()函数调用 trace_call_bpf()。

```
unsigned int trace_call_bpf(struct trace_event_call *call, void *ctx)
 {
    unsigned int ret;

    if (in_nmi())
       return 1;

    preempt_disable();

    if (unlikely(__this_cpu_inc_return(bpf_prog_active) != 1)) {
    ret = BPF_PROG_RUN_ARRAY_CHECK(call->prog_array, ctx, BPF_PROG_RUN);

 out:
    __this_cpu_dec(bpf_prog_active);
    preempt_enable();

    return ret;
 }
```

BPF_PROG_RUN_ARRAY_CHECK 宏调用 prog_array 中所有 prog 的 bpf_func。

bpf_probe_read 被 eBPF 用于复制内核内存，以达到间接访问的目的，代码如下。

```
    BPF_CALL_3(bpf_probe_read, void *, dst, u32, size, const void *, unsafe_ptr)
 {
    int ret;

    ret = probe_kernel_read(dst, unsafe_ptr, size);
    if (unlikely(ret < 0))
       memset(dst, 0, size);

    return ret;
 }
```

probe_kernel_read()调用 copy_user_enhanced_fast_string()函数的代码如下。

```
1   ENTRY(copy_user_enhanced_fast_string)
2      ASM_STAC
3      cmpl $64,%edx
4      jb .L_copy_short_string
5      movl %edx,%ecx
6   1: rep
7      movsb
8      xorl %eax,%eax
9      ASM_CLAC
10     ret
11
12     .section .fixup,"ax"
13  12: movl %ecx,%edx
```

```
14        jmp copy_user_handle_tail
15        .previous
16
17        _ASM_EXTABLE(1b,12b)
18    ENDPROC(copy_user_enhanced_fast_string)
```

x86 平台通过 rdi、rsi 和 rdx 传递参数。rdi 是目的地址，rsi 是要复制的内核地址，rdx 是复制的长度。第 6、7 行代码复制 rsi 中的内容到 rdi，直到达到 ecx 长度为止。第 12 行代码定义一个名为 fixup 的段，之后的指令加入该段。第 17 行代码向异常向量表中添加异常处理项，1b 是异常发生的地址，12b 是异常处理跳转的地址。

如果内核地址 src 非法，在 do_page_fault() 和 fix_exception 中查找异常向量表，将 reg->ip 设置为 12b 的地址，do_page_fault() 执行完并从异常返回后，回到 12b 处执行。在 12b 处会调用 copy_user_handle_tail()，复制剩下的字节。copy_user_handle_tail() 函数也基于同样的机制，不再说明。

可见，bpf_probe_read() 函数可以处理内核地址非法的问题，最后只会给用户返回实际复制成功的长度。

最后，在安全性方面，eBPF 访问内核资源需借助 eBPF 的各种辅助函数，辅助函数能在最坏的情况下保证代码的安全性。

5.4 SystemTap

5.4.1 底层软件工程师的困境

使用 Java、Python 等语言的上层软件工程师，已经充分体会到了集成开发环境（Integrated Development Environment，IDE）中调试功能的好处。IDE 在调试状态下收集了几乎所有的状态信息和运行信息。借助这些信息，上层软件工程师可以高效地完成调试工作。

底层软件工程师在开发操作系统的软件功能时，缺乏友好、高效的 IDE 支持。所以面对各种各样的调试和测试异常，他们不得不在代码添加各种调试日志后，重新编译链接后运行，然后在海量的日志里寻找出现问题之前的运行情况。

5.4.2 SystemTap 的出现和发展历史

SystemTap 与一种名为 DTrace 的老技术相似，该技术源于 Sun 的 Solaris 操作系统。在 DTrace 中，开发人员可以用 D 语言（C 语言的子集，但修改为支持跟踪行为）编写脚本。DTrace 脚本包含许多探针和相关联的操作，这些操作在探针"触发"时发生。例如，探针可以表示简单的系统调用，也可以表示更加复杂的交互，例如，执行特定的代码行。

2005 年，SystemTap 在 Red Hat Enterprise Linux 4 Update 2 上作为预发布技术亮相。经过

4 年的开发后，2009 年 SystemTap 1.0 正式发布。2011 年，SystemTap 已经可以在所有 Linux 发行版本上很好地运行，这些发行版本包括 RHEL / CentOS 5（从 update 2 版本开始）、SLES 10、Fedora、Debian 和 Ubuntu。2019 年 11 月发布的 SystemTap 4.2 开始集成 prometheus exporter。

5.4.3　关于 SystemTap 的两个例子

本节的示例只用于对 SystemTap 进行演示，读者不必急着尝试运行。后面会逐步介绍如何安装和运行 SystemTap。

1. 动态跟踪

尽管统一建模语言（Unified Modeling Language，UML）已经有超过 20 年的使用时间，但是软件工程师们依然不愿意为其设计和撰写详细的设计文档。所以动态跟踪依然广泛用于软件的分析和调试过程中。动态跟踪通过在源代码中增加的一些状态的输出信息，在运行过程中不断输出信息，以向分析者或调试者展现程序工作的状态。如果要动态跟踪内核网络服务，我们就需要为 net/socket.c 文件中函数的进入和退出的关键部分都加上输出信息的代码。这需要我们花费数小时乃至数天的工作时间。SystemTap 可以帮助我们节省时间。

编辑脚本"socket-trace.stp"，在 net/socket.c 中所有函数的调用和返回处插入 SystemTap 的事件。

```
socket-trace.stp
#! /usr/bin/env stap
probe kernel.function("*@net/socket.c").call {
printf ("%s -> %s\n", thread_indent(1), ppfunc())
}
probe kernel.function("*@net/socket.c").return {
printf ("%s <- %s\n", thread_indent(-1), ppfunc())
}
```

执行"socket-trace.stp"脚本后，显示以下输出。

```
0 Xorg(3611): -> sock_poll
3 Xorg(3611): <- sock_poll
0 Xorg(3611): -> sock_poll
3 Xorg(3611): <- sock_poll
0 gnome-terminal(11106): -> sock_poll
5 gnome-terminal(11106): <- sock_poll
0 scim-bridge(3883): -> sock_poll
3 scim-bridge(3883): <- sock_poll
0 scim-bridge(3883): -> sys_socketcall
4 scim-bridge(3883): -> sys_recv
8 scim-bridge(3883): -> sys_recvfrom
12 scim-bridge(3883):-> sock_from_file
16 scim-bridge(3883):<- sock_from_file
```

```
20 scim-bridge(3883):-> sock_recvmsg
24 scim-bridge(3883):<- sock_recvmsg
28 scim-bridge(3883): <- sys_recvfrom
31 scim-bridge(3883): <- sys_recv
35 scim-bridge(3883): <- sys_socketcall
```

2. 静态分析

除动态跟踪之外，静态分析还是程序分析和调试者常用的功能。典型的应用是分析栈的调用关系。SystemTap 提供了一种报告用户任务栈的方式。例如，为了在 ls 指令中调用 xmalloc 输出栈调用关系，使用以下 SystemTap 指令。

```
stap -d /bin/ls --ldd \
-e 'probe process("ls").function("xmalloc") {print_usyms(ubacktrace())}' \
-c "ls /"
```

这样，每次通过 ls 调用 xmalloc，就会输出如下信息。

```
bin dev lib media net proc sbin sys var
boot etc lib64 misc op_session profilerc selinux tmp
cgroup home lost+found mnt opt root srv usr
0x4116c0 : xmalloc+0x0/0x20 [/bin/ls]
0x4116fc : xmemdup+0x1c/0x40 [/bin/ls]
0x40e68b : clone_quoting_options+0x3b/0x50 [/bin/ls]
37
0x4087e4 : main+0x3b4/0x1900 [/bin/ls]
0x3fa441ec5d : __libc_start_main+0xfd/0x1d0 [/lib64/libc-2.12.so]
0x402799 : _start+0x29/0x2c [/bin/ls]
0x4116c0 : xmalloc+0x0/0x20 [/bin/ls]
0x4116fc : xmemdup+0x1c/0x40 [/bin/ls]
0x40e68b : clone_quoting_options+0x3b/0x50 [/bin/ls]
0x40884a : main+0x41a/0x1900 [/bin/ls]
0x3fa441ec5d : __libc_start_main+0xfd/0x1d0 [/lib64/libc-2.12.so]
```

5.4.4　基本原理

1. 探针

SystemTap 在软件运行的过程中，也需要通过探针接入被观测的程序。

探针的作用是将示波器接入被观察电路，如图 5.18 所示。

探针是一种典型的回调函数机制，由事件和行为组成。描述这些探针的文本就是 SystemTap 脚本。探针可以基于多种事件触发，使其行为被执行。这些事件包含"进入和退出一个函数""超时""终止对话"等。行为是一系列脚本语言

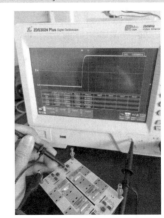

图 5.18　使用示波器探针观察硬件中的信号

状态的集合。它指定了处理的内容和处理的顺序，当事件触发后，工作的内容按照工作顺序执行。这些通常包括从事件中获取数据，把数据存储到内部变量，然后把内部变量输出。当一个事件发生的时候，它对应的行为就会执行。

探针的书写格式如下。

```
probe event {statements}
```

其中，event 是事件，{statements}是行为。

探针的应用示例如下。

```
# cat hello-world.stp
probe begin
{
print ("hello world\n")
exit ()
}


# stap hello-world.stp
hello world
```

2. 事件

SystemTap 使用的事件包括两类——同步事件和异步事件。

同步事件是限定于特定指令或者程序的位置的事件，如 syscall.system_call 系统调用事件、vfs.file_operation 虚拟文件操作事件、kernel.function("function")核函数事件。

在为探针指定事件的时候，使用通配符（*）对一个源文件的所有函数进行匹配，示例如下。

```
probe kernel.function("*@net/socket.c") { }
probe kernel.function("*@net/socket.c").return { }
```

第 1 个探针匹配 net/socket.c 中所有函数的入口，第 2 个探针匹配 net/socket.c 中所有函数的返回点。在动态跟踪网络服务的例子里使用的就是这两个探针。

使用 module("module").function("function") 的形式指定模块内函数的事件，示例如下。

```
probe module("ext3").function("*") { }
probe module("ext3").function("*").return { }
```

这里就把探针放置在 ext3 模块内所有函数的入口和返回点。

异步事件是指不限定于特定指令或者程序的位置的事件。异步事件主要有计数器、计时器和与之类似的功能。

一个关于计时器事件的例子如下。

```
probe timer.s(4)
{
printf("hello world\n")
}
```

运行这段代码，每隔 4s 发生一次计时器超时，然后输出“hello world”。

3. 行为

因为在实际运行过程中 SystemTap 脚本会先转换成 C 语言的源代码，再执行，所以为了方便脚本执行，采用了类 C 语言或 awk 的语法格式。主要的语法内容如下。

1）变量的命名方式和说明方式

在行为中，我们可以很便捷地使用变量。命名一个变量，然后给它赋值，也可以用表达式给它赋值，再在一个表达式中使用它。当然，目前已经不必像 C 语言那样显式地声明变量的类型，而由 SystemTap 自己通过被赋予的值判断变量是字符串还是数值。

默认情况下，变量的作用域是局部的，仅限于定义、赋值和被使用的行为。通过关键字 global 定义全局变量。

下面展示了一段 SystemTap 脚本。

```
global count_jiffies, count_ms
probe timer.jiffies(100) { count_jiffies ++ }
probe timer.ms(100) { count_ms ++ }
probe timer.ms(12345)
{
hz=(1000*count_jiffies) / count_ms
printf("jiffies:ms ratio %d:%d => CONFIG_HZ=%d\n",
count_jiffies, count_ms, hz)
exit ()
}
```

2）条件分支

正如程序设计会遇到的问题一样，SystemTap 脚本也会面对不同的情况，所以需要 SystemTap 支持条件分支。SystemTap 支持的条件分支有 if/else、while、for。

if/else 条件分支的格式如下。

```
if (condition)
    statement1
else
    statement2
```

与 C 语言一样，当条件（condition）为真时，执行 statement1；当条件（condition）为假时，执行 statement2。其实 else 及其相关的 statement2 是可选部分。statement1 和 statement2 既可以是单行代码也可以是代码块。if/else 条件分支的应用示例如下。

```
global countread, countnonread
probe kernel.function("vfs_read"),kernel.function("vfs_write")
{
if (probefunc()=="vfs_read")
    countread ++
else
    countnonread ++
```

```
}
probe timer.s(5) { exit() }
probe end
{
printf("VFS reads total %d\n VFS writes total %d\n", countread, countnonread)
}
```

while 条件分支的格式如下。

```
while (condition)
statement
```

与 C 语言一样，当 condition 为真时，循环执行相关的 statement；当 condition 为假时，终止循环。statement 既可以是单行代码也可以是代码块。

for 条件分支的格式如下。

```
for (initialization; conditional; increment) statement
```

for 条件分支与 C 语言中定义的 for 循环的语法一致。

合法的条件判断的符号如下。

- ❏ ==：左值等于右值的逻辑判断。
- ❏ !=：左值不等于右值的逻辑判断。
- ❏ >=：左值大于或等于右值的逻辑判断。
- ❏ <=：左值小于或等于右值的逻辑判断。

3）容器

在设计多进程并行程序的时候，根据任务的 PID 进行观测是比较好的选择。对此，SystemTap 通过支持数据来实现。应用示例如下。

```
foo[tid()] = gettimeofday_s()
```

把容器当作 Python 提供的字典来理解，即通过键值进行容器内具体对象的访问操作。显而易见，容器主要服务多个探针，所以必须用 global 关键字将其声明为全局作用域。

容器的声明类似于 awk 的语法，示例如下。

```
array_name[index_expression]
```

array_name 是容器名，index_expression 是键值。

下面举一个例子，建立一个名为 foo 的容器，分别把 A、B、C 这 3 个人的年龄设定为 23、24、25。

```
foo["A"] = 23
foo["B"] = 24
foo["C"] = 25
```

SystemTap 允许用户为容器最多设置 9 个键值，相互用逗号分隔。这对精确指定 Linux 内的运行实体非常有帮助。例如，在 SystemTap 中定义包含进程 ID、进程名字、用户 ID、父进程 ID 和一个标识字符串（假定为"W"）的实体的名字为"devname"。

```
device[pid(),execname(),uid(),ppid(),"W"] = devname
```

接下来，讨论容器的基本操作。

容器的赋值操作的语法格式如下。

```
array_name[index_expression] = value
```

容器的读取操作的语法格式如下。

```
delta = gettimeofday_s() - foo[tid()]
```

容器的自增操作的语法格式如下。

```
array_name[index_expression] ++
```

容器自增操作的示例代码如下。

```
probe vfs.read
{
reads[execname()] ++
}
```

对于容器来说，迭代操作是非常基本的功能。SystemTap 通过 foreach()提供此功能。foreach() 的应用示例如下。

```
global reads
probe vfs.read
{
reads[execname()] ++
}
probe timer.s(3)
{
foreach (count in reads)
printf("%s : %d \n", count, reads[count])
}
```

其中，foreach (count in reads) 的作用是告诉 SystemTap 依次访问 reads 中的成员，把成员的键值赋值给 count。这样我们就可以用 reads[count]来访问成员的值了。

以上是普通的迭代方式，SystemTap 还提供了控制符。通过容器加 "+" 后缀，指定顺序迭代；通过容器加 "−" 后缀，指定逆序迭代。通过 limit value，控制迭代的次数。应用示例如下。

```
probe timer.s(3)
{
foreach (count in reads- limit 10)
printf("%s : %d \n", count,
```

请注意 reads 后面的 "−" 后缀，它使得迭代从最后一个成员开始逆序执行。limit 10 规定迭代次数为 10。

5.4.5 深入了解原理

1. 安装

SystemTap 是开源软件。推荐读者复制源代码后自行运行。本书中所有例子都是在 ubuntu-16.04.4 中测试过的。

ubuntu-16.04.4 的下载方法如下。

```
wget -c -t 0 ****://old-releases.ubuntu.***/releases/16.04.4/ubuntu-16.04.4-desktop-amd64.iso
```

SystemTap 的下载和安装方式如下。

```
$ sudo apt remove systemtap
$ sudo apt install build-essential git zlib1g-dev elfutils libdw-dev gettext libelf-dev
libdw-dev python-setuptools
$ git clone git://sourceware.org/git/systemtap.git (https://gitee.com/cherry_wb/
systemtap.git)
$ cd systemtap/
$ ./configure && make
$ sudo make install
```

值得注意的是，需要为 SystemTap 提供内核的符号表等相关信息，才能让 SystemTap 正常工作。内核符号表的安装方式如下。这一步需要的时间可能会长达几十小时，后续最好在 GitHub 中下载。

```
sudo apt-key adv --keyserver keyserver.ubuntu.com --recv-keys C8CAB6595FDFF622
codename=$(lsb_release -c | awk '{print $2}')
sudo tee /etc/apt/sources.list.d/ddebs.list << EOF
deb http://ddebs.ubuntu.com/ ${codename} main restricted universe multiverse
deb http://ddebs.ubuntu.com/ ${codename}-security main restricted universe multiverse
deb http://ddebs.ubuntu.com/ ${codename}-updates main restricted universe multiverse
deb http://ddebs.ubuntu.com/ ${codename}-proposed main restricted universe multiverse
EOF
sudo apt-get update
sudo apt-get install linux-image-$(uname -r)-dbgsym
```

安装完后，按照以下方式进行测试。若不出现错误提示，表示安装成功。

```
$ sudo stap -e 'probe begin { printf("Hello, World!\n"); exit() }'
[sudo] password for zzy:
Hello, World!
$ sudo stap -e 'probe kernel.function("sys_open") {log("hello world") exit()}'
hello world
$ cat /etc/issue
Ubuntu 16.04.4 LTS \n \l
$ uname -r
4.13.0-36-generic
```

2. SystemTap 运行过程

运行 SystemTap 脚本的活动如下。

（1）SystemTap 根据库文件（通常存储在/usr/share/systemtap/tapset/中）的 API 进行检查，并把脚本里面的 API 替换为对应的库操作。

（2）SystemTap 根据脚本内容生成 C 语言代码，并调用系统的 C 语言编译器生成内核模组。

（3）SystemTap 加载这个模组，启动脚本里描述的所有探针（由事件和行为组成），并启动实时工具包 systemtap-runtime。

运行过程中，当某个事件发生时，它对应的行为就被 SystemTap 执行。

当 SystemTap 运行结束后。所有的探针都会关闭，对应的内核模组也会卸载。

3. 探针工作原理

当 SystemTap 埋入一个探针的时候，首先备份将被探针接触点取代的指令，然后使用断点指令（即 i386 和 x86_64 中的 int3 指令）来取代被探测指令的首字节或前几字节。当 CPU 执行到探测点时，将因运行断点指令而执行 trap 操作，这将导致保存 CPU 的寄存器调用相应的 trap 处理函数。

第6章　人工智能技术

本章将从软件的角度介绍一些主流的人工智能技术,目前人工智能主要在两个领域应用广泛,它们分别是音视频领域和自然语言领域。其中比较突出的要数音视频领域,因此本章会简述人工智能在音视频领域的应用。

6.1　视频编解码主流技术及软件框架

本节主要介绍在人工智能的视觉领域广泛应用的多媒体框架、算法框架、渲染框架等。目前主流的 AI GPU 厂商基本上为这些框架提供或多或少的技术支持。

6.1.1　FFmpeg/VAAPI 框架介绍

FFmpeg 是流行的多媒体框架,支持几乎所有与多媒体相关的功能,支持大量的流媒体协议。它可以在大多数主流操作系统上编译、运行。FFmpeg 包含了 libavcodec、libavutil、libavformat、libavfilter、libavdevice、libswscale 和 libswresample 等模块,可以被应用程序开发者直接使用。它还提供了 ffmpeg、ffplay 和 ffprobe 这 3 个工具程序,可以使用命令行进行转码和播放。由于 FFmpeg 是在 LGPL(Lesser General Public License,宽通用公共许可证)/GPL(General Public License,通用公共许可证)协议中发布的,因此任何人都可以自由使用,但必须严格遵守 LGPL/GPL 协议。

从下面的这些指令可以看到,FFmpeg 实现的功能很丰富。

```
# 获取视频信息
ffprobe -i test.mp4
# 用图片合成视频
ffmpeg -f image2 -i image%d.jpg video.mpg
# 视频帧分解
```

```
ffmpeg -i video.mpg image%d.jpg
# 视频帧转码
ffmpeg -i source.avi -b 300 -s 320x240 -vcodec xvid -ab 32 -ar 24000 -acodec aac final.mp4
# 提取音频
ffmpeg -i source.avi -vn -ar 44100 -ac 2 -ab 192 -f mp3 sound.mp3
# 提取 WAV 并转码成 MP3
ffmpeg -i source.avi -vn -ar 44100 -ac 2 -ab 192 -f mp3 final.mp3
# AVI 转码成 MPG
ffmpeg -i source.avi final.mpg
# AVI 转码成 GIF
ffmpeg -i source.avi final.gif
# 合成视频和音频
ffmpeg -i source1.wav -i source2.avi final .mpg
```

6.1.2 Gstreamer 框架介绍

Gstreamer 是一个跨平台的多媒体应用程序框架。Gstreamer 是基于管道的多媒体框架和面向对象技术（GObject）的 C 语言实现的。

Gstreamer 允许程序员创建各种媒体处理组件，包括音视频播放与录制、流媒体控制、媒体编辑等。Gstreamer 遵循 GPL 协议。下面简述 Gstreamer 的一些基本概念。

元件（element）是组成管道的基本单元。将多个元件串联到一起，可以组成一个管道（pipeline）来完成一个任务，如播放音乐。元件根据功能分成 3 类，分别是生产元件、消费元件和过滤元件。容器（bin）用来装载元件，管道是容器的一个子类型。衬垫（pad）是元件的接口，用来连接不同的元件，因此数据流可以在元件间传输。元件分为永久型、随机型和请求型。数据处理能力（cap）集描述了能够通过衬垫或当前通过衬垫的数据流格式。通过 gst-inspect-1.0 指令查看元件所支持的媒体类型。每一个管道默认包含一条总线（bus），应用程序不需要再创建总线。应用程序在总线上设置一个消息处理器。当主循环运行的时候，总线将会轮询这个消息处理器是否有新的消息，当消息被采集后，总线将"呼叫"相应的回调函数来完成任务。事件（event）包括管道里的控制信息，如寻找信息和流的终止信号。

动手写插件是学习 Gstreamer 开发的一个很好的起点。Gstreamer 插件主要包含以下几类。

❑ gst-libav：基于 libav 的插件，包含一些主流的编解码器。

❑ gst-plugins-bad：有待改进的插件。

❑ gst-plugins-base：基本的 Gstreamer 插件。

❑ gst-plugins-good：遵循 LGPL 的插件。

❑ gst-plugins-ugly：遵循 GPL 协议的插件，在某些场合存在分发问题。

最后列举 Gstreamer 的一些基本指令，读者可以在日常使用的过程中逐步熟悉。

```
# 若直接执行 gst-inspect-1.0 指令，会把所有支持的插件列表都列出来
# 若指令后面跟随插件名，会单独输出对应插件的信息
gst-inspect-1.0 audiotestsrc
```

```
Factory Details:
  Rank                 none (0)
  Long-name            Audio test source
  Klass                Source/Audio
  Description          Creates audio test signals of given frequency and volume
  Author               Stefan Kost <ensonic@users.sf.net>

Plugin Details:
  Name                 audiotestsrc
  Description          Creates audio test signals of given frequency and volume
  Filename             /usr/lib/gstreamer-1.0/libgstaudiotestsrc.so
  Version              1.8.1
  License              LGPL
  Source module        gst-plugins-base
  Source release date  2016-04-20
  Binary package       GStreamer Base Plugins (Arch Linux)
  Origin URL           *****//****archlinux****/
#GST_DEBUG
For example, GST_DEBUG=2,audiotestsrc:6, will use Debug Level 6 for the audiotestsrc
element, and 2 for all the others.
```

视频播放

```
gst-launch videotestsrc ! xvimagesink
```

视频采集

```
gst-launch v4l2src ! video/x-raw-yuv,format=fourccYUY2,width=640,height=480,framerate=
15/1 ! videorate ! videoscale ! ffmpegcolorspace ! xvimagesink
```

采集并保存视频

```
gst-launch -e v4l2src ! video/x-raw-yuv, format=fourccYUY2,framerate=30/1, width=640,
height=480 ! videorate ! ffmpegcolorspace ! ffenc_mpeg4 ! avimux ! filesink location=test.avi
```

画中画

```
gst-launch -e videotestsrc pattern="snow" ! video/x-raw-yuv,framerate=10/1, width=200,
height=150 ! videomixer name=mix ! ffmpegcolorspace ! xvimagesink videotestsrc ! video/
x-raw-yuv, framerate=10/1, width=640, height=360 ! mix.
videotestsrc ! video/x-raw-yuv, framerate=10/1, width=640,height=360 ! mix.
```

添加文本

```
gst-launch videotestsrc !video/x-raw-yuv,width=640,height=480,framerate=15/1 !
textoverlaytext="Hello" ! ffmpegcolorspace ! ximagesink
```

添加时间

```
gst-launch videotestsrc ! clockoverlay halign=right valign=bottomshaded-background=
true time-format="%Y.%m.%D" ! ffmpegcolorspace !ximagesink
```

添加边框

```
gst-launch -e videotestsrc pattern="snow" ! video/x-raw-yuv,framerate=10/1, width=
200, height=150 ! videobox border-alpha=1.0 top=-2 bottom=-2 left=-2 right=-2 !videobox
border-alpha=0 alpha=0.6 top=-20 left=-25 ! videomixer name=mix ! ffmpegcolorspace !
xvimagesinkvideotestsrc ! video/x-raw-yuv, framerate=10/1, width=640, height=360 ! mix.
```

视频墙

```
gst-launch -e videomixer name=mix ! ffmpegcolorspace ! xvimagesink \videotestsrc
pattern=1 ! video/x-raw-yuv, framerate=5/1,width=320, height=180 ! videobox border-alpha=
0 top=0 left=0 ! mix. videotestsrc pattern=15 ! video/x-raw-yuv, framerate=5/1,width=320,
height=180 ! videobox border-alpha=0 top=0 left=-320 ! mix. videotestsrc pattern=13 !
video/x-raw-yuv, framerate=5/1,width=320, height=180 ! videobox border-alpha=0 top=-180
left=0 ! mix. videotestsrc pattern=0 ! video/x-raw-yuv, framerate=5/1,width=320, height=
180 ! videobox border-alpha=0 top=-180 left=-320 ! mix. videotestsrc pattern=3 ! video/
x-raw-yuv, framerate=5/1,width=640, height=360 ! mix.
```

6.1.3 OpenCV 框架介绍

OpenCV 是目前使用十分广泛的计算机视觉技术。随着人工智能技术的发展，图像处理和计算机视觉技术也得到了发展，各大 AI GPU 厂商都为 OpenCV 提供或多或少的技术支持。下面先简要介绍 Ubuntu Linux 系统中 OpenCV 的安装。

第 1 步，安装依赖包。

```
sudo apt-get install build-essential
sudo apt-get install cmake git libgtk2.0-dev pkg-config libavcodec-dev libavformat-dev
libswscale-dev
sudo apt-get install python-dev python-numpy libtbb2 libtbb-dev libjpeg-dev libpng-dev
libtiff-dev libjasper-dev libdc1394-22-dev
sudo apt-get install libavcodec-dev libavformat-dev libswscale-dev libv4l-dev liblapacke-dev
sudo apt-get install libxvidcore-dev libx264-dev
sudo apt-get install libatlas-base-dev gfortran
sudo apt-get install ffmpeg
```

第 2 步，下载源代码。

```
git clone ******//github****/OpenCV/OpenCV.git
git clone ******//github****/OpenCV/OpenCV_contrib/releases
```

第 3 步，编译、安装。

```
sudo cp -r OpenCV_contrib-4.2.0 OpenCV-4.2.0
sudo mkdir build
cd bulid
sudo cmake -D CMAKE_BUILD_TYPE=Release -D CMAKE_INSTALL_PREFIX=/usr/local -D OPENCV_EXTRA_
MODULES_PATH=/home/pengyang
/OpenCV/OpenCV_contrib/modules/ ..
sudo cmake -D CMAKE_BUILD_TYPE=Release -D OPENCV_GENERATE_PKGCONFIG=YES -D CMAKE_INSTALL_
PREFIX=/usr/local/OpenCV4 ..
-D OPENCV_GENERATE_PKGCONFIG=YES
sudo make -j4
sudo make install  // 编译完成后安装 OpenCV
```

第 4 步，配置路径环境。

```
# 编辑文件/etc/ld.so.conf.d/OpenCV.conf，添加"/usr/local/lib"到文件中
sudo ldconfig
# 在文件/etc/bash.bashrc 中添加如下内容
```

```
# export PKG_CONFIG_PATH=$PKG_CONFIG_PATH:/usr/local/lib/pkgconfig
source /etc/bash.bashrc
sudo updatedb
```

第 5 步，测试安装是否成功。

```cpp
#include "opencv2/core.hpp"
#include "opencv2/imgproc.hpp"
#include "opencv2/highgui.hpp"
#include "opencv2/videoio.hpp"
#include <iostream>

using namespace cv;
using namespace std;

int main()
{
        // 读入一张图片
        Mat testImage = imread("Lakers.jpg");
        // 在窗口中显示载入的图片
        imshow("效果图",testImage);
        // 等待后按任意键，窗口自动关闭
        waitKey(0);
        return 0;
}
//CMakeList.txt
# cmake 版本号
 cmake_minimum_required(VERSION 3.1)
# 项目名称
project(opencv_test)
set(CMAKE_CXX_FLAGS "-STD=C++11")
# 查找 OpenCV 4.2
find_package(OpenCV 4.2 REQUIRED)
include_directories(${OpenCV_INCLUDE_DIRS})
# 输出 OpenCV 的相关信息
message(STATUS "OpenCV library status:")
message(STATUS "    config: ${OpenCV_DIR}")
message(STATUS "    version: ${OpenCV_VERSION}")
message(STATUS "    libraries: ${OpenCV_LIBS}")
message(STATUS "    include path: ${OpenCV_INCLUDE_DIRS}")
# 从源代码生成可执行文件
add_executable(opencv_test opencv_test.cpp)
# 链接与 OpenCV 相关的库文件
target_link_libraries(opencv_test ${OpenCV_LIBS})
```

运行 ./opencv_test 指令，若图片可以读取并正常显示，就说明 OpenCV 安装成功，如图 6.1 所示。

OpenCV 基本的功能是图像处理，图像处理领域涉及多种颜色模型，其中 RGB 颜色模型是日常中常见的模型，它利用红色（red）、绿色（green）、蓝色（blue）3 个分量来表示一种混合色彩。此外，还有 HSV、YUV 等颜色模型，它们通过图像的亮度、色度、饱和度等分量描述色彩。YUV 颜色模型与 RGB 颜色模型之间的转换是图像处理领域十分常见的操作。

图 6.1　运行结果

OpenCV 通过函数 cvtColor()来实现颜色模型的各种转换操作。

```
void cv::cvtColor(InputArray src,OutputArray dst,int code,int dstCn = 0)
```

InputArray src 表示输入图像，可以是 Mat 类。

OutputArray dst 表示输出图像，可以是 Mat 类。

int code 表示格式转换的标识。

int dstCn 表示目标图像的通道数，默认值 0 表示自动获取。

cvtColor()的作用是将图像从一个颜色模型转换到另一个颜色模型，OpenCV 支持上百种格式转换。

类似的函数除基本 C 语言代码的实现版本之外，还有 OpenCL 和 CUDA 的优化版本。

6.2 NVIDIA 计算平台 CUDA

计算统一设备体系结构（Compute Unified Device Architecture，CUDA）是 NVIDIA 公司推出的通用并行计算架构，它是建立在 NVIDIA 的 GPU 上的一个通用并行计算平台和编程模型，是基于新的并行编程模型和指令集架构的通用计算架构。CUDA 提供了对各种流行编程语言的支持，拥有庞大的软件生态。

6.2.1　CUDA：并行化的编程模型

CUDA 架构的核心概念是主机（host）和端设备（device）。在硬件中，主机对应 CPU 端，主要负责逻辑性强的事务处理和串行计算；端设备对应 GPU 端，通常情况下负责处理简单逻辑、执行高度线程化的并行任务（大规模计算任务、计算密集型任务，如大型矩阵运算）。用户遇到的比较简单的重复性任务通常需要在 CPU 端使用一层或者两层 for 循环来完成。CPU 的主机端可以看作串行的结构，运行这类任务非常耗时，若将这种计算移动到设备端则会大大缩短计算时间。设备端对应的 GPU 是一种并行的结构，CPU 端只需要给出缓冲区指针接口，用于主机和设备端的数据复制即可。这就是典型的 CUDA 程序中主机程序和设备程序的分工。通常将 GPU 端执行的函数称为 kernel 函数，也叫作核函数。

一个典型的 CUDA 程序的执行流程如下。

（1）CPU 端常使用 malloc 等分配主机内存，并进行数据初始化，将分配到的内存填入指定的缓冲区指针。

（2）使用 cudaMalloc()进行 GPU 的内存分配，并使用 cudaMemcpy()从主机将数据复制到设备上（使用参数 cudaMemcpyHostToDevice）。

（3）调用 CUDA 中__global__标识的核函数在设备上完成运算（前面提到的计算型任务）。

（4）使用 cudaMemcpy()将设备上的运算结果复制到主机上（使用参数 cudaMemcpyDeviceToHost）。

（5）释放设备（使用 cudaFree()）和主机（使用 free()）上分配的内存。

6.2.2　线程层次结构

1. kernel：__global__标识的 void 类型的函数

CUDA 执行流程中重要的一个过程是调用 CUDA 的核函数来执行并行计算，kernel 是 CUDA 中一个重要的概念。在 CUDA 程序构架中，主机端代码部分在 CPU 上执行，当遇到数据并行处理的部分，CUDA 就会将程序编译成 GPU 能执行的程序，并传送到 GPU，这个程序在 CUDA 里称作核（kernel）。设备端代码部分在 GPU 上执行，此代码部分在核上编写（.cu 文件）。核用__global__标识，在调用时需要用<<<grid，block>>>来指定核要执行的线程数量和线程分割的结构。

__global__表明被修饰的函数在设备上执行，但在主机上调用。

__device__表明被修饰的函数在设备上执行，但只能在其他__device__函数或者__global__函数中调用。

__shared__表明添加目标到变量声明中。这里的 shared 是共享内存变量的标志，如__shared__ float cache[10]。对于 GPU 上启动的每个线程块，CUDA 的 C 语言编译器都将创建共享变量 float cache[]的一个副本。线程块中的每个线程都共享这样的内存，但线程无法看到也不能修改其他线程块的变量副本。这使得一个线程块中的多个线程能够在计算上通信和协作。

在设备内存上，把关键字_constant 添加到变量声明中，如_constant_float s[10]。常量内存定义的变量用于保存在核函数执行期间不会发生变化的数据。数据的访问权限为只读，这样做是为了提升性能。常量内存采取了不同于标准全局内存的处理方式。在某些情况下，用常量内存替换全局内存能有效地减少内存带宽。NVIDIA 硬件提供了 64KB 的常量内存。常量内存不再需要使用 cudaMalloc()或者 cudaFree()，而在编译时，静态地分配空间。当需要复制数据到常量内存中时，使用 cudaMemcpyToSymbol()，而 cudaMemcpy()会将数据复制到全局内存。

2. 计算线程索引

一个 CUDA 的并行程序会被许多个线程执行。数个线程会组成一个线程块，同一个线程块中的线程可以同步，也可以通过共享内存通信。

内核在设备上执行，实际上会启动很多线程，一个内核所启动的所有线程称为一个网格，同一个网格上的线程共享相同的全局内存空间。网格是线程结构的第一层次。

网格（grid）可以分为很多线程块，一个线程块里面包含很多线程。各线程块是并行执行的，线程块间无法通信，也没有执行顺序。线程块的数量限制为不超过 65535（硬件限制）。网格和线程块都定义为 dim3 类型的变量，dim3 可以看成包含 3 个无符号整数（x, y, z）成员的结构体变量，在定义时，3 个成员的默认值均为 1。网格和线程块可以灵活地定义为一维、二维和三维结构。

线程束（warp）是 GPU 执行程序时的调度单位，同在一个线程束的线程以不同数据资源执行相同的指令。目前在 CUDA 架构中，线程束是一个包含 32 个线程的集合，这个线程集合被"编织在一起"并且以"步调一致"的形式执行。

在 CUDA 中，每一个线程都要执行核函数，每一个线程需要内核的两个内置坐标变量（blockIdx, threadIdx）来唯一标识。其中，blockIdx 指明线程在网格中的位置，threadIdx 指明线程在线程块中的位置，它们都是 dim3 类型的变量。每一个线程不仅需要知道它在线程块中的全局 ID，还必须要知道线程块的组织结构。通过线程的内置变量 blockDim 获取线程块各个维度的大小。线程块中包含共享内存（shared memory），可以被线程块中所有线程共享，其生命周期与线程块一致。每个线程块有自己的本地内存（local memory）。所有的线程都可以访问全局内存（global memory）和一些只读内存块——常量内存（constant memory）和纹理内存（texture memory）。表 6.1 所示为不同类型的线程中索引的计算方法。

表 6.1　线程中索引的计算方法

线程类型	线程维度	线程 ID
一维	D	D
二维	(D_x, D_y)	$(x + yD_x)$
三维	(D_x, D_y, D_z)	$(x + yD_x + zD_xD_y)$

6.2.3　CUDA 的线程索引计算

一维线程块中，threadID=threadIdx.x。二维线程块（blockDim.x, blockDim.y）中，threadID=threadIdx.x+threadIdx.y*blockDim.x。三维线程块（blockDim.x, blockDim.y, blockDim.z）中，threadID=threadIdx.x+threadIdx.y*blockDim.x+threadIdx.z*blockDim.x*blockDim.y。示例如下。

```
dim3 gridsize(3,2);
dim3 blocksize(4,3);
```

gridsize 相当于一个 3×2 的块，gridDim.x、gridDim.y、gridDim.z 相当于这个 dim3 在 x、y、z 方向的维度，这里分别是 3、2、1。网格中的 blockidx 序号标注情况如下。

0	1	2
3	4	5

blocksize 则用来描述线程的情况，blockDim.x、blockDim.y、blockDim.z 分别为 4、3、1。block 中的 threadidx 序号标注情况如下。

0	1	2	3
4	5	6	7
8	9	10	11

6.2.4　CUDA 的内存模型

流处理器（Streaming Processor，SP）是基本的处理单元，也称为 CUDA 内核。具体的指令和任务都是在 SP 上处理的。GPU 进行并行计算，也就是很多个 SP 同时做处理。

GPU 硬件的一个核心组件是流式多处理器（Streaming Multiprocessor，SM）。SM 的核心组件包括 CUDA 内核、共享内存、寄存器等。SM 可以并发地执行数百个线程。一个线程块上的线程是放在同一个 SM 上的，因此一个 SM 中有限的存储器资源制约了每个线程块的线程数量。在早期的 NVIDIA 架构中，一个线程块最多可以包含 512 个线程，而后期出现的一些设备最多可支持 1024 个线程。一个内核可由多个大小相同的线程块同时执行，因此线程总数应等于每个块的线程数乘以块的数量。

GPU 利用率表示 SM 一次最多容纳的线程数，不同的硬件设备支持的个数范围是 768~2048。SM 一次最多容纳指定的线程块数目，当超过最大数值后，就潜在地增加了等待较慢线程束的可能。

一个内核实际会启动很多线程，这些线程是逻辑上并行的，但是 SM 才是执行的物理层，这些线程在物理层并不一定同时并行，原因如下。

当一个内核运行时，把它的网格中的线程块分配到 SM 上，一个线程块只能在一个 SM 上调度。SM 一般可以调度多个线程块，这要看 SM 本身的能力。有可能一个内核的各个线程块会分配至多个 SM 上，所以它们在物理层不一定并行。

当把线程块划分到某个 SM 上时，它将进一步被划分为多个线程束。SM 采用的是单指令多线程（Single Instruction Multiple Threads，SIMT），其基本的执行单元是线程束，一个线程束包含 32 个线程，这些线程同时执行相同的指令，但是每个线程都包含自己的指令地址计数器和寄存器状态，也有自己独立的执行路径。虽然线程束中的线程同时从同一程序地址执行，但是可能具有不同的行为，例如遇到了分支结构，一些线程可能进入这个分支，但是另外一些可能不执行，它们只能等待，因为 GPU 规定线程束中所有线程在同一周期执行相同的指令，线程束分化会导致性能下降。

综上所述，SM 不仅要为每个线程块分配共享内存，还要为每个线程束中的线程分配独立的寄存器。所以 SM 的配置会影响其所支持的线程块和线程束并发数量，内核的网格和线程块的配置不同，性能会出现差异。因为 SM 的基本执行单元是包含 32 个线程的线程束，所以线程块的大小一般要设置为 32 的倍数。无论计算能力是何级别，当每个线程块开启 256 个线程时，设备的利用率都达到了 100%，因此为了充分利用设备，使程序性能得到提升，每个线程块开启的线程数应设为 192 或者 256，保持 75%～100%的利用率。

6.2.5 CUDA 用例

如下代码片段是一个简单的"hello world"例子。

```cpp
#include <iostream>
#include "stdio.h"

__global__ void kernel(void){
    printf("hello, cvudakernel\n");

}


int main(void){
    kernel<<<1,5>>>();
    cudaDeviceReset();
    return 0 ;
}
```

如下代码片段可以用来获取设备信息。

```cpp
#include <iostream>
#include <cuda_runtime_api.h>
bool InitCUDA()
{
    int count;
    cudaGetDeviceCount(&count);// 获得 CUDA 设备的数量

    if(count == 0)
    {
        std::cout<<"There is no device.\n" ;
        return false;
    }
    int i;

    for(i = 0; i < count; i++)
    {
    cudaDeviceProp prop;//CUDA 设备的属性对象

        if(cudaGetDeviceProperties(&prop, i) == cudaSuccess)
        {
            std::cout<<"设备名称: "<<prop.name<<"\n" ;
            std::cout<<"计算能力的主代号: "<<prop.major<<"\t"<<"计算能力的次代号: "<<prop.
            minor<<"\n" ;
```

```
            std::cout<<"时钟频率: "<<prop.clockRate<<"\n" ;

            std::cout<<"设备上多处理器的数量: "<<prop.multiProcessorCount<<"\n" ;
            std::cout<<"GPU 是否支持同时执行多个核心程序:"<<prop.concurrentKernels<<"\n" ;
        }
    }
    cudaSetDevice(i);// 启动设备
    return true;
}

int main()
{
    if(!InitCUDA())
    {
        return 0;
    }
    std::cout<<"CUDA 配置成功! \n" ;
    return 0;
}
```

下面是一个在 CUDA 平台上求和的例子。

```
#include <stdio.h>
#include <cuda_runtime.h>
__global__ void sum(int *a, int *b, int *c ){

    c[0] = a[0] + b[0];
}
int main(int argc, char **argv)
{
    int a[1]={1},b[1] ={2},c[1]={0};
    int *gpu_a, *gpu_b, *gpu_c;

    cudaMalloc((void **)&gpu_a, sizeof(int));
    cudaMalloc((void **)&gpu_b, sizeof(int));
    cudaMalloc((void **)&gpu_c, sizeof(int));

    cudaMemcpy(gpu_a, a, sizeof(int), cudaMemcpyHostToDevice);
    cudaMemcpy(gpu_b, b, sizeof(int), cudaMemcpyHostToDevice);

    // 执行
    sum<<<1, 1>>>(gpu_a, gpu_b, gpu_c);

    // 将执行结果下载到 host 变量 c 中
    cudaMemcpy(c, gpu_c, sizeof(int), cudaMemcpyDeviceToHost);

    // 释放空间
    cudaFree(gpu_a);
```

```
    cudaFree(gpu_b);
    cudaFree(gpu_c);

    // 输出
    printf(" %d + %d = %d \n", a[0], b[0], c[0]);
    return 0;
}
```

6.3.1　GEMM 算法

在现代计算机科学的实际应用中，有大量的计算需要通过计算机模拟验证或者预测。模拟计算的本质就是表示状态转移的矩阵计算。另外，随着计算机图形学和深度学习的发展，矩阵计算优化受到越来越多计算机科学家和企业的重视。其中，由于矩阵计算对计算机资源消耗较大，因此除计算机体系结构的硬件需要不断更新和迭代以外，软件方面也需要有大量的研究投入。

通用矩阵的矩阵乘法（General Matrix to Matrix Multiplication，GEMM）在神经网络的计算中占据很重要的位置，是深度学习中的基础和核心运算。Pete Warden 的 "Why gemm is at the heart of deep learning" 文章介绍了为什么 GEMM 在深度学习计算中很重要，以及卷积计算中如何使用 GEMM。

矩阵相乘的定义通常可以表示为 $C=AB$，A，B，$C \in \mathbf{R}$。其中，矩阵 A、B、C 的维度分别为 $M \times K$、$K \times N$、$M \times N$。用 C 语言来实现，其代码如下所示。

```
void gemm(float* A, float* B, float* C,int M,int N,int K)
{
    //对 A、B、C 的空间有效性不进行验证
    for(int i=0;i<M;i++)
    {
        for(int j=0;j<N;j++)
        {
            C[i][j]=0.f;
            for(int k=0;k<K;k++)
            {
                C[i][j] += A[i][k]*B[k][j];
            }
        }
    }
}
```

GEMM 在模拟计算的总量中占比较大，所以是提升访问效率的重点所在。通过上面的代码

可知，GEMM 的计算复杂度为 $O(n^3)$。文章"How to optimize gemm"对当前 GEMM 的各种优化方法进行了总结，与上面的基础实现相比，最终的优化方案在性能上提升了 7 倍。主要的优化思路是将计算输出划分为若干个 4×4 的子块，用于提高数据的重用率；大量使用寄存器而不是访问内存；更多地使用向量来进行取值和计算；通过数据的重排使计算时访问的地址连续等。

下面举例说明优化的具体实现及原理。

1. 计算拆分及寄存器数据访问

在 CPU 访问数据的过程中，寄存器的访问效率是高于内存中的数据访问的。因此，优化的思路之一，就是在计算过程中，在一段计算时间内，尽量使用不变的变量作为计算输入，这样就可以把该变量存储到寄存器中，从而提高计算效率。以此为基础，我们可以完成如下的优化。

优化后的源代码如下。

```
void gemm_opt_1x4(float* A, float* B, float* C,int M,int N,int K)
{
    //对 A、B、C 的空间有效性不进行验证
    for(int i=0;i<M;i++)
    {
        for(int j=0;j<N;j+=4)
        {
            C[i][j]=0.f;
            C[i][j+1]=0.f;
            C[i][j+2]=0.f;
            C[i][j+3]=0.f;
            for(int k=0;k<K;k++)
            {
                C[i][j]   += A[i][k]*B[k][j];
                C[i][j+1] += A[i][k]*B[k][j+1];
                C[i][j+2] += A[i][k]*B[k][j+2];
                C[i][j+3] += A[i][k]*B[k][j+3];
            }
        }
    }
}
```

在上面的代码中，$A[i][k]$ 变量在最内层的计算循环中是保持不变的，因此 CPU 可以在计算过程中将 $A[i][k]$ 读取到寄存器中，从而实现寄存器级的数据复用，在一层循环中计算时，内存访问操作的数量从 4 变为（3+1/4）。

更进一步，我们还可以在内层循环中计算 4×4 子块的输出，在此不做讲述。

2. 内存布局优化

上面的优化是针对计算时的输入变量的访问优化（从访问数据的内存到寄存器的优化）。

可以看到，在最后的向量化时，每次访问的都是 4 个元素。当向量的元素为单精度浮点数时，4 个元素的大小均为 16 字节。现在的 CPU 的缓存行（cacheline）的大小一般为 64 字节，因此就等于消耗或者浪费了缓存行。这种情况下，矩阵成员的内存布局对计算性能的影响就不能忽视。

图 6.2 所示为两种不同的内存布局方式。

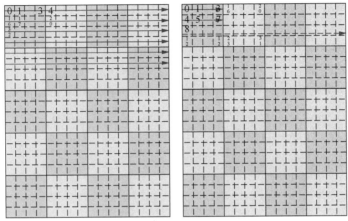

图 6.2　两种内存布局方式

两种内存布局方式都是以行为主的，区别在于：左图中的数据是以整个矩阵的宽为单位连续排布的；右图中的数据则是以小矩阵的行为单位连续排布的。当小矩阵的一行结束时，后面连续的数据并不是大矩阵中小矩阵的行后面的数据，而是小矩阵中的下一行。

如果在计算中所使用的变量是一个小矩阵中的变量（上面优化中的 4×4 优化），那么左图的排布方式的效率是明显差于右图的排布方式的，这是因为左图中的 4 次（以小矩阵为单位来进行说明）访存都是不连续的，而右图中的都是连续的。当数据规模较大时，左图中连续的 4 次内存加载都会发生缓存未命中（cache miss），而右图中的只会发生一次。因此，为了提高计算效率，要根据矩阵计算的具体实现方式进行内存布局的优化，提高缓存命中率和计算效率。

6.3.2　Resnet

残差网络（Residual Network，Resnet）是由何凯明博士所在的微软团队在 2015 年的论文"Deep Residual Learning for Image Recognition"中提出的，该论文在 2015 年的 ImageNet 图像分类任务获得了冠军（top5 错误率为 3.57%）。Resnet 的参数量比 VGGNet 低，效果突出。Resnet 可以极快地加速神经网络的训练，同时使训练结果的准确率有较大提升。典型的 Resnet 有Resnet34、Resnet50、Resnet101、Resnet152 等，其中 Resnet50 较常见。

为了训练出强大的神经网络，我们需要搭建深度足够的网络。网络的层数越多意味着提取到的特征越丰富，并且越深的网络提取的特征越抽象，越具有语义信息。

但传统的卷积网络或者全连接网络在传递信息的时候或多或少会存在信息丢失、损耗等问题，同时还会导致梯度消失或者梯度爆炸，这就出现了一个问题：随着网络层数的增多，训练集的准确率会下降，由此导致无法训练很深的网络。这就是退化问题（degradation problem）。

比较图 6.3 所示的两个样本（一个是 56 层网络，另一个是 20 层网络）的训练误差和测试误差。从原理上来说，56 层的网络的解空间其实包含了 20 层网络的解空间。换句话说，56 层网络取得的性能应该优于或等于 20 层网络的性能。但是从训练的迭代过程来看，无论是训练误差还是测试误差，56 层网络的都大于 20 层网络的（这也说明了为什么这不是过拟合现象，因为 56 层网络本身的训练误差都没有降下去）。导致这个问题的原因就是虽然 56 层网络的解空间包含了 20 层网络的解空间，但是我们在训练网络时用的是随机梯度下降策略，往往得到的不是全局最优解，而是局部的最优解。显而易见，56 层网络的解空间更加复杂，所以导致使用随机梯度下降算法无法解到最优解。

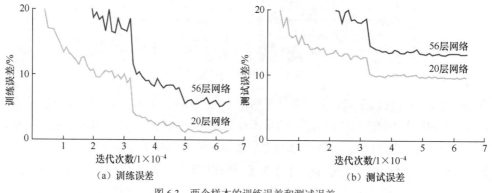

图 6.3　两个样本的训练误差和测试误差

如果想在网络上通过堆积新层建立更深的网络，一个极端情况就是增加的层什么也不学习，仅做一个恒等映射（identity mapping）。Resnet 在一定程度上解决了这个问题，通过直接将输入信息绕道传到输出，维持信息的完整性，整个网络只需要学习输入与输出差别的那一部分，简化学习目标和难度，从而在提升训练结果正确率的前提下，提升训练效率。在 Resnet 出现之前，深度学习领域所广泛使用的训练方法中，无论是 SGD，还是 AdaGrad 或者 RMSProp，都无法在网络深度变大后得到理论上最优的收敛结果。

与 Resnet 相关的论文提出，使用残差来解决上述问题：整个模块除正常的卷积层输出之外，还有一个分支，它把输入直接连到输出上（短路连接）。该输出和卷积层的输出相加得到最终的输出，用公式表达如下。

$$H(x) = F(x) + x$$

其中，x 是输入，$F(x)$ 是卷积层的输出，$H(x)$ 是整个结构的输出。

残差的表示方式如图 6.4 所示。

可以证明，如果卷积层中的所有参数都是 0，那么 $H(x)$ 就是一个恒等映射。

论文中的残差结构人为制造了恒等映射，所以可以保证整个结构朝着恒等映射的方向收敛，确保最终的错误率不会因为深度的变大而越来越高。

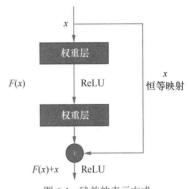

图 6.4　残差的表示方式

如图 6.5 所示，在 Resnet 中会用到两种残差模块：一种是两个 3×3 的卷积层串联在一起，构成一个残差模块；另一种是 1×1、3×3、1×1 的 3 个卷积层串联在一起作为一个残差模块。

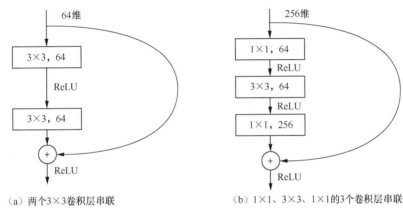

（a）两个 3×3 卷积层串联　　（b）1×1、3×3、1×1 的 3 个卷积层串联

图 6.5　两种残差模块

上述两个残差模块有不同的应用场景。图 6.5（a）更多地用于较浅的 Resnet，如果网络层数较多，靠近网络输出端的维度就会很大。此时若用图 6.5（b）的残差模块，计算量就会很大，因此在这种情况下，一般使用图 6.5（b）的沙漏（bottleneck）结构的残差模块：先用一个 1×1 的卷积层降维，然后用 3×3 的卷积层，最后用 1×1 的卷积层来升维以恢复原有的维度。

Resnet 网络有不同的层数，比较常用的是 50 层、101 层和 152 层。它们都是由上述两个残差模块堆叠在一起实现的。

相较于 InceptionV2～V3，Resnet 从全新的角度来提升训练效果，可以说是一种革命性的网络结构。它开创了图像识别的一个全新的发展方向，之后的 InceptionV4、DenseNets 和 Dual Path Network 都是在它的基础上衍生的。

6.3.3　KCF 算法

视觉目标跟踪是计算机中最具挑战性的问题之一，其目的是估计目标在视频序列中的位置，它在许多应用中起着重要的作用，特别是在人机交互、视频监控和机器人技术方面。光照变化、局部遮挡和背景变化等因素都会使问题复杂化，如何解决这些问题就显得特别重要。

1．算法概述

目前主要有两种解决视觉目标跟踪的方法，即生成法和判别法。生成法通过搜索与目标模型最相似的区域解决这个问题，如使用卡尔曼滤波、粒子滤波等算法。判别法通过将跟踪视为机器学习中的分类问题来将目标从背景中分离出来，达到跟踪的目的。由于判别法在训练分类器时不仅用到了目标特征，还用到了背景信息，同时研究人员又提出一些优化方法，因此具有很好鲁棒性和实时性。KCF 算法就是视觉目标跟踪算法的典型代表。跟踪算法的分类如图 6.6 所示。

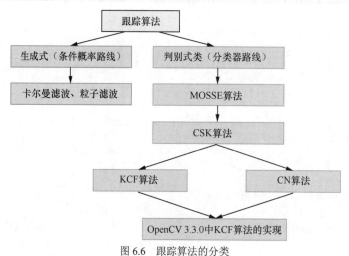

图 6.6　跟踪算法的分类

KCF 是一种高效的算法出自论文"High-Speed Tracking with Kernelized Correlation Filters"，是 João F. Henrique 等人于 2015 年提出的。下面将从相关滤波器和核函数两个方面解释 KCF 算法的原理，然后分析代码实现。

什么是相关滤波器？最初的相关滤波器是一个简单的模板，把当前帧的目标图像区域当成一个模板，这个模板在下一帧图像上从原点开始滑动，计算模板与图像上被模板覆盖区域的相似程度，最后得到最相似的那块区域，认为它是目标。其实模板匹配和卷积的原理很像，如果把相关滤波器当成一个卷积核，卷积核与一张图像做卷积的过程其实也是卷积核在图像上滑动计算的过程，所以可以认为相关滤波器就是一个卷积核。相关滤波器与图像做卷积的结果称为响应值矩阵，在这个矩阵中元素最大的位置即目标最可能出现的中心位置，如图 6.7 所示。

但是像简单模板这样的相关滤波器在实际跟踪过程中的效果并不好，其鲁棒性不高，不能很好地应对遮挡、目标形状、复杂背景变化等问题。后来人们想到可以通过采用机器学习的方法，让机器去学习和训练，自动训练出一个相关滤波器，而不是人为规定相关滤波器。

图 6.7 使用最简单的相关滤波器的跟踪示意图

具体做法是在目标图像的邻域中提取若干样本，与目标接近的目标为正样本，离目标较远的为负样本。采用支持向量机（Support Vector Machine，SVM）分类器方法，通过训练出这样一个相关滤波器，然后用这个相关滤波器与下一帧图像进行卷积操作，响应值最高的即是目标，如图 6.8 所示。

图 6.8 构造相关滤波器用于跟踪的过程

这样得到的相关滤波器依赖样本的数量，用少量样本训练出来的相关滤波器在实际跟踪中的效果并不是很准确，但如果使用大量样本训练，则训练时间比较长，不能达到实时性要求。后来人们通过寻找样本之间潜在的规律，发现了使用大量样本训练模型，又能缩短训练时间的方法，达到实时性的要求。

相关人员通过观察样本，发现了蕴含在样本中的一种循环结构，然后利用循环矩阵的成熟理论，通过循环矩阵构造大量的样本，并将循环矩阵同傅里叶分析联系起来，从而利用循环矩阵在傅里叶域内的一些数学性质，简化计算，使得用快速傅里叶变换进行模型训练和检测，具有良好的实时性。下面从样本采集与傅里叶变换两个角度来详细阐述。

2. 样本采集与傅里叶变换

如何采集大量样本？如何根据样本构造出循环矩阵？这要从样本采样谈起，如果从目标区域内稠密采样，采集大量的样本，那么样本之间肯定会存在重叠的区域。稀疏采样与稠密采样的区别如图 6.9 所示。

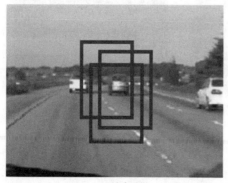

（a）稀疏采样　　　　　　　　　　　　　　　　　　　（b）稠密采样

图 6.9　稀疏采样与稠密采样的区别

对于稠密采样来说，如果采样足够稠密，则两个相邻样本的大部分区域是重叠的，只有边缘的部分区域是不同的。也就是说，采样样本可由一个基础样本通过平移得来。基础样本一般就是目标图像，其他样本可由目标图像平移得来，如图 6.10 所示。

（a）平移+30后的样本　（b）平移+15后的样本　　（c）基础样本　　（d）平移-15后的样本　（e）平移-30后的样本

图 6.10　由基础样本平移后得到的样本

如果基础样本用一个向量表示（通过对基础样本提取特征），那么可以将一个平移矩阵作用到该向量上，对向量进行连续的平移操作，生成的向量组成的矩阵就代表整个样本空间，也就是目标图像区域（包括目标与外围邻域），如图 6.11 所示。这样的样本矩阵称为循环矩阵。

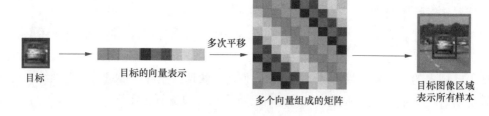

图 6.11　平移采样

3. 傅里叶变换加速

为什么引入傅里叶变换能加速训练过程？在求目标位置时，对相关滤波器与输入图像做卷积，如果都将其通过傅里叶变换转到频域计算，就相当于对频域内元素做点乘，减少了计算量。

上文提到，代表整个样本空间的循环矩阵是由基础样本得来的。循环矩阵有一个良好的数学性质——循环矩阵都可以通过傅里叶变换对角化，在对角化后的矩阵中，其对角线上的元素即是基本样本向量在经过傅里叶变换后的频域值。这表示训练出来的相关滤波器只与目标图像有关系。这从某种程度上缩小了计算范围，减少了计算量。总体来说，算法复杂度从 $O(n^4)$ 降到了 $O(n^{2\log_2 n})$。

之前训练得到的相关滤波器的作用是将目标和周围环境分开，对于从图像中提取的样本而言，如果目标和周围环境不是线性可分的，就需要使用核函数将样本数据由低维空间映射到高维空间，再在高维空间中将目标和周围环境分开。对于 KCF 算法而言，有两种核函数可供选择，一种是高斯核函数，另一种是多项式核函数。由于样本矩阵是循环矩阵，因此在引入核函数以后，同样能利用循环矩阵在频域内的数学性质简化计算。

4．KCF 算法的代码分析

KCF 算法的输入如下。

- ❑　x：用于训练的目标图像块，维度是 2，宽度是 m，高度是 n，通道数是 c。
- ❑　y：目标图像块的标签，符合二维高斯分布，宽度是 m，高度是 n。
- ❑　z：用于测试的图像块，维度是 2，宽度是 m，高度是 n，通道数是 c。

输出中，responses 表示目标的高斯响应值，宽度是 m，高度是 n，该 responses 经过反傅里叶变换得到目标位置。

KCF 算法的实现方式如下。

```
1  function alphaf = train(x, y, sigma, lambda)
2  k = kernel_correlation(x, x, sigma);  //(1)
3  alphaf = fft2(y) ./ (fft2(k) + lambda);  //(2)
4  end
```

第 2 行代码求分类器核函数 k，详见下面的 kernel_correlation()函数。

第 3 行代码对应的公式详见论文 "High-Speed Tracking with Kernelized Correlation Filters"。这里不过多解释。

检测部分的代码如下。

```
//检测，输入为相关滤波器 alphaf，x 表示上一帧目标图像，z 表示当前帧图像，sigma 表示高斯核系数，返回目
//标响应值
function responses = detect(alphaf, x, z, sigma)
k = kernel_correlation(z, x, sigma); //k 为分类器核函数
responses = real(ifft2(alphaf .* fft2(k)));
end
```

计算分类器的核函数的代码如下。

```
//计算分类器的核函数 k，x1 为上一帧目标图像块，x2 为当前帧图像块，sigma 为高斯核系数
k = kernel_correlation(x1, x2, sigma)
c = ifft2(sum(conj(fft2(x1)) .* fft2(x2), 3)); //(1)
d = x1(:)'*x1(:) + x2(:)'*x2(:) - 2 * c; //(2)
k = exp(-1 / sigma^2 * abs(d) / numel(d)); //(3)
end
```

6.3.4　PyTorch&LibTorch 深度学习框架

PyTorch 是一个开源的机器学习框架，用于加速从设计、开发到部署的过程。LibTorch 的 API 与 PyTorch 非常相似，在 PyTorch 中执行的大多数操作也可以在 LibTorch 中完成，LibTorch 是用本地 C++代码实现的。Torchvision 包用于计算机视觉，由数据集、模型和常见图像组成。

1. 基于 LibTorch 的 Yolov3

Yolov3 是一种实时、单阶段的物体检测模式。它的网络输入有 NCHW 格式、autograd 张量、类编号、置信阈值、nms iou 阈值。网络控制参数由 Yolov3 配置文件配置。

在 Yolov3 网络中，前向网络输出[CPUFloatType{N,10647,85}] autograd 张量，形状是[x1, x2, y1, y2 , objectness score, cls0_score, cls1_score, cls2_score,…, cls78_score, cls79_score]。

网络根据对象置信度和 nms iou 阈值生成对象检测结果的[CPUFloatType{N,8}] autograd 张量。autograd 张量的每一行代表一个边界框。autograd 张量的组成如表 6.2 所示。

表 6.2　autograd 张量的组成

第 0 字节	第 1～4 字节	第 5 字节	第 6 字节	第 7 字节
1 字节大小，表示批属性	4 字节大小，表示边界框属性	1 字节大小，表示置信度	1 字节大小，表示类别概率	1 字节大小，表示 class_num 类别索引

以下是 Yolov3 中基于 LibTorch 的一个例子。

```
git clone ******//github****/walktree/libtorch-yolov3.git

git clone ******//github****/opencv/opencv.git
git -C opencv checkout master
mkdir -p build && cd build
cmake ../opencv
make -j4
sudo make install
```

LibTorch 可以使用如下的 wget 和 unzip 指令下载与解压，这里使用的是 1.4.0 版本。

```
wget
******//download.pytorch****/libtorch/cpu/libtorch-cxx11-abi-shared-with-deps-1.4.0%2Bcpu.zip
unzip libtorch-cxx11-abi-shared-with-deps-1.4.0%2Bcpu.zip
```

编译指令如下。

```
cd yolov3_root
mkdir build && cd build
cmake .. -DCMAKE_PREFIX_PATH="<path to libtorch>" # 指向前面下载的 LibTorch
make
```

通过指令"wget https://pjreddie.com/media/files/yolov3.weights"下载 yolov3.weights 文件，并将其复制到 libtorch-yolov3/models/目录下，然后运行以下命令。

```
$ ./yolo-app ../imgs/dog.jpg
```

运行结果如下。

```
loading weight ...
weight loaded ...
start to inference ...
inference taken : 2338 ms
3 objects found
Done
```

输出的图片如图 6.12 所示。

图 6.12　输出的图片

2. 基于 Torchvision 的网络

Fasterrcnn 是两阶经典检测器。它的输入有 NCHW 格式的 autograd 张量、类编号和置信度阈值。它的输出有边界框属性、置信度、类别概率和 class_num 类别索引。

Maskrcnn 是 Fasterrcnn 两阶经典检测器的增强版，用于实现物体分割。它的输入有 NCHW 格式的 autograd 张量。它的输出有边界框属性、置信度、类概率、class_num 类别索引和掩码。以 Maskrcnn 为例介绍一个基于 Torchvision 网络的示例。

使用如下代码下载源代码。

```
git clone ******//github****/BakingBrains/Faster-RCNN_Using-Pytorch.git
```

使用如下代码安装依赖。

```
pip3 install torch torchvision opencv-python matplotlib
```

运行如下代码。

```
cd Faster-RCNN_Using-Pytorch
python3 Faster-RCNN.py
```

运行结果如图 6.13 所示。

图 6.13　运行结果

本节简要介绍了 PyTorch、LibTorch/Torchvision，介绍了物体检测网络 Yolov3 与 Fasterrcnn，以及物体分割网络 Maskrcnn。本节提供了运行的例子及方法。读者可以根据自己的需求修改 Maskrcnn 的源代码从而实现基于 Fasterrcnn 的物体检测。

第 7 章 OpenCL 的编程技术

现代处理器整体架构已经将并行运算作为提升机器性能的重要途径之一。通常情况下，在固定功率范围内通过提高时钟频率提高机器性能将面临更大的挑战，因此 CPU 通过增加处理器内核数目提高性能，GPU 也从固定的图形渲染发展为可编程的并行运算处理器。由于多核 CPU 和 GPU 的传统编程模式、内存层次结构及支持的矢量计算与操作等不大相同，因此在异构平台下创建应用程序会面临不少挑战。现今从高性能计算服务器到手提设备端都需要研发人员充分利用异构平台的优势提升性能，正是这种异构计算促使 OpenCL 成为一种重要的编程标准。本章主要介绍异构计算发展趋势及 OpenCL 底层概念模型，并用这些模型来解释 OpenCL 如何工作。

7.1 GPU 计算与 OpenCL 介绍

7.1.1 什么是 OpenCL

开放计算语言（Open Computing Language，OpenCL）是一种用于对 CPU、GPU 和其他类型处理器构成的异构平台进行编程的开放且免费的框架标准。OpenCL 由 Khronos Group 维护，该组织由 Intel、NVIDIA、AMD 等在内的多个国际知名企业创立并致力于发展开放的应用标准 API。OpenCL 重要的作用是在一个跨平台的异步框架中同时发挥系统中所有计算单元的能力。

OpenCL 通过灵活的硬件设计提供高度的可移植性，这就要求 OpenCL 程序员显式地定义平台、上下文和不同设备上的调度工作。OpenCL 主要由两部分组成，一是用于编写内核程序的语言，二是定义并控制平台的 API。OpenCL 提供了基于任务和数据的两种并行计算机制，极大地扩展了 GPU 的应用范围，使之不但在图像处理领域，而且在新型图形交互、常规并行计算算法与图形渲染等领域中都有很重要的应用。

通常情况下，我们可以在现代计算机中利用多核 CPU 和专用芯片搭建一套完整的异构平台，此平台能够提供多个指令集和多级的并行性，只有把异构平台的特性充分利用起来才能充分发挥整个系统的能力，因此在软件设计中要尽可能地考虑并行化。并行程序设计的重点之一是高层抽象或者编程模型，这使得并行软件设计更加可控。一般情况下通过两种常用的并行设计模型实现编程模型，包括数据并行（data parallelism）和任务并行（task parallelism）。

数据并行程序设计模型的核心思想在于从并发的大量数据元素集合方面来考虑问题。并行性可描述为在一个任务中将相同的指令流并发地应用到各个数据元素中，也就是说，并行性体现在数据中。图 7.1 所示为一个关于数据并行的简单例子，该例中返回输入的数字矢量（A_vector）的平方。使用数据并行设计模型将任务应用到每个矢量中，并行地更新矢量数据，并将新的结果返回。图 7.1 所示的例子比较简单，但是完全可以说明数据并行程序设计模型的核心思想。

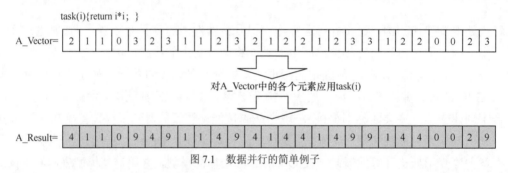

图 7.1　数据并行的简单例子

任务并行程序设计模型的核心思想在于可以直接定义和处理并发任务。将问题分解为多个可以并发运行的任务，然后将任务映射到一个并行计算处理单元（Processing Element，PE）并执行。在所有并行任务完全独立的情况下使用任务并行模型最容易。此模型也可以用于数据共享的任务。通常情况下，在所有并行任务的执行过程中，只有当最后一个任务计算完成时，总任务才算完成。因此，为了保证计算资源的合理利用，也就是说，为了保证所有的任务都在差不多的时间内完成，采用的做法是通过负载均衡支配计算资源，如图 7.2 所示。

在图 7.2 所示的例子中，把 6 个独立的任务分配给 3 个处理单元，用于并发执行。在左侧的分配情况下，由于任务 1 的执行时间比其他任务的长很多，执行时间短的任务会等待执行时间长的任务，处理单元处于空闲等待状态从而未能完全利用，这将导致计算资源浪费，这种负载均衡没有起到平衡资源的作用。右侧的情况采用了不同的任务分配方式，将任务执行时间长的任务单独分配给一个处理单元，其他执行时间短的任务共用一个处理单元，给出了一个更理想的分配方案，在此方案中各个处理单元几乎同时完成，合理利用了计算资源，这是并行计算中负载均衡的核心思想。

这两种编程模式在诸如 OpenCL 等通用的编程框架中都必须予以支持。除编程模型之外，并行运算的下一步需将程序映射到真正的硬件。由于系统中的计算单元可能有不同的指令集和内存体系结构，而且运行速度也可能不同，因此一个有效的应用程序必须了解这些差异，并能适当地将并行软件映射到最合适的 OpenCL 设备。硬件异构性很复杂，程序员越来越依赖高层抽象，简化编程问题的高层抽象可以对应到高层语言，它进一步映射到底层硬件抽象来保证程序的可移植性，OpenCL 正是这个硬件抽象层。

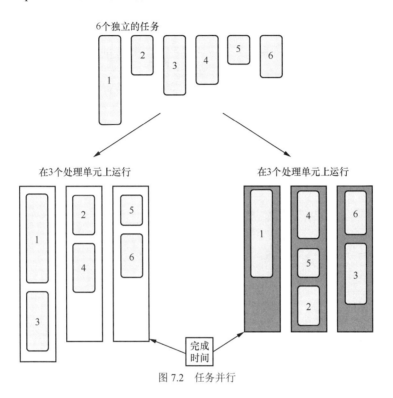

图 7.2　任务并行

7.1.2　OpenCL 类图

OpenCL 的 UML 类图如图 7.3 所示。

OpenCL 由平台类、上下文类、任务队列类、设备类、程序类、事件类、内存类等组成。单个平台类可对应多个设备类，同时可根据设备类型、设备数量生成多个上下文类。单个上下文类可对应一个或者多个设备类，可生成多个程序类，也可创建多个设备内存类，同时可根据不同设备类生成多个任务队列类，这些类的声明周期随着上下文类的销毁而销毁。每个设备类可生成一个指令队列类，每个指令队列可生成一个任务事件。多个程序类对应多个设备类，单个程序类对应多个执行核函数类。

图 7.3 所示的 UML 类图通过点和线描述了 OpenCL 的类及类与类之间的依赖关系，为了简化，关系图中只显示了类，未显示属性和操作。其中，抽象类用 {abstract} 来标识，实线箭头表示关联关系，实心菱形表示组合关系，空心箭头表示继承关系，关系的基数显示在关系的每一端。基数"*"表示许多，基数"1"表示有且只有一个，基数"0..1"表示可选的一个，

基数 "1..*" 表示一个或多个。

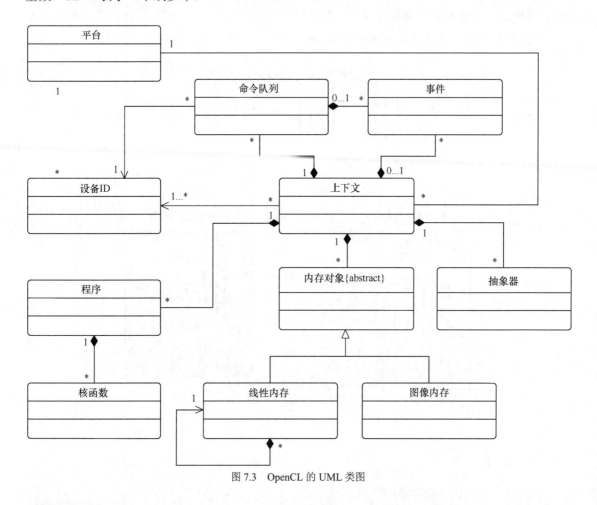

图 7.3　OpenCL 的 UML 类图

7.2　OpenCL 架构

OpenCL 会将各类计算设备组织成统一的异构平台。OpenCL 不仅是一种语言，还是一种用于并行编程的框架，包括语言、API、库和运行时的系统，以支持整个软件系统的开发。OpenCL 是为那些希望编写可移植、高效率代码的程序员准备的，其中包括软件库开发者、中间商和以提升性能为导向的程序开发者。

下面通过 OpenCL 的模型层次结构来系统介绍 OpenCL 的核心思想。OpenCL 的模型包括如下 4 种。

❑　平台模型（platform model）。

❑ 执行模型（execution model）。

❑ 内存模型（memory model）。

❑ 编程模型（programming model）。

7.2.1 平台模型

OpenCL 平台模型定义了使用 OpenCL 异构平台的高层表示，如图 7.4 所示。

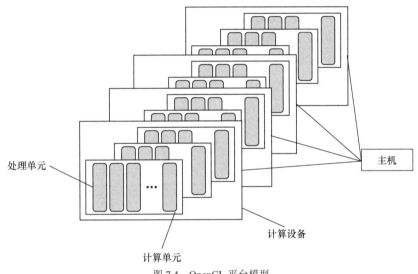

图 7.4　OpenCL 平台模型

OpenCL 平台始终包含一个主机（host）。主机与 OpenCL 程序外部的环境交互，包括 I/O 或与程序用户的交互。主机与一个或多个 OpenCL 设备连接。设备就是执行指令流（或内核）的地方，因此 OpenCL 设备通常称为计算设备，设备可以是 CPU、GPU、DSP 或 OpenCL 开发商支持的任何其他处理器。

OpenCL 设备可进一步划分为一个或者多个计算单元（Compute Unit，CU），而每个计算单元又可以进一步划分成一个或多个处理单元，各种计算都是在处理单元中完成的。所有由 OpenCL 编写的应用程序都是从主机启动并在主机上结束的，主机端管理整个平台上所有的计算资源。应用程序会从主机端向各个 OpenCL 设备的处理单元发送计算指令。在一个计算单元内的所有处理单元都执行完全相同的一套指令流。指令流可以是 SIMD 模式或者单程序多数据（Single Program Multiple Data，SPMD）模式的。

7.2.2 执行模型

OpenCL 由两个不同的部分组成，它们分别是主机程序（host program）和内核集合。主机

277

程序在主机上运行。OpenCL 并没有定义主机程序工作的具体细节，只定义了它与 OpenCL 中定义的对象的交互方式。

内核在 OpenCL 设备上执行。它们完成 OpenCL 应用的具体工作。内核通常用一些简单的函数将输入内存对象转换为输出内存对象。OpenCL 定义了以下两类内核。

- ❑ OpenCL 内核：用 C 语言编写并用 OpenCL 编译器编译的函数，所有 OpenCL 实现都必须支持 OpenCL 内核。
- ❑ 原生内核：OpenCL 之外创建的函数，可通过一个函数指针来访问。这些函数可以是从主机源代码中定义的函数，也可以是从一个专门的库导出的库函数。在这里需说明的是，执行原生内核是一个可选功能，原生内核的语义依赖具体实现。

OpenCL 执行模型定义了内核如何执行。因此编写 OpenCL 内核的重点就是执行内核，所以接下来会重点介绍相关概念。

1. 内核在 OpenCL 设备上执行

内核在主机定义，主机程序发出一条指令，提交内核到 OpenCL 设备上并执行。由于主机发出指令时，OpenCL 会创建一个整数索引空间。对应这个索引空间中的各个点将分别执行内核的一个实例。执行内核的各个实例称为工作项（work-item），工作项由它在索引空间中的坐标来标识，这些标识就是工作项的全局 ID。

内核执行指令并提交后，相应地会创建一个工作项集合。其中，各个工作项使用内核定义相同的指令序列。尽管指令序列是相同的，但是由于代码中的分支语句或者通过全局 ID 访问的数据可能不同，因此各个工作项的行为可能不同。

工作项组织为工作组（work-group），工作组为索引空间提供了更粗的颗粒度分解，跨越整个全局索引空间。要为工作组指定唯一的 ID，这个 ID 与工作项使用的索引空间有相同的维度。另外，还要为工作项指定一个局部 ID，局部 ID 在工作组中是唯一的，这样就能由全局 ID 或者工作组 ID 和局部 ID 唯一标识一个工作项。

给定工作组中的工作项会在一个计算单元的处理单元上并发执行，这是理解 OpenCL 并发性的关键。OpenCL 只能保证在工作组内的工作项并发执行，因此在理解执行模式时不要以为工作组或者内核调用会并发执行，尽管有可能，但程序开发设计人员不能依赖这一点。

索引空间实际是一个 N 维的网格，可称为 NDRange。目前，这个 N 维索引空间中的 N 可以是 1、2 或 3。在一个 OpenCL 应用程序中，索引空间由一个维度为 N 的整数数组定义，N 指定了索引空间中各个维度的大小。各个工作项的全局和局部 ID 都是同一个 N 维数组。最简单的情况下，全局 ID 中各个值的范围从 0 开始到该维度元素的个数减 1。

指定工作组 ID 的方法与指定工作项 ID 的方法类似。在一个长度为 N 的整数数组中定义各个维度中的工作组的个数。工作项指定到一个工作组中并给出一个局部 ID，这个局部 ID 就是偏离工作组起始位置的索引，取值范围为 0 到工作组内工作项的个数减 1。因此，我们可以通过一个工作组 ID 和工作组中的局部 ID 唯一确定一个工作项。

下面具体分析根据上述内容建立的不同的索引，并研究它们之间如何关联。定义一个 N 等于 2 的 NDRange，也就是二维索引空间。使用小写字母 g 表示给定下标 x 或 y 时各维度中一个工作项的全局 ID。大写字母 G 表示索引空间中各个维度的大小，因此各工作项在全局索引空间中有一个坐标 (g_x, g_y)，全局索引空间的大小为 (G_x, G_y)，工作项的横坐标的取值范围也就是 $[0, (G_x-1)]$，纵坐标的取值范围是 $[0, (G_y-1)]$。

将这个二维索引空间划分为工作组。根据前文所述的约定，使用小写字母 w 表示工作组 ID，大写字母 W 表示各维度工作组的个数，维度仍用 x 和 y 来表示。

OpenCL 要求各个维度中工作组的个数能够整除索引空间中各个维度的个数，这样可以确保所有的工作项都是满的，而且大小相同。各个方向的工作组为工作项定义了一个局部的索引空间，我们把一个工作组内的索引空间称为局部索引空间。按照前面使用大小写字母的约定，局部索引空间中各个维度（x 和 y）的大小用大写字母 L 表示，工作组的局部 ID 使用小写字母 l 表示。

因此，把大小为 $G_x \times G_y$ 的索引空间划分为 $W_x \times W_y$ 空间上的工作组，其索引为 (w_x, w_y)。各个工作组的大小为 $L_x \times L_y$，这里可以得到以下关系。

$$L_x = G_x / W_x$$
$$L_y = G_y / W_y$$

使用工作项的全局 ID (g_x, g_y) 表示一个工作项，也可以使用工作组 ID (w_x, w_y) 结合局部 ID (l_x, l_y) 来定义工作项，方式如下。

$$g_x = w_x L_x + l_x$$
$$g_y = w_y L_y + l_y$$

或者，由工作项全局 ID 和局部 ID 个数表示局部 ID 和工作组 ID，计算方法如下，/ 和 % 分别代表整除与取余。

$$w_x = g_x / L_x$$
$$w_y = g_y / L_y$$
$$l_x = g_x \% L_x$$
$$l_y = g_y \% L_y$$

在这些公式中，都假定索引空间中的各个维度都从 0 开始。在 OpenCL 1.1 中增加了一个选项，可以为全局索引空间起始点定义一个偏移量。需要为各个维度定义偏移量，因为它修改了全局索引，使用小写字母 o 表示偏移量。对于非零偏移量 (o_x, o_y)，连接全局和局部索引的最后公式如下。

$$g_x = w_x L_x + l_x + o_x$$
$$g_y = w_y L_y + l_y + o_y$$

图 7.5 所示为一个具体例子。其中各个小方块表示工作项。在这个例子中，各个维度中使

用的默认偏移量为 0，有阴影的方块（全局索引为(6, 5)）落在工作组 ID 为(1, 1)的坐标中，局部索引为(2,1)。

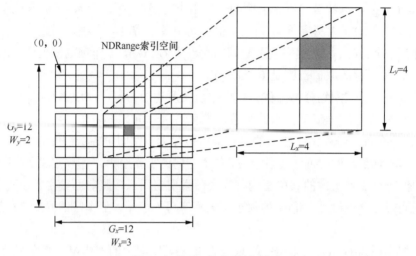

图 7.5 *n* 等于 2 的索引空间模型

若对索引空间的处理还很迷惑，无须担心，在大多数情况下，软件开发者只需要处理全局索引空间即可解决问题。随着 OpenCL 开发经验的积累，我们会对处理不同索引类型有更深刻的理解，对这类问题的处理也会变得越来越容易。

2. 上下文

OpenCL 的应用计算都在设备中进行，但是主机在此过程中也扮演着重要的角色。其中在设备上执行的内核是在主机上定义的。主机不仅为内核创建了上下文，还创建了设备内存，同时宿主机定义了索引空间和队列，队列将控制内核如何执行与何时执行，实现这些内容的所有重要函数都包含在 OpenCL 的 API 中。

主机的首要任务是为 OpenCL 定义一个上下文，该上下文定义了一个应用环境，内核就是在这个环境中定义和执行的。具体来讲，设备上下文主要由以下资源来定义。

- ❑ 设备（device）：执行 OpenCL 内核设备的具体集合。
- ❑ 内核（kernel）：在 OpenCL 设备上执行的核函数。
- ❑ 程序对象（program object）：实现内核程序的源代码和可执行文件。
- ❑ 内存对象（memory object）：对 OpenCL 所有设备都可见的一组对象。

上下文是由主机使用 OpenCL API 函数创建和管理的。在一个由多个 CPU 和 GPU 组成的系统中，主机在其中一个 CPU 上运行。主机程序请求系统发现这些资源，然后决定 OpenCL 应用中使用哪些设备，这取决于具体问题及要运行的内核，主机可能会选择一个 CPU、某一个 CPU 的另一个内核、一个 GPU，或者这些方案的组合，然后会把选择的结果定义在上下文的 OpenCL 设备中。

上下文还包括一个或者多个程序对象，程序对象包含在内核执行的核函数代码中。我们可以把程序对象想象成一个动态库，然后从库中选取我们想要的内核代码，程序对象是在程序运行时由主机创建和构建的。对于程序对象所对应的源代码本身，OpenCL 在形式上很灵活，源代码既可以定义成常规字符串，也可以在宿主机程序中静态定义，或者在运行时从 .cl 文件中读取等。

3. 命令队列

主机与 OpenCL 设备之间的交互是通过命令完成的，这些指令由主机提交给命令队列（command-queue）。这些指令在指令队列中等待，直到在 OpenCL 设备上执行。命令队列是由主机创建的，并在定义上下文之后关联到 OpenCL 的一个设备上。主机将指令放入命令队列中，调度指令将在与 OpenCL 关联的设备上执行。OpenCL 执行以下 3 种类型的命令。

❑ 内核执行命令（kernel execution command）：在 OpenCL 设备的处理单元上执行内核。

❑ 内存命令（memory command）：在主机和不同内存对象之间传递数据，在内存对象之间移动数据，内存对象映射到主机内存，或者在主机内存中解映射。

❑ 同步命令（sysnchronization command）：对执行顺序施加约束。

在一个典型的主机程序中，在主机端不仅需要定义上下文和命令队列，定义内存和程序对象，还需要构建主机上的数据结构来支撑整个应用程序的运行。内存对象从主机端移动或者复制到设备上时，内核参数关联到内存对象，然后被提交到命令队列并执行。在内核处理完成时，计算中生成的内存对象可能又会复制到主机端。当将多个内核提交到队列时，可能需要内核之间的交互，例如，一个内核生成内存对象，另一个内核需从生成的内核对象中读取源数据，在交互的过程中需要用到同步命令来保证在第 1 个内核执行完成以后第 2 个内核才能执行，而第 1 个内核执行完之前另一个内核不能开始执行。

主机发送的命令始终与主机程序异步执行，主机程序在向命令队列提交命令后继续工作而无须等待命令完成，如果有必要等待命令完成，则可以通过一条同步命令显式地建立这个约束。一个命令队列中执行的命令有两种模式。

❑ 有序执行（in-order execution）：命令按照在指令队列中的顺序发出，并按顺序完成，换句话说，队列中前一条命令完成才可以执行下一条命令，将队列中的命令串行化。

❑ 乱序执行（out-of-order execution）：命令按顺序发出，但是执行顺序随机，软件开发者需要自己编写代码以保证同步。

所有的 OpenCL 平台都支持有序执行模式，乱序执行模式可选。之所以存在乱序执行模式，是因为要降低系统资源的开销，需要所有的计算单元都能够得到充分利用。另外，每个节点运行的时间大致相同。为了做到这一点，通常合理地考虑向命令队列中提交命令的顺序，使所有命令的执行时间大致相同。若有一组执行时间不同的命令，要实现负载均衡，使得所有的计算单元充分利用且命令的执行同时完成，这可能很困难。但是乱序执行对此提供了一种解决方案。当一个计算单元处理完成以后就从命令队列中立即获得一条新的命令，开始执行一个新的内核。这种模式称为自动负载均衡，这也是由命令队列驱动的并行算法设计中常用的一种并行技术。

7.2.3　内存模型

执行模型指出了内核如何执行及设备与主机如何交互，这个模型和关联指令队列通过内存对象来进行处理。OpenCL 定义了两种类型的内存对象——缓冲区对象（buffer object）和图像对象（image object）。其中缓冲区对象就是内核中可用的一段连续存储的内存区。软件开发者可以将数据结构映射到这个缓冲区，并通过指针访问。图像对象仅限于存储图像。OpenCL 框架中提供了很多函数来管理图像，但是除某些特定的函数外，图像对象的内容对于内核程序是隐藏的。

OpenCL 还允许软件开发者将一个内存对象的子区域指定为不同内存对象（OpenCL 1.1 规范引入）。这使得一个大的内存对象的子区域也成为 OpenCL 中的首类对象，可通过命令队列管理和协调，OpenCL 内存模型中定义了 5 种不同的内存区域。

- ❏ 主机内存（host memory）：这个内存区域只对主机可见，OpenCL 只定义了主机与 OpenCL 对象和构造如何交互。
- ❏ 全局内存（global memory）：这个内存区域可以被所有的工作项访问，工作项可以读、写这个区域中的任何元素。读、写内存可能会有缓存，具体取决于设备的容量。
- ❏ 常量内存（constant memory）：对所有工作项只允许读数据，这是由主机分配和初始化并放在常量存储区中的内存对象。
- ❏ 局部内存（local memory）：这个内存区域对工作组来说是局部的，只有同一工作组内的工作项才可访问该内存对象。
- ❏ 私有内存（private memory）：这个内存区域是工作项的私有区域，在该内存区域中定义的私有变量在其他工作项无法访问。

这些内存区域及其与平台和执行模型的关系如图 7.6 所示。工作项在处理单元上运行时有其私有内存。工作组在一个计算单元上运行时，与该工作组中的工作项共享同一个局部内存区域。OpenCL 设备内存利用主机来支持全局内存。

在大多数情况下，主机和 OpenCL 设备内存模型是相互独立的。不过在有些情况下，它们确实需要交互。这种交互有两种方式——显式地复制数据，或者映射和解映射内存对象的内存区域。显式地复制数据是指主机将命令发送到命令队列中，在内存对象和主机之间进行数据传递，这些数据传送命令可以是阻塞的，也可以是非阻塞的。实现主机与 OpenCL 内存对象之间交互的映射和解映射方法允许主机将一个内存对象映射到自己的内存空间。内存映射命令可以是阻塞的，也可以是非阻塞的。一旦内存对象映射到了一个区域，主机就可以对该区域进行读写操作。主机读写操作完成以后可以解除这个区域的映射。

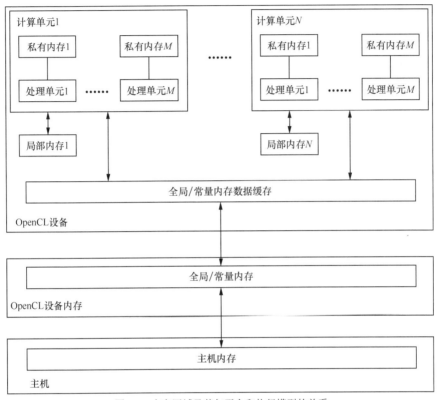

图 7.6　内存区域及其与平台和执行模型的关系

在涉及并发执行时，我们需要考虑内存一致性（memory consistency）问题。然而，OpenCL并没有在主机上规定内存一致性模型，因此需要从离主机最远的私有内存开始考虑。私有内存对主机是不可见的，只对工作项可见，这个内存的加载和存储不能重新排序，即除程序文本中定义的顺序之外，不能以其他顺序出现。而局部内存可以保证一个工作组内的工作项的同步点是一致的。例如，设置工作组屏障（workgroup-barrier），要求在屏障之前完成所有数据的加载和存储，在此屏障之后工作项才可以继续工作，这样就确保了数据的同步性。

7.2.4　编程模型

OpenCL 定义了两种不同的编程模型——数据并行编程模型和任务并行编程模型。同时，OpenCL 也可以支持这两种模型混合而成的模型。其中数据并行编程模型在 OpenCL 并行程序中很常用。

1. 数据并行编程模型

数据并行编程模型是指同一系列的指令作用到不同的内存对象的元素上，即在不同的内存元素上都按照同一指令序列定义统一的运算。用户可以利用工作项的全局 ID 或局部 ID 来映射相应工作项所作用的内存元素。适合采用数据并行编程模型的问题大多数与数据结构有关，这些数据结构元素可以并发更新。

OpenCL 提供了层次结构的数据并行性——工作组中工作项的数据并行加上工作组层次的数据并行。OpenCL 规范讨论了数据并行编程模型的两个变种。在显式模式下，软件开发者需要自己定义工作组的大小；在隐式模式下，软件开发者只需要定义索引空间，由系统分配工作组的大小。若内核代码不包含任何分支，各个工作项会执行相同的操作内容，这种情况定义了数据并行编程模型的一个重要子集——SIMD 模型。若内核代码存在分支，则可能会使不同的工作项完成不同的功能，即 SPMD 模型。OpenCL 同时支持 SIMD 和 SPMD 两种模型，在指令内存带宽有限的情况下，或者一个处理单元映射到矢量单元，则 SIMD 模型更高效。因此，在选择模型时需要就具体问题分析。

总之，数据并行编程模型很自然地贴合了 OpenCL 执行模型，这个模型具有层次结构。

2. 任务并行编程模型

在任务并行编程模型中，工作组的每个工作项在执行核函数程序时相对于其他工作项都是绝对独立的。如果软件开发者所希望的并发性来自任务，则应使用这个模型。任务并行编程模型的另一个版本是利用乱序队列同时执行任务。在一个 4 核 CPU 上，一个核是主机，另外 3 个核配置为 OpenCL 设备的计算单元。OpenCL 应用可以将 6 个任务入队，由计算单元动态地调度工作。当任务数大于计算单元数时，这种策略将是一个很有效的方法，可以轻松地实现负载均衡。

3. 并行算法限制

OpenCL 框架为数据并行和任务并行编程模型打下了坚实的基础，很多并行算法能映射到这些模型上，不过存在一些限制。因为 OpenCL 会支持大量的不同类型设备，所以对于 OpenCL 的执行模型存在一些限制，或者说 OpenCL 的可移植性是以算法中支持的通用性为代价的。

7.2.5　OpenCL 总结

前文已经介绍了核心 OpenCL 框架的基本组成，对框架每一部分的了解在开发过程中都有着重要的作用。整个框架中所有重要的部分及一个 OpenCL 应用程序在执行时主机发出的动作如图 7.7 所示。

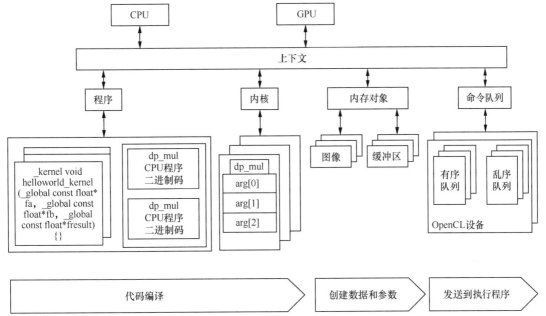

图 7.7　OpenCL 框架的组成及一个 OpenCL 应用程序执行时主机发出的动作

在整个框架流程中，先定义一个上下文的主机程序，在此上下文中包含两个 OpenCL 设备，一个 CPU 和一个 GPU。然后定义两个指令队列，一个是面向 GPU 设备的有序队列，另一个是面向 CPU 的乱序队列。接下来，主机定义一个程序对象，程序对象将为两个 OpenCL 设备（CPU 和 GPU）生成内核。完成以后，主机再为程序对象创建执行内核所需用到的内存对象，并把设置需要用到的内核参数。最后，主机将程序指令发送到命令队列中，等待执行这些核函数。

7.3　关于 OpenCL 的例子

介绍完 OpenCL 整体结构后，结合简单的例子介绍 OpenCL 编程。

下面的代码给出了 vec_add.c 文件中的 main()主函数及核函数代码，main()函数主要完成以下操作。

（1）选择一个可用平台，以创建 OpenCL 上下文。

（2）选择一个有效设备，以创建命令队列。

（3）加载一个 vec_add.cl 内核文件，并构建程序对象。

（4）根据核函数创建内核对象。

（5）为核函数设置参数（f_result、f_a、f_b）。

（6）发送命令队列并等待执行。

（7）将设备计算的结果读回主机。

后面会详细介绍这个程序完成的各个步骤。

```
vec_add.cl:
__kernel void vec_add(__global const float* fa,
__global const float* fb,
__global const float* fresult )
{
int       nGid = get_global_id(0);
fresult[nGid] = fa[nGid] + fb[nGid];
}
#include <stdio.h>
#include <stdlib.h>
#include <CL/cl.h>
#define TEST_DATA_LEN 10
#define NUM_MEM_OBJ 3


vec_add.c:

// 主入口程序
int main(int arg, const char *argv[]) {
cl_context context = 0;
cl_command_queue cmd_queue = 0;
cl_program program = 0;
cl_device_id device = 0;
cl_kernel kernel = 0;
cl_mem mem_obj[NUM_MEM_OBJ] = {0};
cl_int status;

// 在第一个有效平台上创建 OpenCL 上下文
context = create_context();
if (context == NULL) {
    printf("Failed to create OpenCL context\n");
    return 0;
}

// 在第一个有效设备上创建命令队列
cmd_queue = create_cmd_queue(context, &device);
if (cmd_queue == NULL) {
    printf("Failed to createCommand Queue\n");
    release_resource(context, cmd_queue, program, kernel, mem_obj);
    return 0;
}

// 根据.cl 文件创建 OpenCL 程序对象
program = create_program(context, device, "vec_add.cl");
if (program == NULL) {
```

```
        printf("Failed to createProgram\n");
        release_resource(context, cmd_queue, program, kernel, mem_obj);
        return 0;
    }

    kernel = clCreateKernel(program, "vec_add", NULL);

    if (kernel == NULL) {
        printf("Failed to create kernel\n");
        return 0;
    }

    // 创建主机内存，用来存储执行核函数的参数
    float f_result[TEST_DATA_LEN];
    float f_a[TEST_DATA_LEN];
    float f_b[TEST_DATA_LEN];

    for (int i = 0; i < TEST_DATA_LEN; ++i) {
        f_a[i] = i;
        f_b[i] = 2 * i + 1;
    }

    // 创建内存对象，用来存储执行核函数的参数
    if (create_memobj(context, mem_obj, f_a, f_b)) {
        release_resource(context, cmd_queue, program, kernel, mem_obj);
        return -1;
    }

    // 设置核函数的参数 f_result、f_a、f_b
    status = clSetKernelArg(kernel, 0, sizeof(cl_mem), &mem_obj[0]);
    status |= clSetKernelArg(kernel, 1, sizeof(cl_mem), &mem_obj[1]);
    status |= clSetKernelArg(kernel, 2, sizeof(cl_mem), &mem_obj[2]);

    if (status != CL_SUCCESS) {
        printf(" Error setting kernel arguments\n");
        release_resource(context, cmd_queue, program, kernel, mem_obj);
        return -1;
    }

    size_t local_work_size[1] = {1};
    size_t global_work_size[1] = {TEST_DATA_LEN};

    // 从命令队列中执行 OpenCL 核函数
    status = clEnqueueNDRangeKernel(cmd_queue, kernel, 1, 0,
            global_work_size, local_work_size, 0, NULL, NULL);
```

```
if (status != CL_SUCCESS) {
    printf("Error queuing kernel for excution\n");
    release_resource(context, cmd_queue, program, kernel, mem_obj);
    return -1;
}

// 将内存对象读取到主机内存中
status = clEnqueueReadBuffer(cmd_queue, mem_obj[2], CL_TRUE, 0,
        TEST_DATA_LEN * sizeof(float), f_result, 0, NULL,
        NULL);

if (status != CL_SUCCESS) {
    printf("Error queuing kernel for excution\n");
    release_resource(context, cmd_queue, program, kernel, mem_obj);
    return -1;
}

// 输出结果缓冲区
for (int i = 0; i < TEST_DATA_LEN; i++) {
    printf("%.3f ", f_result[i]);
}

printf("\n");

release_resource(context, cmd_queue, program, kernel, mem_obj);

return 0;
}
```

1. 选择 OpenCL 平台并创建上下文

为了创建 OpenCL 应用程序，先要找到平台信息。一个系统中会存在多个平台，示例程序中选择了第一个有效平台，这是选择平台较简单的方法。选择平台以后，根据平台 ID 创建上下文。下面的代码实现了 createcontext()。首先调用 clGetPlatformIDs() 来获取平台数量，然后选中第一个有效的平台，得到 cl_platform_id 之后，再调用 clCreateContextFromType() 创建一个上下文。先在选择平台的 GPU 设备上创建一个上下文，若创建失败，则会在 CPU 设备上创建一个上下文。

```
// 创建一个 OpenCL 上下文
cl_context create_context() {
cl_int status = 0;
cl_uint num_platform = 0;
cl_platform_id platform = NULL;
cl_context context = NULL;
```

```
//  获取 OpenCL 应用平台
status = clGetPlatformIDs(0, NULL, &num_platform);

if (status != CL_SUCCESS || num_platform == 0) {
    printf("Failed to call clGetPlatformIDs\n");
    return NULL;
}

if (num_platform > 0) {
    cl_platform_id *platforms =
        (cl_platform_id *)malloc(num_platform * sizeof(cl_platform_id));
    status = clGetPlatformIDs(num_platform, platforms, NULL);

    if (status != CL_SUCCESS)
        return NULL;

    for (int i = 0; i < num_platform; ++i) {
        static char tmp_buf[1024];
        status = clGetPlatformInfo(platforms[i], CL_PLATFORM_VENDOR,
                sizeof(tmp_buf), tmp_buf, NULL);
        platform = platforms[i];
        if (platform)
            break;
    }

    free(platforms);
}

// 创建 OpenCL 上下文
cl_context_properties context_prop[] = {
    CL_CONTEXT_PLATFORM, (cl_context_properties)platform, 0};

context = clCreateContextFromType(context_prop, CL_DEVICE_TYPE_GPU,
        NULL, NULL, &status);
if (status != CL_SUCCESS) {
    printf("failed to create GPU context\n");
    context = clCreateContextFromType(context_prop, CL_DEVICE_TYPE_CPU,
            NULL, NULL, &status);

    if (status != CL_SUCCESS) {
        printf("Failed to create CPU context\n");
        return NULL;
    }
}

return context;
}
```

2. 选择设备并创建命令队列

选择平台并创建上下文以后，需要选择一个有效的设备来执行核函数，并根据该设备创建命令队列。设备在计算机硬件底层（如 GPU 和 CPU）。要与设备通信，对于 OpenCL 应用程序必须创建命令队列，在设备上完成的操作必须在命令队列中排队等待执行。下面的代码包含一个 createcommandqueue()函数，它会选择一个设备并为应用创建命令队列。

```
// 创建一个命令队列
cl_command_queue create_cmd_queue(cl_context context,
    cl_device_id *out_device) {
cl_int status;
cl_device_id *p_devices;
cl_command_queue cmd_queue = NULL;
size_t buf_size = -1;

// 获取所有设备内存的大小
status = clGetContextInfo(context, CL_CONTEXT_DEVICES, 0, NULL,
        &buf_size);
if (status != CL_SUCCESS) {
    printf("Failed to run clGetContextInfo\n");
    return NULL;
}

if (buf_size <= 0) {
    printf("Failed to get device buffer info\n");
    return NULL;
}

// 为设备分配内存
p_devices = (cl_device_id *)malloc(buf_size / sizeof(cl_device_id));
status = clGetContextInfo(context, CL_CONTEXT_DEVICES, buf_size,
        p_devices, NULL);
if (status != CL_SUCCESS) {
    printf("Failed to get devices buffer\n");
    free(p_devices);
    return NULL;
}

cmd_queue = clCreateCommandQueue(context, p_devices[0], 0, &status);
if (cmd_queue == NULL) {
    printf("Failed to create command queue\n");
    return NULL;
}

*out_device = p_devices[0];
free(p_devices);
```

```
return cmd_queue;
}
```

代码清单中第 1 次调用 clGetContextInfo()来获取上下文中设备 ID 所占用内存空间的大小，然后根据获取设备 ID 所占用的空间大小开辟一个缓存空间。第 2 次调用 clGetContextInfo()把上下文的设备 ID 读入缓存空间中。示例程序中选择第一个设备作为内核执行的设备。选择所用的设备以后，再调用 clCreateCommandQueue()创建命令队列（该命令队列就是用于执行的内核队列），并将结果返回。

3. 加载内核文件并构建程序对象

下面要从 vec_add.cl 文件加载 OpenCL C 语言内核源代码，并由它构建一个程序对象。这个程序对象由代码进行读取并调用 OpenCL API 在代码中进行编译，从而在与上下文关联的设备上执行。正常情况下，OpenCL 程序对象可以为上下文中所有关联的设备编译可执行的代码，但是在本例中由于只创建了一个设备，所以只为该设备进行代码编译。

在下面的代码中，应用程序从 vec_add.cl 文件中将内核代码字符串读取到内存中，然后调用 clCreateProgramWithSource()创建应用程序对象，创建成功以后调用 clBuildProgram 编译内核源代码。这个函数会为关联的设备编译内核。若编译成功，则把内核代码保存在程序对象中；若编译失败，可通过 clGetProgramBuildInfo()查看编译日志，日志中的字符串包含了 OpenCL 内核编译过程中生成的所有编译错误。

```
//  创建一个 OpenCL 程序
cl_program create_program(cl_context context, cl_device_id device,
    const char *file_name) {
cl_int status;
cl_program program;
char *program_string;

size_t len;
FILE *fp;

fp = fopen(file_name, "rb");
if (fp == NULL) {
    return NULL;
}

fseek(fp, 0, SEEK_END);
len = ftell(fp);
program_string = (char *)malloc((len + 1) * sizeof(char));
rewind(fp);
len = fread(program_string, 1, len, fp);
program_string[len] = '\0';
```

```
    fclose(fp);

    program =
    clCreateProgramWithSource(context, 1, (const char **)&program_string, NULL, NULL);
    if (program == NULL) {
        printf("Failed to create program from cl source\n");
        return NULL;
    }

    status = clBuildProgram(program, 0, NULL, NULL, NULL, NULL);
    if (status != CL_SUCCESS) {
        char *log_buf;
        size_t log_size;

        printf("failed to build kernel, dump build log\n");

        status = clGetProgramBuildInfo(program, device, CL_PROGRAM_BUILD_LOG, 0,
                NULL, &log_size);
        log_buf = (char *)malloc(log_size * sizeof(char));
        status = clGetProgramBuildInfo(program, device, CL_PROGRAM_BUILD_LOG,
                log_size, log_buf, NULL);
        printf("%s\n", log_buf);
        free(log_buf);
    }

    return program;
}
```

4. 创建内核对象和内存对象

要执行 OpenCL 设备核函数，就需要对核函数的参数进行设置，以保证在设备运行时能够正确访问。本例中展示的是如何将两个数组（f_a 和 f_b）中元素之和保存在第三个数组（f_result）中。下面的代码为 f_result 创建了一个内核对象，并将其编译到程序对象中。另外，主机将分配数组 f_a[]、f_b[]、f_result[]并填入数据，完成以后调用 create_cmd_queue()把这些数据复制到内存对象中，然后传入内核，执行相应的计算。

```
    kernel = clCreateKernel(program, "vec_add", NULL);

    if (kernel == NULL) {
        printf("Failed to create kernel\n");
        return 0;
    }

    // 创建主机内存，用来存储执行核函数的参数
    float f_result[TEST_DATA_LEN];
    float f_a[TEST_DATA_LEN];
```

```
float f_b[TEST_DATA_LEN];

for (int i = 0; i < TEST_DATA_LEN; ++i) {
    f_a[i] = i;
    f_b[i] = 2 * i + 1;
}

// 创建内存对象，用来存储执行核函数的参数
if (create_memobj(context, mem_obj, f_a, f_b)) {
    release_resource(context, cmd_queue, program, kernel, mem_obj);
    return -1;
}
```

下面的代码给出了 create_command_queue() 的实现，其中调用 clCreateBuffer() 来创建内存对象。在核函数中直接访问设备中的内存对象。对于输入数组 f_a[]、f_b[]，内存对象采用 CL_MEM_READ_ONLY | CL_MEM_COPY_HOST_PTR 内存类型来创建，这说明输入的设备内存是只读的，并把主机的数据复制到设备的缓冲区中。对于 f_result[] 数组，内存对象采用 CL_MEM_READ_WRITE 内存类型来创建，这说明输出的数组对内核是可读、可写的。

```
// 创建一个 OpenCL 内存对象
int create_memobj(cl_context context, cl_mem mem_obj[NUM_MEM_OBJ], float *f_a,
    float *f_b) {
mem_obj[0] = clCreateBuffer(context, CL_MEM_READ_ONLY | CL_MEM_COPY_HOST_PTR,
        sizeof(float) * TEST_DATA_LEN, f_a, NULL);

mem_obj[1] = clCreateBuffer(context, CL_MEM_READ_ONLY | CL_MEM_COPY_HOST_PTR,
        sizeof(float) * TEST_DATA_LEN, f_b, NULL);

mem_obj[2] = clCreateBuffer(context, CL_MEM_READ_WRITE,
        sizeof(float) * TEST_DATA_LEN, NULL, NULL);

for(int i = 0; i < NUM_MEM_OBJ; i++) {
    if (mem_obj[i] == NULL) {
        printf("Failed to create memory objects\n");
        return -1;
    }
}

return 0;
}
```

5. 执行内核

经过前面几个步骤，内核对象和内存对象已经创建，接下来，需要将内核执行指令发送到命令队列中并等待执行。在发送命令队列之前，内核的所有参数需要通过 clSetKernelArg() 进行设置。这个函数的第 1 个参数是索引。本例中需要 3 个参数（fa、fb 和 fresult），对应的索

引分别为 0、1、2。把 CreateMemObjects() 创建的内存对象传入内核对象，代码如下。

```
// 设置核函数的参数 f_result、f_a、f_b
status = clSetKernelArg(kernel, 0, sizeof(cl_mem), &mem_obj[0]);
status |= clSetKernelArg(kernel, 1, sizeof(cl_mem), &mem_obj[1]);
status |= clSetKernelArg(kernel, 2, sizeof(cl_mem), &mem_obj[2]);

if (status != CL_SUCCESS) {
    printf(" Error setting kernel arguments\n");
    release_resource(context, cmd_queue, program, kernel, mem_obj);
    return -1;
}


size_t local_work_size[1] = {1};
size_t global_work_size[1] = {TEST_DATA_LEN};

// 从命令队列中执行 OpenCL 核函数
status = clEnqueueNDRangeKernel(cmd_queue, kernel, 1, 0,
        global_work_size, local_work_size, 0, NULL, NULL);

if (status != CL_SUCCESS) {
    printf("Error queuing kernel for excution\n");
    release_resource(context, cmd_queue, program, kernel, mem_obj);
    return -1;
}

// 将内存对象读取到主机内存中
status = clEnqueueReadBuffer(cmd_queue, mem_obj[2], CL_TRUE, 0,
        TEST_DATA_LEN * sizeof(float), f_result, 0, NULL,
        NULL);

if (status != CL_SUCCESS) {
    printf("Error queuing kernel for excution\n");
    release_resource(context, cmd_queue, program, kernel, mem_obj);
    return -1;
}

// 输出结果缓冲区
for (int i = 0; i < TEST_DATA_LEN; i++) {
    printf("%.3f ", f_result[i]);
}

printf("\n");
```

设置内核参数以后，本例中需将核函数发送到命令队列中并等待执行，这个过程是通过调用 clEnqueueNDRangeKernel() 来完成的。global_work_size 和 local_work_size 确定内核如何在设备上的多个处理单元分配。本例中使 global_work_size 等于数组大小，local_work_size

等于 1。工作项和工作组的分配直接影响内核执行的效率，这在以后的示例中会讨论。发送到命令队列中的命令并不能确保立即执行，需要在命令队列中排队等待执行。换句话说，执行完 clEnqueueNDRangeKernel() 后，可能并不会在设备上执行内核，而需要等待之前的事件完成以后才可以真正执行核函数。

clEnqueueReadBuffer() 的第 3 个参数可以设置为阻塞或者非阻塞状态，以确保读取数据的模式，是否需要等待结果才能返回。在这个例子中该参数设置为 CL_TRUE，也就是阻塞状态，在这个内核读取结束之前调用不会返回。这样可以确保命令队列中的命令操作按照顺序执行。总而言之，在内核完成计算之前不会有读写操作。因此一旦程序由 clEnqueueReadBuffer() 返回就说明主机已经从设备内存对象读取到 fresult[] 数组，在主机端就可以正常进行读写操作，代码最后把结果数组中的值输出到控制界面中。

7.4　平台、上下文、设备

上一节介绍了一个 OpenCL 示例，该示例包含了查询平台，查询设备，创建上下文及读写缓冲区等基本的 API 调用，本节将更详细地介绍 OpenCL 平台环境和设备。

7.4.1　OpenCL 平台

在 7.3 节的例子中，创建 OpenCL 应用程序的第一步就是查询平台集并选择一个可用的平台。

平台集可使用 cl_int clGetPlatformIDs(cl_uint num_entries,cl_platform_id * platforms,cl_uint * num_platforms) 这个 API 函数查询。

最终可得到 OpenCL 平台列表。在这个 API 函数中，把 num_entries 和 platforms 设置为 0，得到可用平台的数量，若 num_platforms 大于 0，则说明有可用平台可供选择。根据查询出的平台数量，申请对应缓冲空间，将平台 ID 读入缓冲区，从而得到一个或多个平台 ID，这在 7.3 节的例子中已经介绍过。

在给定了一个平台的情况下，通过以下 API 函数查询平台属性。

```
cl_int clGetPlatformInfo(cl_platform_id   platform,
            cl_platform_info param_name,
            size_t           param_value_size,
            void *           param_value,
            size_t *         param_value_size_ret)
```

调用这个 API 函数，根据平台 ID 可以获取 OpenCL 平台的特定信息。若把 param_value_size 和 param_value 设置为 0，则可以查询特定信息的大小。param_name 的可取值如表 7.1 所示。

表 7.1　param_name 的可取值

Param_name 的值	返回类型	描述
CL_PLATFORM_PROFILE	char[]	OpenCL 简单字符串
CL_PLATFORM_VERSION	char[]	OpenCL 版本字符串
CL_PLATFORM_NAME	char[]	平台字符串
CL_PLATFORM_VENDER	char[]	平台开发商名字
CL_PLATFORM_EXTENSIONS	char[]	平台支持的扩展列表

下一节通过一个简单的例子说明如何根据平台 ID 使用 clGetPlatformInfo()得到平台的信息。

7.4.2　设备

每个平台都会关联一组计算设备，OpenCL 应用程序将会用这些设备执行内核代码。给定一个平台，用以下 API 函数查询其支持设备的列表。

```
cl_int clGetDeviceIDs(cl_platform_id   platform,
            cl_device_type    device_type,
            cl_uint           num_entries,
            cl_device_id *    devices,
            cl_uint *         num_devices)
cl_int status;
size_t size;
status = clGetPlatformInfo(id, CL_PLATFORM_NAME,0,NULL,&size);
char *name = (char*)alloca(sizeof(char) * size);
status = clGetPlatformInfo(id, CL_PLATFORM_NAME,size,name,NULL);
printf("Platform name:%s\n",name);
```

使用这个 API 函数会得到与平台相关的所有设备的列表，若 num_entries 和 devices 为 0，则可以通过 num_devices 得到与平台关联的设备数。计算设备的类型由 device_type 指定，其值如表 7.2 所示。各个设备将共享执行模型和内存模型。

表 7.2　device_type 的值

device_type 的值	描述
CL_DEVICE_TYPE_DEFAULT	默认设备
CL_DEVICE_TYPE_CPU	作为 CPU 的 OpenCL 设备
CL_DEVICE_TYPE_GPU	作为 GPU 的 OpenCL 设备
CL_DEVICE_TYPE_ACCELERATOR	OpenCL 加速器（例如 Cell）
CL_DEVICE_TYPE_ALL	该平台中所有类型的设备

在给定一个设备的情况下，使用以下 API 函数获取设备信息。

```
cl_int clGetDeviceInfo(cl_device_id    device,
           cl_device_info  param_name,
           size_t          param_value_size,
           void *          param_value,
           size_t *        param_value_size_ret)
```

这些参数与获取平台 API 函数的参数类似，可通过设置 param_value_size 和 param_value 为 0 获取设备平台中信息的大小。表 7.3 所示为 param_name 的部分值。

表 7.3　param_name 的部分值

param_name 的部分值	返回类型	描述
CL_DEVICE_TYPE	cl_device_type	OpenCL 设备类型
CL_DEVICE_VENDOR_ID	cl_uint	设备开发商标识
CL_DEVICE_MAX_COMPUTE_UNITS	cl_uint	并行计算数目
CL_DEVICE_MAX_WORK_ITEM_DIMENSIONS	cl_uint	指定最大维度
CL_DEVICE_MAX_WORK_GROUP_SIZE	size_t[]	各个维度中工作项最大数目
CL_DEVICE_MAX_WORK_ITEM_SIZES	size_t	工作组内的最大工作项数目
CL_DEVICE_PREFERRED_VECTOR_WIDTH_CHAR CL_DEVICE_PREFERRED_VECTOR_WIDTH_SHORT CL_DEVICE_PREFERRED_VECTOR_WIDTH_INT CL_DEVICE_PREFERRED_VECTOR_WIDTH_LONG CL_DEVICE_PREFERRED_VECTOR_WIDTH_FLOAT CL_DEVICE_PREFERRED_VECTOR_WIDTH_DOUBLE	cl_uint	可置于矢量中的内置标量类型的期望原生矢量的宽度大小，定义为可存储标量的个数
CL_DEVICE_NAME	char[]	设备名字
CL_DEVICE_VENDOR	char[]	开发商名字
CL_DEVICE_PLATFORM	cl_platfm_id	设备关联的平台

下面的例子展示了如何查询和选择一个设备，并根据查到的设备得到计算单元的最大数目。

```
cl_int status;
cl_uint nDevices;
size_t size;
cl_device_id devicesId[1];
status = clGetDeviceIDs(platform, CL_DEVICE_TYPE_GPU, 0, NULL, &nDevices);
if(nDevices < 1)
{
  printf("No GPU device found for platform\n");

  exit(1);
}
status = clGetDeviceIDs(platform, CL_DEVICE_TYPE_GPU, 1, &devicesId[0], NULL);

// 获取设备计算单元的最大数目
```

```
status = clGetDeviceInfo(devicesId[0],CL_DEVICE_MAX_COMPUTE_UNITS,
sizeof(cl_uint),&maxComputeUnits,&size);
printf("Device has max compute units:%d\n", maxComputeUnits);
```

7.4.3　OpenCL 上下文

上下文是所有 OpenCL 应用程序的核心，上下文为关联的设备、内存对象，以及指令队列提供一个容器。正是上下文驱动了设备与应用程序及设备之间的通信，为此 OpenCL 定义了内存模型。OpenCL 可以保证在相同的上下文中，所有的设备均会找到同步点并对内存进行访问。不过，还需要说明的是在 OpenCL 应用程序开发中可以使用多个上下文，分别由不同的平台创建，并把工作分配到这些平台及关联的设备上。注意，OpenCL 的内存模型不能由不同的上下文关联的设备共享，这也就意味着若需要在不同的上下文共享内存对象，则必须手动在上下文之间移动这些内存对象。这个概念如图 7.8 所示。

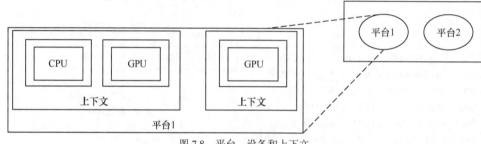

图 7.8　平台、设备和上下文

给定一个平台和一组关联设备，我们可以用 clCreateContext()创建一个 OpenCL 上下文，也可以根据平台和设备类型通过 clCreateContextFromType()来创建上下文。这两个函数的声明如下。

```
cl_context clCreateContext(const cl_context_properties * properties,
                cl_uint                num_devices,
                const cl_device_id * devices,
                void (CL_CALLBACK * pfn_notify)(const char * errinfo,
                                      const void * private_info,
                                      size_t        cb,
                                       void *        user_data),
                void *                 user_data,
                cl_int *               errcode_ret)

cl_context clCreateContextFromType(const cl_context_properties * properties,
                    cl_device_type        device_type,
                    void (CL_CALLBACK * pfn_notify)(const char * errinfo,
                        const void *  private_info,
                        size_t          cb,
                        void *          user_data),
```

```
                    void *        user_data,
                    cl_int *      errcode_ret)
```

参数 properties 的值如表 7.4 所示。

表 7.4　参数 properties 的值

参数 properties 的值	对应的属性值	描述
CL_CONTEXT_PLATFORM	cl_platform_id	指定要使用的平台

参数 devices 和 device_type 分别允许显式地指定设备集和设备类型来创建上下文。参数 pfn_notify 和 user_data 共同定义一个回调，可以通过回调报告创建上下文时出现的错误信息。

给定一个上下文，用下列指令查询各个属性。

```
cl_int  clGetContextInfo(cl_context  context,
                cl_context_info param_name,
                size_t  param_value_size,
                void *  param_value,
                size_t *  param_value_size_ret)
```

根据 context 调用，这个 API 函数可以获取 OpenCL 上下文的特定信息。参数 param_name 定义了 context 所包含的信息，context 属性可取的值如表 7.5 所示。

表 7.5　context 属性可取的值

cl_context_info	描述
CL_CONTEXT_REFERENCE_COUNT	返回上下文的引用技术
CL_CONTEXT_NUM_DEVICES	返回上下文的设备数
CL_CONTEXT_DEVICES	返回上下文的设备列表
CL_PLATFORM_EXTENSIONS	返回创建上下文时 properties 的参数

下面的例子展示了如何使用 clGetContextInfo() 查询与上下文关联的设备列表。

```
cl_int  clGetContextInfo(cl_context              context,
            cl_context_info      param_name,
            size_t               param_value_size,
            void *               param_value,
            size_t *             param_value_size_ret)
clGetDeviceIDs(platform,CL_DEVICE_TYPE_GPU, numDevices, & devices[0],NULL)
}

cl_context_properties properties[] = {CL_CONTEXT_PLATFORM, (cl_context_properties)
platform, 0};
clContext = clCreateContext(properties,
numDevices / sizeof(cl_device_id),
devices,
NULL,NULL,NULL)
cl_uint numPlatforms;
```

```
cl_platform_id* pPlatformIDs;
cl_context clContext = NULL;
size_t deviceSize;

clGetPlatformIDs(0, NULL, &numPlatforms);
   pPlatformIDs = (cl_platform_id*)malloc(sizeof(cl_platform_id) * numPlatforms);
     clGetPlatformIDs(numPlatforms, pPlatformIDs, NULL);

cl_context_properties properties[]  = {CL_CONTEXT_PLATFORM,
                         (cl_context_properties)pPlatformIDs[0], 0};
     clContext = clCreateContextFromType(properties,
CL_DEVICE_TYPE_ALL, NULL, NULL, NULL);
clGetContextInfo(clContext, CL_CONTEXT_DEVICES, 0, NULL, &deviceSize);

cl_device_id* devices = (cl_device_id*)malloc(deviceSize);
     clGetContextInfo(clContext, CL_CONTEXT_DEVICES, deviceSize, devices, NULL);

     for(size_t index = 0; index < deviceSize / sizeof(cl_device_id); ++index){
         cl_device_type type;
         clGetDeviceInfo(devices[index], CL_DEVICE_TYPE, sizeof(cl_device_type), &type, NULL);
         switch (type)
         {
         case CL_DEVICE_TYPE_CPU:
             std::cout << "CL_DEVICE_TYPE_CPU" << std::endl;
             break;
         case CL_DEVICE_TYPE_GPU:
             std::cout << "CL_DEVICE_TYPE_GPU" << std::endl;
             break;
         case CL_DEVICE_TYPE_ACCELERATOR:
             std::cout << "CL_DEVICE_TYPE_ACCELERATOR" << std::endl;
             break;
         default:
             break;
         }
     }
```

类似于其他 OpenCL 对象，上下文是按引用计数的，用以下指令来增加和减少引用计数。

```
cl_int clRetainContext(cl_context context)
cl_int clRetainContext(cl_context context)
```

7.5　程序对象和内核对象

7.3 节的例子中先后创建了程序对象和内核对象以供代码在设备上运行。程序对象和内核对象对于使用 OpenCL 至关重要，本节将详细介绍。

7.5.1 程序对象

本节首先介绍 OpenCL 中使用程序对象和内核对象的第 1 步——构建一个程序对象，然后讨论如何构建程序对象，再介绍在构建过程中需要用到的选项及如何查询程序对象的信息，最后介绍管理程序对象需要用到的函数。

1. 构建程序对象

程序对象可以通过源代码或者二进制代码构建。通常情况下使用源代码构建程序对象，例如，把源代码保存在.cl 文件中，通过读取文本内容构建程序对象。若需要对源代码进行保密，则最好采用二进制代码构建程序对象。用源代码构建程序对象需调用 clCreateProgramWithSource()函数，现在介绍如何通过 clCreateProgramWithSource()构建程序对象，其定义如下。

```
cl_program clCreateProgramWithSource(cl_context context,
cl_uint count,
const char **strings,
const size_t *lengths,
cl_int* errorcode)
```

其中，context 为 OpenCL 平台上下文；count 为字符串指针的数目；strings 包含 count 个字符串指针，为设备执行的源代码；lengths 包含 count 个数组，每组大小为 strings 中各个元素的字符数；errorcode 为错误编码。

调用这个函数后就会获取一个与上下文关联的程序对象，再通过 clBuildProgram()构建这个程序对象。

```
cl_int clBuildProgram(cl_program program,
                cl_uint num_devices,
                const cl_device_id *device_list,
                const char *options,
                void(CL_CALLBACK* pfn_notify)
                    (cl_program program,
void *user_data),
                void *user_data)
```

其中，program 为一个合法的程序对象；num_devices 表示构建程序对象的设备数量；device_list 包含 num_devices 个设备的 ID，若为空，则包含上下文所有的设备；options 是一个字符串，包含构建程序对象需要用到的选项；pfn_notify 可以完成异步构建，若为 NULL，只有构建完成才会返回，若 pfn_notify 不为空，则 user_data 字段可由用户随意设置。

调用以上两个函数实际就等价于在一个 C 语言程序中调用了编译器/连接器。Options 包含构建选项的字符串，包括预定义和各种优化。clBuildProgram()会返回一个状态码，若出现错误，则调用 clGetProgramBuildInfo()来获取错误日志。

```
cl_int clGetProgramBuildInfo (cl_program program,
                    cl_device_id device,
                    cl_program_build_info param_name,
                    size_t param_value_size,
                    void * param_value,
                    size_t *param_value_size_t)
```

其中，program 为一个合法的程序对象；device 表示要获取构建信息的设备，必须是构建程序的设备之一；param_name 表示要查询的参数，其中包括 CL_BUILD_ERROR；param_value_size 表示 param_value 的字节数，必须保证空间够用；param_value 存储查询的结果；param_value_size_t 为实际复制到 param_value 的字节数。

通过以上步骤，我们便可以通过源代码构建一个程序对象，并获取相关日志以供软件开发者分析。

2. 构建程序对象的选项

clBuildProgram()的 options 参数可控制多种不同类型的构建选项，包括预处理器选项、浮点数选项、优化选项等。

表 7.6 列出了可以由预处理器指定的选项。

表 7.6　可以由预处理器指定的选项

选项	描述
-D name	定义宏 name
-D name = definition	定义宏 name 为 definition
-I dir	定义头文件搜索路径

这里需要说明的是，在构建一个程序对象时需要程序对象的所有设备都保证核函数签名相同，否则会导致构建失败。

OpenCL 程序编译器还为浮点运算提供了一些选项，这些选项如表 7.7 所示，这些选项同预处理器选项一样，可以通过 Options 进行设置。

表 7.7　浮点运算选项

选项	描述
-cl –single –precision - constant	若一个常量定义为 double 类型，则作为 float 类型处理它
-cl –denorms –are -zero	对于单精度和双精度，这个选项指定非规格化数可以刷新为 0

此外，我们还可以控制 OpenCL C 语言编译器允许完成的优化。

3. 通过二进制码构建程序对象

除通过源代码构建程序对象之外，我们还可以通过二进制码构建程序对象。使用二进制码的好处是由于已经编译代码，因此加载程序时会更快，占用的内存更少，同时能很好地保护知识产权，无须把带有源代码的.cl 文件开放出来。要先从源代码进行构建，然后经过查询得到程序二进制码，再将其保存到本地文件中。使用 clGetProgramInfo()查询程序信息。

获取程序二进制码后，调用 clCreateProgramWithBinary()来构建程序对象，其定义如下。

```
cl_program clCreateProgramWithBinary (cl_context context,
cl_uint num_devices,
const cl_devcie_id* device_list,
const size_t *lengths,
const unsigned char **binaries,
cl_int* binary_status,
cl_int* errorcode)
```

其中，context 为 OpenCL 平台上下文；num_devices 为构建程序对象的设备数量；device_list 包含 num_devices 个设备的 ID，若为空，则包含上下文所有的设备；lengths 是一个 num_devices 大小的数组，包含 binaries 中各元素的字节数；binaries 包含 num_devices 个字符串指针，为设备执行的二进制码；binary_status 加载各个设备中二进制码的状态；errorcode 为错误编码。

在调用该函数以后还需要再调用 clBuildProgram()重新构建代码。因为二进制码有时候包含可执行代码，有时候是中间表示，不包含源代码，所以需要调用该函数将其重新编译成最终的可执行版本。因此无论是通过源代码还是二进制码构建的程序对象，在使用之前都必须重新构建。

4. 管理和程序查询

OpenCL 使用引用计数管理来程序对象。每构建一个程序对象，都需要将引用计数加 1，调用 clReleaseProgram()将使引用计数递减。若引用计数为 0，就删除程序对象。

```
cl_int clReleaseProgram(cl_program program)
//program 表示一个合法的程序对象
```

用户也可通过 clRetainProgram()来增加引用计数，其定义如下。

```
cl_int clRetainProgram (cl_program program)
//program 表示一个合法的程序对象
```

7.5.2 内核对象

内核对象的主要作用是选择需要执行的核函数，并为核函数设置需要用到的参数，以供在设备上执行。

1. 创建内核对象并设置参数

把核函数名传入 clCreateKernel()来创建内核对象，示例如下。

```
cl_kernel clCreateKernel(cl_program          program,
           const char *      kernel_name,
           cl_int *          errcode_ret)
```

其中，program 表示一个合法的程序对象；kernel_name 表示设备上执行的核函数名字，errcode_ret 表示返回错误编码。

内核对象创建完成以后，通过 clSetKernelArg()将参数传入内核对象中包含的内核函数。

```
cl_int clSetKernelArg(cl_kernel     kernel,
                      cl_uint       arg_index,
                      size_t        arg_size,
                      const void * arg_value)
```

其中，kernel 表示一个合法的内核对象；arg_index 是参数的索引值；arg_size 用于设置参数的大小；arg_value 是传入内核参数的指针。

以上调用可以一次为一个核函数创建一个内存对象，若想一次为程序对象中所有的核函数创建内核对象，可调用 clCreateKernelsInProgram()，其定义如下。

```
cl_uint nKernels;
nStatus = clCreateKernelsInProgram(program, NULL, NULL, &nKernels);

cl_kernel* kernels = new cl_kernel[nKernels];
nStatus = clCreateKernelsInProgram(program, nKernels, kernels, &nKernels);
```

2. 管理和查询内核对象信息

clCreateKernelsInProgram()的定义如下。

```
cl_int clCreateKernelsInProgram (cl_program     program,
                                 cl_uint        num_kernels,
                                 cl_kernel*     kernels,
                                 cl_uint      num_kernels_ret)
```

其中，program 表示一个合法的程序对象；num_kernels 表示程序对象中核函数的个数，kernels 表示存储内核对象的指针；num_kernels_ret 表示实际返回的内核数，若 kernels 为 NULL，则返回程序对象中的个数。

clGetKernelInfo()的定义如下。

```
cl_int clGetKernelInfo (cl_kernel kernel,
                        cl_kernel_info param_name,
                        size_t param_value_size,
                        void * param_value,
                        size_t *param_value_size_t)
```

其中，kernel 表示一个合法的内核对象；param_name 表示要查询的参数，包括 CL_KERNEL_NUM_ARGS、CL_KERNEL_CONTEXT、CL_KERNEL_PROGRAM 等；param_value_size 为 param_value 的字节数，必须保证空间够用；param_value 用于存储查询的结果；param_value_size_t 表示实际复制到 param_value 的字节数。

内核对象除为核函数设置参数之外，还可以通过 clGetKernelInfo()查询内核对象的额外信息，包括核函数名、内核参数的个数、程序对象和上下文。

类似于程序对象管理内存的方式，内核对象也是通过引用计数的方式来释放和获得内存的。调用 clRetainKernel()，让引用计数递增。

7.6 缓冲区

7.3 节的例子中已经创建了内存对象，以便从主机内存向设备内存传入数据。内存对象对于 OpenCL 的使用至关重要，本节将对其进行介绍。

7.6.1 创建内存对象

clRetainKernel() 的定义如下。

```
cl_int clRetainKernel (cl_kernel kernel)
//kernel 是一个合法的内核对象
```

缓冲区对象可以包含标量、矢量或用户自定义的数据类型。缓冲区对象可通过以下函数创建。

```
cl_mem clCreateBuffer (cl_context context,
                       cl_mem_flags flags,
                       size_t size
                       void* host_ptr,
                       cl_int* errorcode_ret)
```

其中，context 表示一个合法的上下文对象，要为这个上下文分配缓冲区；flags 用于指定创建和使用缓冲区的标志；size 为分配的缓冲区大小；host_ptr 是一个主机上的数据指针，由应用程序分配；errorcode_ret 如果不是 NULL，则返回的是错误编码。

flags 的值如下。

❑ CL_MEM_READ_WRITE：指定内核处于可读可写模式。

❑ CL_MEN_WRITE_ONLY：指定内核处于只可写模式。

❑ CL_MEM_READ_ONLY：指定内核处于只可读模式。

❑ CL_MEM_USE_HOST_PTR：当 host_ptr 非空时才合法，以引用方式作为内存对象存储位。

❑ CL_MEN_ALLOC_HOST_PTR：分配内存对象。

❑ CL_MEM_COPY_HOST_PTR：分配内存对象，并将数据复制到内存对象中。

通过调用以上方法即可得到缓冲区对象，一般在多设备执行内核的情况下需要通过偏移值来确定缓冲对象所处的位置，这种实现方法要求必须对内存对象的偏移量有所了解，否则在计算出错的情况下会导致应用程序运行失败。OpenCL 提供了另一种解决方案而无须额外了解偏移量等信息：把缓冲区进一步划分，使用子缓冲区来完成多设备运行内核。子缓冲区的创建方法如下。

```
cl_mem clCreateSubBuffer (cl_mem buffer,
                      cl_mem_flags flags,
```

```
                    cl_buffer_create_type buffer_create_type,
                    const void* buffer_create_info,
                    cl_int* error_ref)
```

其中，buffer 为一个合法的缓冲区对象，不能是子缓冲区；flags 与 clCreateBuffer()中的 flags 一样；buffer_create_type 表示创建的缓冲区类型，例如 CL_BUFFER_CREATE_TYPE_REGION；buffer_create_info 表示缓冲区的类型信息；error_ref 用于返回错误编码。

与其他 OpenCL 对象类似，缓冲区和子缓冲区也通过引用计数管理内存。

```
cl_int clReleaseMemObject (cl_ mem buffer)
//buffer 表示一个合法的内核对象


cl_int clRetainMemObject(cl_mem buffer)
//buffer 表示一个合法的缓冲区对象
```

7.6.2 查询缓冲区信息

与其他 OpenCL 对象类似，我们也可以通过 clGetMemObjectInfo()来查询缓冲区和子缓冲区的信息。下面的代码给出了查询缓冲区对象信息的示例。

```
cl_int clGetMemObjectInfo (cl_mem buffer,
                    cl_mem_info param_name,
                    size_t param_value_size,
                    void * param_value,
                    size_t *param_value_size_t)
```

其中，buffer 为一个合法的缓冲区对象；param_name 表示要查询的参数；param_value_size 表示 param_value 的字节数，必须保证空间够用；param_value 用于存储查询的结果；param_value_size_t 表示实际复制到 param_value 的字节数。

param_name 的可取值如下：

- ❑ CL_MEM_TYPE；
- ❑ CL_MEM_FLAGS；
- ❑ CL_MEM_SIZE；
- ❑ CL_MEM_HOST_PTR；
- ❑ CL_MEM_MAP_COUNT；
- ❑ CL_MEM_CONTEXT；
- ❑ CL_MEM_OFFSET。

7.6.3 读、写和复制缓冲区

主机可通过以下指令将数据复制到缓冲区和子缓冲区。

```
cl_int status = CL_SUCESS;
cl_mem clMemory;
```

```
cl_mem_object_type type;

// 初始化 OpenCL 内存对象
status = clGetMemObjectInfo(clMemory, CL_MEM_TYPE, sizeof(cl_mem_object_type),
&type, NULL);
switch(type)
{
  case CL_MEM_OBJECT_BUFFER:
      printf("CL_MEM_OBEJCT_BUFFER\n");
      break;
  case CL_MEM_OBJECT_IMAGE2D:
  case CL_MEM_OBJECT_IMAGE3D:
      printf("CL_MEM_OBJECT_IMAGE2D | CL_MEM_OBJECT_IMAGE3D\n");
  case default:
    break;
}
cl_int clEnqueueWriteBuffer(cl_command_queue command_queue,
cl_mem buffer,
cl_bool blocking_write,
size_t offset,
size_t cb,
void* ptr,
cl_uint nun_events_in_wait_list,
const cl_event* event_wait_list,
cl_event* event)
```

其中，command_queue 是一个有效的命令队列；buffer 是一个合法的缓冲区对象；blocking_write 若设置为 CL_TRUE，则等待运行完成以后返回；若设置为 CL_FALSE，则直接返回；offset 是缓冲区对象的偏移量；cb 是从缓冲区写入的字节；ptr 是主机内存中的一个指针；nun_events_in_wait_list 是数组 event_wait_list 的大小；event_wait_list 是一个事件数组，在开始执行写命令之前这些事件必须完成；event 用于返回事件，异步使用。

通过以下命令将缓冲区对象内容复制到主机内存中。

```
cl_int clEnqueueReadBuffer(cl_command_queue command_queue,
cl_mem buffer,
cl_bool blocking_read,
size_t offset,
size_t cb,
void* ptr,
cl_uint nun_events_in_wait_list,
const cl_event* event_wait_list,
cl_event* event)
```

其中，command_queue 表示一个有效的命令队列；buffer 表示一个合法的缓冲区对象；blocking_read 若设置为 CL_TRUE，则等待运行完成以后返回，若设置为 CL_FALSE 则直接返回；offset 表示缓冲区对象的偏移量；cb 表示从缓冲区读入的字节；ptr 表示主机内存中的一个指针；nun_events_in_wait_list 数组表示 event_wait_list 的大小；event_wait_list 表示 一个事件数组，在开始执行写命令之前这些事件必须完成；event 表示返回事件，异步使用。

下面展示一个关于多个设备执行内核的例子。这个例子中实现了在数组内求每个元素的平方操作。

内核代码如下。

```
example.cl

__kernel void square(__global int* buffer)
{
    const size_t idx = get_global_id[0];
    buffer[id] = buffer[id] * buffer[id];
}
```

主机代码如下。

```
#include <stdio.h>
#include <stdlib.h>
#include <assert.h>
#include <CL/cl.h>

#define BUF_SIZE 10

#define CHECK(code) do {
if (code != CL_SUCCESS) {
    assert(0);
    return -1;
}
}
while(0)

int do_square() {
cl_int status = CL_SUCCESS;
cl_uint num_platform;
cl_uint num_device;

cl_platform_id *p_platform;
cl_device_id *p_device;

cl_context context;
cl_program program;

cl_kernel *p_kernel;
cl_command_queue *p_cmd_queue;
cl_mem *p_memobj;
cl_event *p_event;
```

```
// 获取平台个数
CHECK(clGetPlatformIDs(0, NULL, &num_platform));

// 获取设备个数
p_platform = (cl_platform_id *)malloc(sizeof(cl_platform_id) * num_platform);
CHECK(clGetPlatformIDs(num_platform, p_platform, &num_platform));
CHECK(clGetDeviceIDs(p_platform[0], CL_DEVICE_TYPE_ALL, 0, NULL, &num_device));

// 给基本变量分配空间
p_kernel = (cl_kernel *)malloc(sizeof(cl_kernel)*num_device);
p_cmd_queue = (cl_command_queue *)malloc(sizeof(cl_command_queue)*num_device);
p_memobj = (cl_mem *)malloc(sizeof(cl_mem)*num_device);
p_event = (cl_event *)malloc(sizeof(cl_event)*num_device);

// 创建 OpenCL 上下文
p_device = (cl_device_id *)malloc(sizeof(cl_device_id)*num_device);
CHECK(clGetDeviceIDs(p_platform[0], CL_DEVICE_TYPE_ALL, num_device,
            p_device, NULL));
cl_context_properties clProperties[] = {
    CL_CONTEXT_PLATFORM, (cl_context_properties)p_platform[0], NULL};
context = clCreateContext(clProperties, num_device, p_device, NULL, NULL, &status);
CHECK(status);

// 读取 OpenCL 内核文件
FILE *fp = fopen("example.cl", "rb");
if (fp == NULL) {
    return NULL;
}

fseek(fp, 0, SEEK_END);
size_t len = ftell(fp);
char *program_string = (char *)malloc((len + 1) * sizeof(char));
rewind(fp);
len = fread(program_string, 1, len, fp);
program_string[len] = '\0';
fclose(fp);

// 创建 OpenCL 程序对象
program = clCreateProgramWithSource(context, 1, (const char **)&program_string, &len, &status);
CHECK(status);

// 在线编译 OpenCL 内核程序，并检查是否有错误
if (clBuildProgram(program, num_device, p_device, NULL, NULL, NULL) !=
        CL_SUCCESS) {
    // 输出错误消息
    char build_log[10240];
```

```
        CHECK(clGetProgramBuildInfo(program, p_device[0],
                    CL_PROGRAM_BUILD_LOG, sizeof(build_log),
                    build_log, NULL));
    printf("%s\n", build_log);
    return 0;
}

// 创建内存对象
cl_mem buffer = clCreateBuffer(context, CL_MEM_READ_WRITE,
        sizeof(int) * BUF_SIZE * num_device,
        NULL, &status);
CHECK(status);
p_memobj[0] = buffer;

for (int i = 1; i < num_device; ++i) {
    cl_buffer_region region = {BUF_SIZE * i * sizeof(int),
        BUF_SIZE * sizeof(int)};
    buffer = clCreateSubBuffer(p_memobj[0], CL_MEM_READ_WRITE,
            CL_BUFFER_CREATE_TYPE_REGION, &region, &status);
    CHECK(status);
    p_memobj[i] = buffer;
}

// 创建 OpenCL 命令队列
for (int i = 0; i < num_device; ++i) {
    cl_command_queue queue =
            clCreateCommandQueue(context, p_device[i], 0, &status);
    CHECK(status);
    p_cmd_queue[i] = queue;

    cl_kernel kernel = clCreateKernel(program, "square", &status);
    CHECK(status);

    CHECK(clSetKernelArg(kernel, 0, sizeof(cl_mem), &p_memobj[i]));

    p_kernel[i] = kernel;
}

// 向内存对象写数据
int *p_data = (int *)malloc(sizeof(int) * BUF_SIZE * num_device);

for (int i = 0; i < BUF_SIZE * num_device; ++i) {
    p_data[i] = i;
}

CHECK(clEnqueueWriteBuffer(p_cmd_queue[0], p_memobj[0], CL_TRUE, 0,
```

```
                    sizeof(int) * BUF_SIZE * num_device,
                    (const void *)p_data, 0, NULL, NULL));

// 将 OpenCL 内核提交到命令队列
size_t local_work_size[1] = {1};
size_t global_work_size[1] = {BUF_SIZE};

for (int i = 0; i < num_device; ++i) {
    cl_event event;

    CHECK(clEnqueueNDRangeKernel(p_cmd_queue[i], p_kernel[i], 1,
                NULL, global_work_size, local_work_size, 0, NULL, &event));
    p_event[i] = event;
}

// 等执行完成
CHECK(clWaitForEvents(num_device, p_event));

// 从内存对象读取数据到主机内存中
CHECK(clEnqueueReadBuffer(
            p_cmd_queue[0], p_memobj[0], CL_TRUE, 0,
            sizeof(int) * BUF_SIZE * num_device, p_data, 0, NULL, NULL));

// 显示设备标识
printf("num_device = %d\n", num_device);
for (int i = 0; i < num_device; ++i) {
    printf("device id: %d\n", i);
    for (int item = i * BUF_SIZE;
            item < (i + 1) * BUF_SIZE; ++item) {
        printf("%d ", p_data[item]);
    }
    printf("\n");
}

// 释放资源
for(int i = 0; i < num_device; i++) {
    clReleaseKernel(p_kernel[i]);
    clReleaseCommandQueue(p_cmd_queue[i]);
    clReleaseMemObject(p_memobj[i]);
    clReleaseEvent(p_event[i]);
}

free(p_kernel);
free(p_cmd_queue);
free(p_memobj);
free(p_event);
```

```
free(p_platform);
free(p_device);
free(p_data);
return 0;
}

int main() {
do_square();

return 0;
}
```

上面的例子中，OpenCL 只使用了一维空间，实际 OpenCL 对于读写缓冲区可以支持二维、三维空间。主机要从多维缓冲区对象中读取数据可以调用以下函数。

```
cl_int clEnqueueReadBufferRect(cl_command_queue    command_queue,
                  cl_mem            buffer,
                  cl_bool           blocking_read,
                  const size_t *    buffer_offset,
                  const size_t *    host_offset,
                  const size_t *    region,
                  size_t            buffer_row_pitch,
                  size_t            buffer_slice_pitch,
                  size_t            host_row_pitch,
                  size_t            host_slice_pitch,
                  void *            ptr,
                  cl_uint           num_events_in_wait_list,
                  const cl_event *  event_wait_list,
                  cl_event *        event)
```

command_queue 是一个有效的命令队列；buffer 是一个合法的缓冲区对象；blocking_read 若设置为 CL_TRUE，则等待运行完成以后返回，若设置为 CL_FALSE 则直接返回；buffer_offset 用于定义缓冲区中的 x、y、z 偏移量；host_offset 用于定义主机内存中的 x、y、z 偏移量；region 表示按字节数读取长、宽、高；buffer_row_pitch 表示与 buffer 关联的各行长度（字节）；buffer_slice_pitch 表示与 buffer 关联的二维切片长度（字节）；host_row_pitch 表示与主机关联的各行长度（字节）；host_slice_pitch 表示与主机关联的二维切片长度（字节）；ptr 是主机内存中的一个指针；nun_events_in_wait_list 表示数组 event_wait_list 的大小；event_wait_list 是一个事件数组，在开始写命令之前这些事件必须完成；event 为返回事件，异步使用。

同时，通过 clEnqueueWriteBufferRect() 将数据从主机写入多维缓冲区中。

在 OpenCL 编程应用中，有时候需要在两个缓冲区之间复制数据，OpenCL 提供了以下函数来完成该操作。

```
cl_int clEnqueueWriteBufferRect(cl_command_queue    command_queue,
                  cl_mem            buffer,
                  cl_bool           blocking_write,
```

```
            const size_t *    buffer_offset,
            const size_t *    host_offset,
            const size_t *    region,
            size_t            buffer_row_pitch,
            size_t            buffer_slice_pitch,
            size_t            host_row_pitch,
            size_t            host_slice_pitch,
            void *            ptr,
            cl_uint           num_events_in_wait_list,
            const cl_event *  event_wait_list,
            cl_event *        event)
```

其中，command_queue 表示一个有效的指令命列；buffer 表示一个合法的缓冲区对象；blocking_write 若设置为 CL_TRUE，则等待运行完成以后返回，若设置为 CL_FALSE，则直接返回；buffer_offset 用于定义缓冲区中的 x、y、z 偏移量；host_offset 用于定义主机内存中的 x、y、z 偏移量；region 用于按字节数读取长、宽、高；buffer_row_pitch 表示与 buffer 关联的各行长度（单位是字节）；buffer_slice_pitch 表示与 buffer 关联的二维切片长度（单位是字节）；host_row_pitch 表示与主机关联的各行长度（单位是字节）；host_slice_pitch 表示与主机关联的二维切片长度（单位是字节）；ptr 表示主机内存中的一个指针；nun_events_in_wait_list 数组表示 event_wait_list 的大小；event_wait_list 表示一个事件数组，在开始写命令之前这些事件必须完成；event 表示返回事件，异步使用。

clEnqueueCopyBuffer() 的定义如下。

```
cl_int clEnqueueCopyBuffer (cl_command_queue     command_queue,
            cl_mem            src_buffer,
            cl_mem            dst_buffer,
            size_t            src_offset,
            size_t            dst_offset,
            size_t            size,
            cl_uint           num_events_in_wait_list,
            const cl_event *  event_wait_list,
            cl_event *        event)
```

其中，command_queue 表示一个有效的命令队列；src_buffer 表示一个合法的源缓冲区对象；dst_buffer 表示一个合法的目标缓冲区对象；src_offset 用于定义源缓冲区中的偏移量；dst_offset 用于定义目标缓冲区中的偏移量；size 表示需要复制的字节数。

对于多维内存缓冲区复制，可调用如下函数。

```
cl_int clEnqueueCopyBufferRect(cl_command_queue     command_queue,
            cl_mem            src_buffer,
            cl_mem            dst_buffer,
            const size_t *    src_origin,
            const size_t *    dst_origin,
            const size_t *    region,
```

```
            size_t           src_row_pitch,
            size_t           src_slice_pitch,
            size_t           dst_row_pitch,
            size_t           dst_slice_pitch,
            cl_uint          num_events_in_wait_list,
            const cl_event * event_wait_list,
            cl_event *       event)
```

其中，command_queue 表示一个有效的命令队列；src_buffer 表示一个合法的源缓冲区对象；dst_buffer 表示一个合法的目标缓冲区对象；src_origin 用于定义源缓冲区中的 x、y、z 偏移量；dst_origin 用于定义目标缓冲区中的 x、y、z 偏移量；region 用于按字节数复制长、宽、高；src_row_pitch 表示与源关联的各行长度（单位是字节）；src_slice_pitch 表示与源关联的二维切片长度（单位是字节）；dst_row_pitch 表示与目标关联的各行长度（单位是字节）；dst_slice_pitch 表示与目标关联的二维切片长度（单位是字节）；nun_events_in_wait_list 数组表示 event_wait_list 的大小；event_wait_list 表示一个事件数组，在开始写命令之前这些事件必须完成；event 表示返回事件，异步使用。

7.6.4　映射缓冲区

OpenCL 支持将一个缓冲区中的一个区域映射到主机内存中，这允许软件开发者使用 C/C++代码来回访问内存。下面的函数将缓冲区指针映射到主机地址空间中的命令队列，并返回这个映射区域的指针。

```
void* clEnqueueMapBuffer (cl_command_queue command_queue,
            cl_mem           buffer,
            cl_bool          blocking_map,
            cl_map_flags     map_flags,
            size_t           offset,
            size_t           size,
            cl_uint          num_events_in_wait_list,
            const cl_event * event_wait_list,
            cl_event *       event,
            cl_int *         errcode_ret)
```

其中，command_queue 表示一个有效的命令队列；buffer 表示一个合法的缓冲区对象；blocking_map 若设置为 CL_TRUE，则等待运行完成以后返回，若设置为 CL_FALSE，则直接返回；map_flags 是一个标志位，用来表示指定的区域如何映射，可取值 CL_MAP_READ CL_MAP_WRITE；offset 表示对象中读取数据的偏移量；size 表示从缓冲区读取的字节数；nun_events_in_wait_list 数组表示 event_wait_list 的大小；event_wait_list 表示一个事件数组，在开始写指令之前这些事件必须完成；event 表示返回事件，异步使用；errcode_ret 用于返回错误编码。

每次映射并对数据处理完成以后，需要解映射，告诉 OpenCL 运行时不需要这个缓冲区域，并释放资源。

```
void* clEnqueueUnMapObject (cl_command_queue command_queue,
                 cl_mem          memobj,
                 void *          mapped_ptr,
                 cl_uint         num_events_in_wait_list,
                 const cl_event * event_wait_list,
                 cl_event *       event)
```

其中，command_queue 表示一个有效的命令队列；memobj 表示之前映射到 mapped_ptr 的一个合法缓冲区对象；mapped_ptr 表示映射的主机内存空间。

介绍完缓冲区映射接口函数，我们再看看 7.6.3 节中给出的例子。下面通过 clEnqueueMapBuffer()和 clEnqueueUnMapObject()来对所处理的数据在缓冲区和主机之间移动,取代原来的读写操作。初始化缓冲区的代码如下。

```
cl_int *mapPtr = (cl_int*)clEnqueueMapBuffer(vecCommandqueue[0],
vecMemObject[0],CL_TRUE, CL_MAP_WRITE,0,sizeof(int) * BUFFER_ELEMENTS_SIZE * nDevice,
0,NULL,NULL,&nStatus);
  for(int i = 0; i < BUFFER_ELEMENTS_SIZE * nDevice; ++i)
    mapPtr[i] = ptrData[i];
    clEnqueueUnmapMemObject(vecCommandqueue[0],vecMemObject[0],mapPtr,0,NULL,NULL);
    clFinish(vecCommandqueue[0]);
```

下面的代码将读回最终的数据。

```
cl_int *mapPtr = (cl_int*)clEnqueueMapBuffer(vecCommandqueue[0],
vecMemObject[0],CL_TRUE, CL_MAP_READ,0,sizeof(int) * BUFFER_ELEMENTS_SIZE * nDevice,
0,NULL,NULL,&nStatus);
  for(int i = 0; i < BUFFER_ELEMENTS_SIZE * nDevice; ++i)
    ptrData[i] = mapPtr[i];
    clEnqueueUnmapMemObject(vecCommandqueue[0],vecMemObject[0],mapPtr,0,NULL,NULL);
    clFinish(vecCommandqueue[0]);
```

7.7　关于 OpenCL 的案例研究

7.7.1　图像颜色模型转换

视频图像处理中并不支持所有的视频格式,因此在实际的开发过程中需要把不支持的图像格式转换成支持的格式。通常情况下，我们处理的视频数据主要是 YUV 和 RGB 颜色模型中的数据，YUV 颜色模型主要通过亮度和色度分量描述图像的基本信息,RGB 颜色模型主要通过红、绿、蓝三基色描述图像的基本信息。本例中 YUV 颜色模型与 RGB 颜色模型转换的算法主要基于 BT601 标准实现。核函数的代码清单如下所示。

```
//ColorSpaceConversion.cl
/*
* 根据 BT601 标准，将 YUV(NV12) 颜色模型转为 RGB 颜色模型
*/
```

```
///////////////////////////////// YUV420 -> RGB /////////////////////////////////
//R = 1.164(Y - 16) + 1.596(V - 128)
//G = 1.164(Y - 16) - 0.813(V - 128) - 0.391(U - 128)
//B = 1.164(Y - 16)                  + 2.018(U - 128)


//R = (1220542(Y - 16) + 1673527(V - 128)                      + (1 << 19)) >> 20
//G = (1220542(Y - 16) - 852492(V - 128) - 409993(U - 128) + (1 << 19)) >> 20
//B = (1220542(Y - 16)                  + 2116026(U - 128) + (1 << 19)) >> 20

__constant int ITUR_BT_601_CY = 1220542;
__constant int ITUR_BT_601_CUB = 2116026;
__constant int ITUR_BT_601_CUG = -409993;
__constant int ITUR_BT_601_CVG = -852492;
__constant int ITUR_BT_601_CVR = 1673527;
__constant int ITUR_BT_601_SHIFT = 20;

static inline void UV2RGBUV(const uchar u, const uchar v, int* ruv, int* guv, int* buv)
{
    int uu, vv;
    uu = convert_int(u) - 128;
    vv = convert_int(v) - 128;

    *ruv = (1 << (ITUR_BT_601_SHIFT - 1)) + ITUR_BT_601_CVR * vv;
    *guv = (1 << (ITUR_BT_601_SHIFT - 1)) + ITUR_BT_601_CVG * vv + ITUR_BT_601_CUG * uu;
    *buv = (1 << (ITUR_BT_601_SHIFT - 1)) + ITUR_BT_601_CUB * uu;
}

static inline void yRGBuvToRGB(const uchar vy, const int ruv, const int guv, const int buv,
                    uchar* r, uchar* g, uchar* b)
{
    int yy = convert_int(vy);
    int y = max(0, yy - 16) * ITUR_BT_601_CY;
    int nR, nG, nB;
    nR = (y + ruv) >> ITUR_BT_601_SHIFT;
    nR = min(255,max(nR,0));
    nG = (y + guv) >> ITUR_BT_601_SHIFT;
    nG= min(255,max(nG,0));
    nB = (y + buv) >> ITUR_BT_601_SHIFT;

    nB = min(255,max(nB,0));
*r = convert_uchar(nR);
    *g = convert_uchar(nG);
    *b = convert_uchar(nB);
}

/*
 * 将 YUV(NV12) 颜色模型转为 RGB 颜色模型
```

```
*/
__kernel void YUV_NV12_RGB_8bit(__global const void* pSrcBuf, const int nWidth,const
int nHight,const int nSrcPitch,
                        __global void* pDstRGBBuf, const int nDstpitch)
{
  int nCol = get_global_id(0);
  int nRow = get_global_id(1);

  if(nRow >= nHight || nCol >= nWidth)
    return;

  __global const uchar* pTmpSrcYBuf = (__global uchar*)pSrcBuf + nRow * nSrcPitch + nCol;
  __global const uchar* pTmpSrcUVBuf = (__global uchar*)pSrcBuf + nHight *
nSrcPitch;
  __global const uchar* pTmpSrcUBuf = pTmpSrcUVBuf + nRow / 2 * nSrcPitch + nCol / 2 * 2;
  __global const uchar* pTmpSrcVBuf = pTmpSrcUBuf + 1;

  int ruv,guv,buv;
  uchar r, g, b;
  uchar u = *pTmpSrcUBuf;
  uchar v = *pTmpSrcVBuf;

  UV2RGBUV(u,v,&ruv,&guv,&buv);
  yRGBuvToRGB(*pTmpSrcYBuf,ruv,guv,buv,&r,&g,&b);

  __global uchar* pDstRBuf = (__global uchar*)pDstRGBBuf + nRow * nDstpitch + 3 * nCol;
  __global uchar* pDstGBuf = pDstRBuf + 1;
  __global uchar* pDstBBuf = pDstRBuf + 2;

  *pDstRBuf = r;
  *pDstGBuf = g;
  *pDstBBuf = b;
}
```

7.7.2 图像缩放

图像缩放的基本原理是根据原始图像的像素值，通过缩放因子的选择与周围像素加权得到目标图像的像素值。所以图像缩放有两个关键因素，一个是缩放因子，另一个是原始图像的像素值。通常情况下图像缩放使用以下算法来实现。

❑ 最近邻算法。在待求像素的 4 邻域像素中，将距离待求像素最近的相邻像素值赋给待求像素。这种算法的优点在于算法简单，易于实现，运行速度快。缺点在于未考虑其他像素的影响，所以图像的质量损失较大，会产生明显的马赛克和锯齿现象。

❑ 双线性插值算法。将待求像素周围的 4 个相邻像素经过两次线性插值得到的像素值赋给待求像素。首先在水平方向进行线性插值，其次对水平方向插值的结果在垂直方向插值，得到最终结果。这种算法在图像缩放中用得最多，也是默认的插值方法，其插值效果要好于最邻近算法。由于此插值算法只考虑到 4 个相邻像素值的影响而未考虑到像素值变化率的影响，因此图像缩放的结果在边缘有一定的模糊。

- ❑ 双立方插值算法。双立方插值通过对待求像素周围的 16 个像素进行立方插值得到结果，插值后的图像质量要高于双线性插值的图像质量，效果最好，但是其计算量较大，算法实现更复杂，运行速率更慢。

下面的代码给出了 3 次双立方插值的核函数实现。

```
/*
通过 3 次双立方插值实现图像缩放
*/

static inline void interpolateCubic(float x, float* coeffs)
{
    float t2, t3;
    t2 = x * x;
    t3 = t2 * x;
    coeffs[0] = t2 - 0.5f * (t3 + x);
    coeffs[1] = 1.5f * t3 -2.5f * t2 + 1;
    coeffs[2] = -1.5f * t3 + 2 * t2 + 0.5f * x;
    coeffs[3] = 0.5f * (t3 - t2);
}
static inline uchar3 GetSrcImageData(__global const void* pSrcRGBBuf, const int nSrcPitch,
int nRow, int nCol)
{
    __global const uchar* pSrcR = (__global uchar*)pSrcRGBBuf + nRow * nSrcPitch + nCol * 3;
    __global const uchar* pSrcG = pSrcR + 1;
    __global const uchar* pSrcB = pSrcR + 2;

    return (uchar3)(*pSrcR, *pSrcG, *pSrcB);
    //return (uchar3)(255, 0, 0);
}


__kernel void Resize_Cubic_RGB_8Bit(__global const void* pSrcRGBBuf, const int nSrcWidth,
 const int nSrcHight,const int nSrcPitch,
                                    __global void* pDstRGBBuf,const int nDstWidth,
const int nDstHight,const int nDstPitch,const float x_fFacor,const float y_fFacor)
{
    int nCol = get_global_id(0);
    int nRow = get_global_id(1);

    if(nRow >= nDstHight || nCol >= nDstWidth)
        return;
```

```
const int nCount = 4;
int nSrcCol = nCol * x_fFacor;
int nSrcRow = nRow * y_fFacor;
int nSrcColIdx[nCount], nSrcRowIdx[nCount];
float h_coeff[nCount], v_coeff[nCount];
float h_factor = (float)nCol * x_fFacor - nSrcCol;
float v_factor = (float)nRow * y_fFacor - nSrcRow;

interpolateCubic(h_factor, h_coeff);
interpolateCubic(v_factor, v_coeff);
nSrcCol -= 1;
nSrcRow -= 1;

for(int k = 0; k < nCount; k++, nSrcCol++, nSrcRow++){
    nSrcColIdx[k] = max(0, min(nSrcCol, nSrcWidth));
    nSrcRowIdx[k] = max(0, min(nSrcRow, nSrcHight));
}

float3 h_fResult[nCount];
for(int j = 0; j < nCount; ++j){
    float3 srcData = convert_float3(GetSrcImageData(pSrcRGBBuf,nSrcPitch,nSrcRowIdx[j],
    nSrcColIdx[0]));
    h_fResult[j] = h_coeff[0] * srcData;
}

for(int i =1; i < nCount; ++i){
    for(int j = 0; j < nCount; ++j){
        float3 srcData = convert_float3(GetSrcImageData(pSrcRGBBuf,nSrcPitch,
        nSrcRowIdx[j],nSrcColIdx[i]));
        h_fResult[j] += h_coeff[i] * srcData;
    }
}

float3 fcubicResult = v_coeff[0] * h_fResult[0];
for(int j = 1; j < nCount; ++j){
    fcubicResult += v_coeff[j] * h_fResult[j];
}

fcubicResult = min((float3)255.0f,max((float3)0.0f,fcubicResult));
uchar3 dst = convert_uchar3_rtz(fcubicResult);

__global uchar* pTmpDstRGBBuf = (__global uchar*)pDstRGBBuf + nRow * nDstPitch +
nCol * 3;
__global uchar* pTmpDstRGBGBuf = pTmpDstRGBBuf + 1;
__global uchar* pTmpDstRGBBBuf = pTmpDstRGBBuf + 2;
```

```
      *pTmpDstRGBBuf = dst.x;
      *pTmpDstRGBGBuf = dst.y;
      *pTmpDstRGBBBuf = dst.z;
}
```

7.7.3　高斯模糊

　　高斯模糊也叫高斯滤波器或者高斯平滑，可以理解为一种低通滤波器。图像处理软件经常使用高斯模糊使图片产生模糊的效果，其原理就是根据高斯分布取得的卷积核与原始图像进行卷积。卷积核越大，图像模糊的程度越高。为了提高算法的运行效率，二维高斯模糊的卷积可以拆分成两个一维高斯卷积，因此在实现的时候先进行水平方向的一维卷积，再把得到的结果进行垂直方向的卷积。水平方向的高斯卷积代码如下所示。

```
/*
实现水平方向的高斯模糊
*/
__kernel void Gaussblur_Horizontal_8Bit_RGB(const __global void* pSrc, int nSrcPitch,
__global void* pDst, int nDstPitch, int nWidth, int nHight, int nBlurWidth, __constant
void* fHKernel, int iKSize)
{
    int nCol = get_global_id(0);
    int nRow = get_global_id(1);
    if(nCol >= nWidth || nRow >= nHight)
        return;

    __local int ikernel[300];
    int nKIndex = get_local_size(0) * get_local_id(1) + get_local_id(0);

    if(nKIndex < iKSize){
        ikernel[nKIndex] = (int)(*((__constant float*)fHKernel + nKIndex) * (1 << 16));
    }

    barrier(CLK_LOCAL_MEM_FENCE | CLK_GLOBAL_MEM_FENCE );

    int3 leftGuard = convert_int3(GetSrcImageData(pSrc, nSrcPitch, nRow,0));
    int nLeftGuardBlue = leftGuard.z;
    int3 rightGuard = convert_int3(GetSrcImageData(pSrc, nSrcPitch, nRow, nWidth - 1));
    int nRightGuard = rightGuard.z;

    int3 fsum;
    int sumblue = 0;
    int coeff;
    int k = nCol - nBlurWidth, l = nCol + nBlurWidth;
    for(int i = 0; i < nBlurWidth;i++, k++, l--){
        int3 tmprgb;
```

```
        int ntempBlue;
        tmprgb = (k > 0 ? convert_int3(GetSrcImageData(pSrc, nSrcPitch, nRow, k)) : leftGuard);
        tmprgb += (l < nWidth ? convert_int3(GetSrcImageData(pSrc, nSrcPitch, nRow, l)) :
        rightGuard);
        ntempBlue = tmprgb.z;
        coeff = ikernel[i];
        fsum += coeff * tmprgb;
        sumblue += coeff * ntempBlue
    }
coeff = ikernel[nBlurWidth];
    fsum += (coeff * convert_int3(GetSrcImageData(pSrc, nSrcPitch, nRow, nCol)) + (1 << 15));
    fsum.x = (fsum.x >> 16);
    fsum.y = (fsum.y >> 16);
    fsum.z = (fsum.z >> 16);
    fsum = max(0, min(255,fsum));

    sumblue += (coeff * convert_int3(GetSrcImageData(pSrc, nSrcPitch, nRow, nCol)).z +
    (1 << 15));
    sumblue = sumblue >> 16;
    sumblue = max(0, min(255,sumblue));

    uchar3 hResult = convert_uchar3(fsum);

    __global uchar* pTmpR = (__global uchar*)pDst + nRow * nDstPitch + nCol * 3;
    __global uchar* pTmpG = pTmpR + 1;
    __global uchar* pTmpB = pTmpR + 2;
    *pTmpR = hResult.x;
    *pTmpG = hResult.y;
    *pTmpB = convert_uchar(sumblue);
}
```

垂直方向的高斯卷积代码如下所示。

```
/*
* 实现垂直方向的高斯模糊
*/
__kernel void Gaussblur_Vertical_8Bit_RGB(const __global void* pSrc, int nSrcPitch,
__global void* pDst, int nDstPitch, int nWidth, int nHight, int nBlurHight,__constant
void* fVKernel, int iKSize)
{
    int nCol = get_global_id(0);
    int nRow = get_global_id(1);
    if(nCol >= nWidth || nRow >= nHight)
        return;
    __local int ikernel[300];
    int nKIndex = get_local_size(0) * get_local_id(1) + get_local_id(0);

    if(nKIndex < iKSize)
```

```
    ikernel[nKIndex] = (int)(((__constant float*)fVKernel)[nKIndex] * (1 << 16));
  barrier(CLK_LOCAL_MEM_FENCE);


int3 topGuard = convert_int3(GetSrcImageData(pSrc, nSrcPitch, 0, nCol));
    int3 bottomGuard =convert_int3(GetSrcImageData(pSrc, nSrcPitch, nHight - 1, nCol));
int3 fsum;
    int coeff;
    int k = nRow - nBlurHight, l = nRow + nBlurHight;
    for(int i = 0; i < nBlurHight;i++, k++, l--){
        int3 tmprgb;
        tmprgb = (k > 0 ? convert_int3( GetSrcImageData(pSrc, nSrcPitch, k, nCol)) : topGuard);
        tmprgb += (l < nHight ? convert_int3(GetSrcImageData(pSrc, nSrcPitch, l, nCol)) :
        bottomGuard);

        coeff = ikernel[i];
        fsum += coeff * tmprgb;
    }

coeff = ikernel[nBlurHight];
    fsum += (coeff * convert_int3(GetSrcImageData(pSrc, nSrcPitch, nRow, nCol)) + (1 << 15));
    fsum = fsum >> 16;
    fsum = max(0, min(255,fsum));
    uchar3 vResult = convert_uchar3(fsum);

__global uchar* pTmpR = (__global uchar*)pDst + nRow * nDstPitch + nCol * 3;
    __global uchar* pTmpG = pTmpR + 1;
    __global uchar* pTmpB = pTmpR + 2;
    uchar b = GetSrcImageData(pSrc, nSrcPitch, nRow, nCol).z;
    *pTmpR = vResult.x;
    *pTmpG = vResult.y;
    *pTmpB = b;
}
```

第8章 一些开源项目

8.1 ISA-L 开源项目优化技巧

ISA-L 是 Intel 主导开发的一个智能存储加速库。这个库由两个代码仓库组成，它们分别是 isa-l 和 isa-l_crypto。在 GitHub 上分别搜索 isa-l 和 isa-l_crypto 就可以找到这两个代码仓库。这个存储加速库主要用于内存搜索、校验、数据压缩、加密解密等基础算法的优化。

ISA-L 库简洁、实用，非常适合学习。里面包含的每个函数不仅有用 C 语言代码实现的基础版本，还有针对 Intel 平台的 MMX、AVX 等 SIMD 指令高度优化的汇编语言版本。目前 ARM 公司也向 ISA-L 库提交了一些补丁，主要利用 AArch64 的 NEON 指令集做优化。

下面分别在 Intel 处理器和 64 位的 ARM 处理器的 Docker+QEMU 模拟环境中编译 ISA-L 的 memory 模块。先通过 git clone https://github.com/intel/isa-l.git 指令复制一份 ISA-L 的代码到本地。下面展示了在 Intel 处理器上 memory 模块的编译日志。

```
$ make -f Makefile.unx units=mem
mkdir -p bin
   ---> Building mem/mem_zero_detect_base.c   x86_64
   ---> Building mem/mem_zero_detect_avx.asm  x86_64
   ---> Building mem/mem_zero_detect_sse.asm  x86_64
```

从日志可以看到，mem/mem_ zero_detect_base.c 是 memory 模块的 C 语言基本实现版本，mem/mem_zero_detect_avx.asm 是针对 Intel AVX 的优化版本，mem/mem_zero_detect_sse.asm 是针对 Intel SSE 的优化版本。

ft2team/arm64_u2004 是一个预编译好的 Docker 仓库，能够在 Intel 处理器上运行 AArch64 的应用程序。示例代码如下。

```
$ sudo docker run --rm -v ~/:/mnt -it ft2team/arm64_u2004
$ git clone https://github.com/intel/isa-l.git
$ cd isa-l/
$ make -f Makefile.unx units=mem
```

```
mkdir -p bin
  ---> Building mem/mem_zero_detect_base.c  aarch64
  ---> Building mem/aarch64/mem_zero_detect_neon.S  aarch64
  ---> Building mem/aarch64/mem_multibinary_arm.S  aarch64
  ---> Building mem/aarch64/mem_aarch64_dispatcher.c  aarch64
  ---> Creating Lib bin/isa-l.a
  ---> Building shared mem/mem_zero_detect_base.c  aarch64
  ---> Building shared mem/aarch64/mem_aarch64_dispatcher.c  aarch64
  ---> Creating Shared Lib bin/libisal.so
```

从编译后的输出可以看到，mem/aarch64/mem_zero_detect_neon.S 是基于 AArch64 执行状态的 NEON 指令实现的优化版本。

后面各节的内容都将基于 ARM 平台的 AArch64 执行状态展开介绍。

8.1.1 memory

内存搜索模块对应的代码实现在文件 mem/aarch64/mem_zero_detect_neon.S 中，代码如下（其中省略了大量代码片段，读者可以参考源代码）所示。

```
.loop_16x24:

        ldr    q0, [x0]
        ldr    q1, [x0, #16]
        ...
        ldr    q31, [x0, #(16*23)]
```

32 条 ldr 指令让 NEON 的 32 个寄存器都派上了用场，保证尽可能多地加载数据。

后续代码中的 orr、cbnz、cmp 等指令用于检查某块内存的值是否为 0，最后的 .case7、.case6 一直到 .case1 等，用来处理边界情况，这些代码不在书中给出，请参考源代码。这部分代码的 C 语言实现和汇编实现的逻辑都比较简单，适合练习。

在 ISA-L 中 ARM 架构有针对 NEON 指令集的优化，对 SVE 指令集的优化还不支持，预计至少在短时间内不会全部支持。读者可以用 ARM 的 SVE 指令对这部分代码做优化，向 Intel 的维护者提交补丁。目前雄心勃勃的 RISC-V 架构也开始引入 SIMD 指令集了，有兴趣的读者可以向 Intel 提交补丁让 ISA-L 支持 RISC-V。

8.1.2 crc

使用 make -f Makefile.unx units=crc 指令编译 crc 模块。以 crc32 为例，ARM 在 AArch64 执行状态下对 crc32 算法做了 pmull 优化、crc32 硬件指令优化及 pmull+crc32 硬件指令的混合优化。

crc/aarch64/crc32_iscsi_refl_pmull.S 文件对 crc32 iscsi 算法做了 pmull 优化。crc/aarch64/crc32_iscsi_3crc_fold.S 文件对 crc32 iscsi 算法做了 crc32 硬件指令优化。crc/aarch64/crc32_mix_neoverse_n1.S 文件基于 ARM 的 neoverse n1 处理器做了 pmull+crc32 硬件指令的混合优化。

限于篇幅，这里不介绍具体的算法。但值得一提的是，pmull 算法最初是 Intel 处理器上的，ARM 进入服务器市场后也引入了很多类似的技术。对 pmull 算法感兴趣的读者，可以参考 Intel 的论文 "Fast CRC Computation for Generic Polynomials Using PCLMULQDQ Instruction"。crc32 硬件指令指的是使用一条硬件指令实现 crc32 算法的一轮操作。

本章的开头提到 ISA-L 指的是智能存储加速库。ISA-L 的设计原则是，在编译的时候，生成目标平台可能支持的所有指令集，打包到库中，在运行时根据处理器架构的类型和处理器微架构的 ID 决定使用哪一个版本的优化函数。示例代码如下。

```
DEFINE_INTERFACE_DISPATCHER(crc32_iscsi)
{
        unsigned long auxval = getauxval(AT_HWCAP);
        if (auxval & HWCAP_CRC32) {
                switch (get_micro_arch_id()) {
                case MICRO_ARCH_ID(ARM, NEOVERSE_N1):
                case MICRO_ARCH_ID(ARM, CORTEX_A57):
                case MICRO_ARCH_ID(ARM, CORTEX_A72):
                        return PROVIDER_INFO(crc32_iscsi_crc_ext);
                }
        }
        if ((HWCAP_CRC32 | HWCAP_PMULL) == (auxval & (HWCAP_CRC32 | HWCAP_PMULL))) {
                return PROVIDER_INFO(crc32_iscsi_3crc_fold);
        }

        if (auxval & HWCAP_PMULL) {
                return PROVIDER_INFO(crc32_iscsi_refl_pmull);
        }
        return PROVIDER_BASIC(crc32_iscsi);

}
```

这里以 crc32_iscsi 函数为例来做说明。getauxval() 用来获取处理器特性，get_micro_arch_id() 用来获取处理器微架构 ID，感兴趣的读者可以深入阅读相关的源代码。

8.1.3 igzip

igzip 是基于 ZIP 开发的一个开源压缩库，在 ISA-L 的 git 仓库中位于 igzip 目录。ZIP 算法主要包括 Adler32 校验算法、Huffman 算法、inflate 解压和 deflate 压缩等算法。这个库函数基本上很难做向量化优化，因此对于大部分函数，只简单地改写成汇编代码，然后做一些指令预加载（preload）、循环展开、指令调整等基本优化。

这个库很重要，但基本上没有用到很特殊的技巧，因此不讲述细节部分，有兴趣的读者可以仔细阅读相关代码。值得一提的是，Intel 对 Adler32 校验算法做了关于 SSE 和 AVX 的硬件加速优化，源代码分别位于 adler32_sse.asm 和 adler32_avx2_4.asm 中。

8.1.4 isa-l_crypto

isa-l_crypto 库在一个独立的代码仓库中，通过 git clone https://github.com/intel/isa-l_crypto.git 指令下载相关的代码。编译和运行的方法与前文的介绍类似。

isa-l_crypto 分成两部分——multi-buffer 和 multi-hash。multi-buffer 包含 sha1、sha256、md5、sm3 等算法，它们和标准算法一样，只做了多缓冲区的并行化优化。multi-hash 包含 mh-sha1、mh-sha256 等算法，这些算法是 Intel 为了更大限度地并行化，基于标准算法重新设计出来的算法，极大地提高了数据的吞吐率。一般情况下，对于相同的输入数据，sha1 和 mh-sha1 会产生不同的哈希值。

8.2 OOPS-RTOS

OOPS-RTOS 提供了两种实践方式——虚拟机和硬件板。目前的硬件板只支持 ARM 的 M 系列，以后会逐步迁移到 RISC-V 架构。OOPS-RTOS 的实践如图 8.1 所示。

图 8.1　OOPS-RTOS 的实践

8.2.1　基于硬件板的 OOPS-RTOS 实践

开发环境中最好安装了如下工具：

- ❑ Ubuntu 18.04（非必需，可以是其他发行版）；
- ❑ Emacs 26.3（非必需）；

- ❑　tmux（非必需）；
- ❑　OpenOCD；
- ❑　GDB（必需）；
- ❑　dashboard（非必需）；
- ❑　monicom（非必需，可以选择其他串口工具）；
- ❑　JLINK-OB-V2（可以选择其他版本）；
- ❑　STM32_Smart_v2.0（必需）；
- ❑　ARM-none-eabi-gcc (gcc-ARM-none-eabi-9-2019-q4-major)（必需）；
- ❑　git（非必需）。

硬件连接的要求如下。

串口 1 的波特率是 115200bit/s，有 8 个数据位，没有校验位，有一个停止位。GPIO-A9 是串口 1 的发送引脚，GPIO-A10 是串口 1 的接收引脚。

为了搭建基本开发环境，需要先下载 gcc-ARM-none-eabi-9-2019-q4-major-x86_64-linux.tar.bz2 编译器，假设下载到了～/Download 默认目录。

```
cd ~/Download
mkdir ~/gcc-ARM-none-eabi
mv gcc-ARM-none-eabi-9-2019-q4-major-x86_64-linux.tar.bz2 ~/gcc-ARM-none-eabi
tar -jxf gcc-ARM-none-eabi-9-2019-q4-major-x86_64-linux.tar.bz2
sudo apt-get install gcc automake autoconf libtool make
```

然后进行 OOPS-RTOS 实践，使用如下指令构建工程。

```
git clone https://github.com/oopsRTOS/OOPSRTOS.git
cd ~/code/OOPSRTOS/stm32f103_demo
make
```

将设备连接到计算机上，若使用 Debian，可能会有 USB 设备使用权限的问题，搜索关键字 "usb permission denied linux" 即可查找相关内容及解决办法。这个问题比较隐蔽，对于其他问题，会有很明确的提示。这里需要使用 OpenOCD，如果没有安装，请输入以下指令进行安装。

```
sudo apt install openocd
```

将 Jlink 连接到计算机，如图 8.2 所示。

如果没有 Jlink，只能使用其他的设备，并需要修改 makefile 的内容，其主要内容如下。

```
flash: $(BUILD_DIR)/$(TARGET).elf
 openocd -f /usr/share/openocd/scripts/interface/jlink.cfg \
 -c "transport select swd" \
 -f /usr/share/openocd/scripts/target/stm32f1x.cfg \
 -c "program $(BUILD_DIR)/$(TARGET).elf verify reset exit"
```

以 STlink 为例，修改为以下内容。使用 STlink 需要安装驱动。

```
flash: $(BUILD_DIR)/$(TARGET).elf
 openocd -f /usr/share/openocd/scripts/interface/stlink.cfg \
 -f /usr/share/openocd/scripts/target/stm32f1x.cfg \
 -c "program $(BUILD_DIR)/$(TARGET).elf verify reset exit"
```

```
$ make flash
openocd -f /usr/share/openocd/scripts/interface/jlink.cfg \
-c "transport select swd" \
-f /usr/share/openocd/scripts/target/stm32f1x.cfg \
-c "program build/oops_rtos_demo.elf verify reset exit"
Open On-Chip Debugger 0.10.0
Licensed under GNU GPL v2
For bug reports, read
        http://openocd.org/doc/doxygen/bugs.html
swd
adapter speed: 1000 kHz
adapter_nsrst_delay: 100
none separate
cortex_m reset_config sysresetreq
Info : No device selected, using first device.
Info : J-Link OB-STM32F072-CortexM compiled Jan  7 2019 14:09:37
Info : Hardware version: 1.00
Info : VTarget = 3.300 V
Info : clock speed 1000 kHz
Info : SWD DPIDN 9n1bam1477
Info : stm32f1x.cpu: hardware has 6 breakpoints, 4 watchpoints
target halted due to debug-request, current mode: Thread
xPSR: 0x01000000 pc: 0x08000ed4 msp: 0x20005000
** Programming Started **
auto erase enabled
Info : device id = 0x20036410
Info : flash size = 64kbytes
wrote 4096 bytes from file build/oops_rtos_demo.elf in 0.296872s (13.474 KiB/s)
** Programming Finished **
** Verify Started **
verified 4092 bytes in 0.105825s (37.761 KiB/s)
** Verified OK **
** Resetting Target **
shutdown command invoked
$
```

图 8.2　OpenOCD 的连接方式

然后，安装 minicom，用于串口数据接收，指令如下。使用其他的串口工具也可以。

```
sudo apt install minicom
```

为了在一屏中显示多个窗口，安装 tmux，指令如下。

```
sudo apt install tmux
```

使用 tmux 修改 terminal，指令如下所示。

```
$ tmux
$ ctrl + B , shift + %
$ ctrl + B , shift + "
```

窗口效果如图 8.3 所示。

图 8.3　窗口效果

按 Ctrl + B 组合键和下方向按键修改当前窗口。

跳转到右上角窗口，然后输入如下指令，进入 GDB 调试窗口。

```
make gdbserver
```

图 8.4 所示为运行 gdbserver 的界面。

跳转到右下角窗口，然后输入 minicom–s。图 8.5 所示为 minicom 的配置。

```
$ make gdbserver
openocd -f /usr/share/openocd/scripts/interface/jlink.cfg \
-c "transport select swd" \
-f /usr/share/openocd/scripts/target/stm32f1x.cfg \
-c "init" -c "reset halt"
Open On-Chip Debugger 0.10.0
Licensed under GNU GPL v2
For bug reports, read
        http://openocd.org/doc/doxygen/bugs.html
swd
adapter speed: 1000 kHz
adapter_nsrst_delay: 100
none separate
cortex_m reset_config sysresetreq
Info : No device selected, using first device.
Info : J-Link OB-STM32F072-CortexM compiled Jan  7 2019 14:09:37
Info : Hardware version: 1.00
Info : VTarget = 3.300 V
Info : clock speed 1000 kHz
Info : SWD DPIDR 0x1ba01477
Info : stm32f1x.cpu: hardware has 6 breakpoints, 4 watchpoints
target halted due to debug-request, current mode: Thread
xPSR: 0x01000000 pc: 0x08000ed4 msp: 0x20005000
```

图 8.4　运行 gdbserver 的界面

图 8.5　minicom 的配置

选择 serial port setup，按 A 键，改为/dev/ttyACM0，这需要根据接入的 TTL（晶体管-晶体管逻辑电平）转串口设备自行修改，作者的 Jlink 自带 USB 串口转接功能。串口的设置如图 8.6 所示。

```
| A -    Serial Device      :/dev/ttyACM0           |
| B - Lockfile Location     :/var/lock              |
| C -    Callin Program                             |
| D -    Callout Program                            |
| E -     Bps/Par/Bits      : 115200 8N1            |
| F - Hardware Flow Control : Yes                   |
| G - Software Flow Control : No                    |
|                                                   |
|     Change which setting?                         |
    | Screen and keyboard  |
    | Save setup as dfl    |
    | Save setup as..      |
    | Exit                 |
    | Exit from Minicom    |
```

图 8.6　串口的设置

跳转到左窗口，并输入如下指令。

```
$ gdb-multiarch -x gdbscript
```

GDB 的调试界面如图 8.7 所示。

在 GDB 终端输入 "c"，我们就能进行调试了。输入 "-"，打开 TUI，查看源代码，其他调试指令请自行查找。作者的 GDB 配置了仪表板，如图 8.8 所示。配置仪表板的指令如下。

```
wget -P ~ https://git.io/.gdbinit
pip install pygments
```

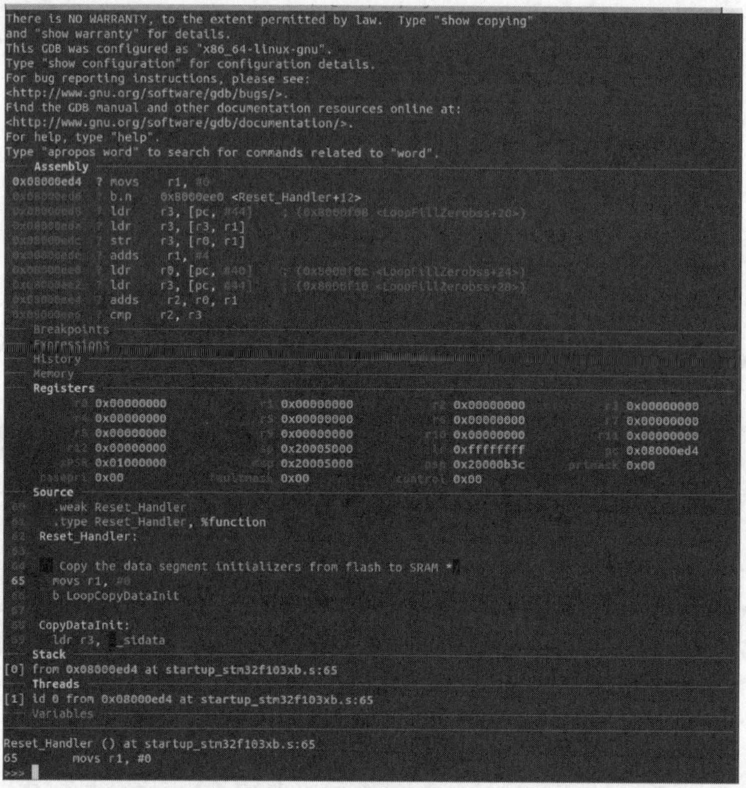

图 8.7　GDB 的调试界面

图 8.8　GDB 的仪表板

输入 "-"，启动 TUI。GDB 的 TUI 如图 8.9 所示。

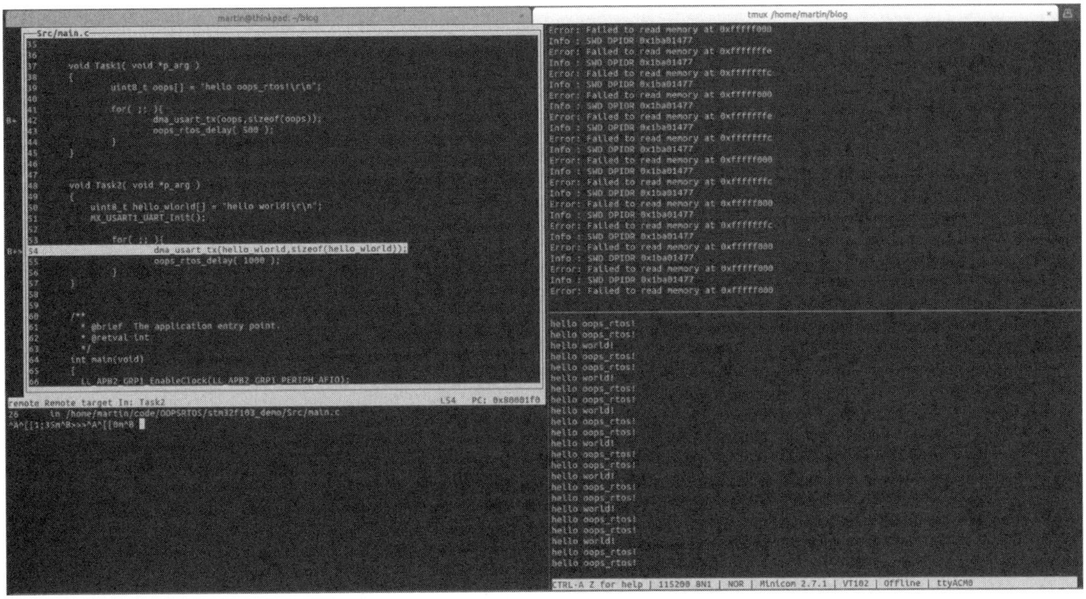

图 8.9 GDB 的 TUI

8.2.2 基于虚拟机的 OOPS–RTOS 实践

虚拟操作系统模拟器（Quick EMUlator，QEMU）是一个开源的多平台仿真器。它提供了一个仿真框架，使开发者不必将二进制文件导入芯片的存储模块即可实现部分硬件功能的仿真。

QEMU 是一个比较大的工程，它主要的仿真板是比较大的内核，可以运行 Linux 内核的芯片，它对 Cortex M 的支持有限。xPack QEMU 是 QEMU 的一个分支，它是基于 QEMU 制作的。截至 2019 年 12 月 29 日，xPack 仍然没有支持 Cortex M4 的浮点处理单元（Floating-Point Processing Unit，FPU），而最新的 QEMU 已经支持了，嵌套中断向量控制器（Nested Vector Interrupt Controller，NVIC）仍然有问题。尽管支持有限，但如果想在持续集成（Continuous Integration，CI）里面进行单元测试，或者硬件仿真，QEMU 仍是当前的低成本选择。

xPack QEMU 的局限性如下。

❑ 不支持 Cortex M4 的 FPU。

❑ NVIC 的实现基于 GIC，物理行为模拟并不准确。在调试 OOPS 的上下文调度器的时候需要特别注意。

使用如下代码配置开发环境。

```
ubuntu 18.04
notejs
xpm
eclipse
```

使用如下代码安装 Node.js，这里推荐使用 PPA 安装，若直接用 apt 指令安装，软件版本不是最新的。

```
$ cd ~
$ curl -sL https://deb.nodesource.com/setup_12.x -o nodesource_setup.sh
$ sudo bash nodesource_setup.sh
$ sudo apt install nodejs
$ node -v
Output
v12.14.0
```

使用如下代码安装 xpm。

```
$ npm install --global xpm@latest
$ xpm --version
output
$ 0.5.0
```

使用如下代码安装 xPack。

```
$ xpm install --global @xpack-dev-tools/qemu-ARM@latest
```

使用如下代码安装工具链。

```
$ xpm install --global @xpack-dev-tools/ARM-none-eabi-gcc@latest
```

使用如下代码安装 OpenOCD。

```
$ xpm install --global @xpack-dev-tools/openocd@latest
```

使用如下代码安装 Java。

```
$ sudo apt install wget libasound2 libasound2-data
$ wget --no-cookies --no-check-certificate --header "Cookie: oraclelicense=accept-
securebackup-cookie" https://download.oracle.com/otn-pub/java/jdk/13.0.1+9/cec27d702aa74
d5a8630c65ae61e4305/jdk-13.0.1_linux-x64_bin.deb
$ dpkg -i jdk-13.0.1_linux-x64_bin.deb
$ update-alternatives --install /usr/bin/java java  /usr/lib/jvm/jdk-13.0.1/bin/java 2
$ update-alternatives --config java
```

Java 也可以从官方网站直接下载，下载完成用 dpkg -i 安装，然后将其打开，使用 git 获取 OOPS-RTOS 源代码，进入 stmf103_demo 目录。

```
$ cd stm32f103_demo
$ make simulate
```

其他的调试方式和硬件板调试一致，读者可自行尝试。

8.3　基于 Linux 内核的 BiscuitOS 实践

8.3.1　构建基于 ARM64 Linux 的 BiscuitOS

1. 开发环境准备

在构建开发环境之前，开发者应该准备一台装有 Linux 系统的主机，推荐使用 Ubuntu-18.04。

开发机器准备好之后，安装必要的开发工具，具体代码如下。

```
sudo apt-get install -y qemu gcc make gdb git figlet
sudo apt-get install -y libncurses5-dev iasl
sudo apt-get install -y device-tree-compiler
sudo apt-get install -y flex bison libssl-dev libglib2.0-dev
sudo apt-get install -y libfdt-dev libpixman-1-dev
sudo apt-get install -y python pkg-config u-boot-tools intltool xsltproc
sudo apt-get install -y gperf libglib2.0-dev libgirepository1.0-dev
sudo apt-get install -y gobject-introspection
sudo apt-get install -y python2.7-dev python-dev bridge-utils
sudo apt-get install -y uml-utilities net-tools
sudo apt-get install -y libattr1-dev libcap-dev
sudo apt-get install -y kpartx
sudo apt-get install -y debootstrap bsdtar
```

2. 项目源代码下载

通过如下指令下载和部署 BiscuitOS。

```
git clone https://github.com/BiscuitOS/BiscuitOS.git --depth=1
cd BiscuitOS
make linux-5.0-arm64_defconfig
make
cd BiscuitOS/output/linux-5.0-aarch
```

执行上面的指令之后，BiscuitOS 项目就会自动部署基于 ARM64 的 Linux 5.0 开发环境，并自动生成各个模块编译规则，示例如下。

```
Output:
BiscuitOS/output/linux-5.0-aarch
linux:
BiscuitOS/output/linux-5.0-aarch/linux/linux
README:
BiscuitOS/output/linux-5.0-aarch/README.md
```

8.3.2 基于 BiscuitOS 的内核源代码实践

在部署完 BiscuitOS 之后，参考自动生成的 README 文件快速编译内核。

1. 内核配置

运行如下指令。

```
cd BiscuitOS/output/linux-5.0-aarch/linux/linux
make ARCH=arm64 clean
make ARCH=arm64 vexpress_defconfig
make ARCH=arm64 menuconfig
```

上述指令运行完毕后会自动弹出 menuconfig 菜单，通过如下步骤配置 InitRamFs 和 RamDisk。

（1）选择 General setup 选项，按 Enter 键，进入子菜单，找到 Initial Ram filesystem and Ram disk (initramfs/initrd) support 选项并用 Y 键选中，保存并退出。

（2）选择 Device Driver 选项，按 Enter 键，进入子菜单，找到 Block devices 选项并用 Y 键选中，选中后按 Enter 键，弹出 Block devices 选项，用 Y 键选中 RAM block device support 选项。按 Enter 键，选中 Default RAM disk size，设置大小为 153600（单位是 KB），保存并退出。至此，Linux 系统的配置完成。

2. 内核编译

内核配置完毕，接下来编译内核，依据 README 文件，编译指令如下。

```
DIR=BiscuitOS/output/linux-5.0-aarch/aarch64-linux-gnu/aarch64-linux-gnu/bin/aarch64-
linux-gnu-
make  ARCH=arm64  CROSS_COMPILE=${DIR}  -j8
```

为了使 Linux 系统能在 QEMU 上运行，开发者需要准备运行必备的工具。所有的必备工具在 BiscuitOS 项目执行 make 之后都已经准备好。现在开发者可以选择优化或不优化这些工具，优化的结果就是 Rootfs 占用的空间尽可能地小。如果开发者不想优化，可以跳过这一步。若使用默认配置编译源代码，BusyBox 占用的空间较大。开发者可以参照如下指令缩减 BusyBox 占用的空间。

```
cd BiscuitOS/output/linux-5.0-aarch/busybox/busybox
make clean
make menuconfig
```

选择 BusyBox Settings 选项，按 Enter 键，进入子菜单，找到 Build Options 选项并按 Enter 键，进入子菜单，找到 Build BusyBox as a static binary (no shared libs) 选项并用 Space 键选中，保存并退出。

使用如下指令编译 BusyBox。

```
DIR= BiscuitOS/output/linux-5.0-aarch/aarch64-linux-gnu/aarch64-linux-gnu/bin/aarch64-
linux-gnu-
make  CROSS_COMPILE=${DIR}  -j8
make  CROSS_COMPILE=${DIR}  install
```

配置完上面的工具和 Linux 内核之后，运行前的最后一步就是制作一个可运行的 Rootfs。开发者可以使用 README 文件中提供的指令进行制作，指令如下。

```
cd BiscuitOS/output/linux-5.0-aarch
./ RunBiscuitOS.sh pack
```

完成上面的步骤之后，开发者就可以使用如下指令，运行基于 ARM64 的 Linux 5.0 内核。

```
cd BiscuitOS/output/linux-5.0-aarch
./RunQemuKernel.sh start
```

至此，一个基于 ARM64 的 Linux 5.0 内核已经运行，开发者可以根据自己的兴趣和需求对内核进行修改。

8.3.3 基于 BiscuitOS 的内核模块开发

Linux device driver 是内核的一部分，用于编写各类型的外围设备驱动。BiscuitOS 支持基于 ARM64 的 Linux 5.0 内核驱动的开发。读者可以参照下面的方法进行更多驱动开发。

1. 驱动源代码

先准备一份驱动源代码，本节中使用 misc 驱动，并命名为 BiscuitOS_drv.c。具体源代码如下。

```c
/*
 * Copyright (C) 2019.02.18 BUDXdyZhang1 <BUDXdy.zhang@aliyun.com>
 *
 */
#include <linux/kernel.h>
#include <linux/module.h>
#include <linux/init.h>
#include <linux/fs.h>
#include <linux/miscdevice.h>
#define DEV_NAME "BiscuitOS"
static int misc_demo_open(struct inode *inode, struct file *filp)
{
    return 0;
}


static int misc_demo_release(struct inode *inode, struct file *filp)
{
    return 0;
}
static ssize_t misc_demo_read(struct file *filp, char __user *buffer,
                    size_t count, loff_t *offset)
{
    return 0;
}


static ssize_t misc_demo_write(struct file *filp, const char __user *buf,
                    size_t count, loff_t *offset)
{
    return 0;
}

static struct file_operations misc_demo_fops = {
    .owner      = THIS_MODULE,
    .open       = misc_demo_open,
    .release    = misc_demo_release,
    .write      = misc_demo_write,
    .read       = misc_demo_read,
```

```
};

static struct miscdevice misc_demo_misc = {
    .minor    = MISC_DYNAMIC_MINOR,
    .name     = DEV_NAME,
    .fops     = &misc_demo_fops,
};

static __init int misc_demo_init(void)
{
    misc_register(&misc_demo_misc);
    return 0;
}

static __exit void misc_demo_exit(void)
{
    misc_deregister(&misc_demo_misc);
}

module_init(misc_demo_init);
module_exit(misc_demo_exit);

MODULE_LICENSE("GPL v2");
```

2. 将驱动加入内核源代码树

准备好源代码之后，将源代码添加到内核源代码树中。在内核源代码树目录下，找到 drivers 目录，然后在 drivers 目录下创建一个名为 BiscuitOS 的目录，再将源代码 BiscuitOS_drv.c 放入 BiscuitOS 目录。最后添加 Kconfig 文件和 Makefile 文件。具体代码如下。

```
Kconfig
menuconfig BISCUITOS_DRV
  bool "BiscuitOS Driver"
if BISCUITOS_DRV

config BISCUITOS_MISC
  bool "BiscuitOS misc driver"

endif # BISCUITOS_DRV
Makefile
obj-$(CONFIG_BISCUITOS_MISC)   += BiscuitOS_drv.o
```

修改内核源代码树中 drivers 目录下的 Kconfig 文件，在文件的适当位置加上如下代码。

```
source "drivers/BiscuitOS/Kconfig"
```

修改内核源代码树中 drivers 目录下的 Makefile 文件，在文件的末尾上加上如下代码。

```
obj-$(CONFIG_BISCUITOS_DRV)   += BiscuitOS/
```

3. 驱动配置

准备好所需的文件之后，为了完成驱动在内核源代码树中的配置，使用如下指令。

```
cd BiscuitOS/output/linux-5.0-aarch/linux/linux
make ARCH=arm64 menuconfig
```

找到 Build Options 选项并按 Enter 键，进入子菜单，找到 BiscuitOS Driver 选项并用 Y 键将其选中，按 Enter 键，进入 BiscuitOS Driver 选项，然后用 Y 键选中 BiscuitOS misc driver 选项，保存并退出。

4. 编译驱动

配置完驱动之后，使用如下指令编译驱动。

```
DIR=BiscuitOS/output/linux-5.0-aarch/aarch64-linux-gnu/aarch64-linux-gnu/bin/aarch64-
linux-gnu-
make ARCH=arm64 CROSS_COMPILE=${DIR}  -j8
```

5. 运行驱动

驱动已经编译进内核镜像中，开发者只要运行最新的内核镜像，驱动也会一起执行。开发者使用如下指令运行驱动。

```
cd BiscuitOS/output/linux-5.0-aarch
./RunQemuKernel.sh start
```

通过 BiscuitOS_drv.c 的源代码可以知道，系统在运行后，会在 dev 目录下创建一个名为 BiscuitOS 的节点。

至此，一个驱动完整地添加到内核中。开发者可以根据实际情况进行驱动的移植和调试。

8.3.4 基于 BiscuitOS 的应用程序开发

BiscuitOS 支持完整的应用程序开发，接下来通过一个简单的例子介绍基于 BiscuitOS 的应用的开发流程。先在 BiscuitOS 目录下运行如下指令。

```
cd BiscuitOS
make linux-5.0-arm64_defconfig
make menuconfig
```

然后，找到 Package 选项并用 Y 键将其选中，按 Enter 键，展开 Package 选项，找到 Module: Linux Device Driver 选项并用 Y 键将其选中，按 Enter 键，展开 Module: Linux Device Driver 选项，找到 Application Project 选项并用 Y 键将其选中，保存并退出。

使用如下指令，切换到源代码所在目录。

```
cd BiscuitOS/output/linux-5.0-aarch/package/Application_project-0.0.1
make download
make
make install
```

```
make pack
make run
```

8.3.5　BiscuitOS 高级实践

1. 在 BiscuitOS 平台上对 ARM64 处理器特性的研究

用 BiscuitOS 来研究 ARM64 处理器特性，是一个绝佳的选择。一边阅读 ARM 手册，一边动手实践，有助于理解处理器架构。linux-kernel-env 是一个基本的实验环境，起到引导的作用。执行以下 3 条指令，就可以编译、运行 Linux 内核，其中前两条指令只需要执行一次。

```
https://gitee.com/zzyjsjcom/linux-kernel-env.git
make prepare image
make run
```

目前，这个实验环境包含了对 ARM 缓存等的读取，代码实现成一个个内核模块。具体实现在 linux-kernel-env/aarch64_study/armv8_a 目录下。上面的代码执行完，你就可以看到该目录了。

随着 RISC-V 的崛起，其学习者也越来越多。BiscuitOS 早已支持 RISCV 架构。

2. 更多有趣的探索

BiscuitOS 创始人及他的朋友们在这个平台上做了很多事情，但还有更多有趣的实验等待完善，期待大家去完成。下面列举作者的一些想法，供大家参考。

❑　通过 CPU 模拟遍历某个用户进程的页表。

❑　dma-buf 实践。

第 9 章　硬件架构

9.1　概述

异构计算（heterogeneous computing）指的是把不同类型的计算单元组合到一起形成的计算系统。目的是形成一个强大的计算能力，从而满足人工智能、云计算等领域的市场需求。

当前主流的计算单元包括 CPU、GPU、DSA（Domain Specific Architecture，专用处理器架构）、DSP（Digital Signal Processor，数字信号处理器）、ASIC（Application Specific Integrated Circuit，专用集成电路）、FPGA（Field Programmable Gate Array，现场可编程门阵列）等。这些计算单元可以随意组合在一起，发挥硬件的最高效能。

本章主要从硬件与软硬件结合的角度来介绍两款异构计算单元和一款常用的硬件模拟器。

9.2　开源硬件 soDLA

在阅读本节的时候，需要读者对 NVIDIA 深度学习加速器、Chisel、RISC-V、硬件描述语言有一些基本的了解。

NVIDIA 深度学习加速器属于 DMA 设备，它的使用场景是辅助 CPU 完成需要高算力的、深度学习推理的任务。距今，soDLA 已经开始运用了 3 年，它最早只使用 Chisel 将 NVIDIA 深度学习加速器重写了一遍。现在 soDLA 分为商用版和开源版。商用版的 soDLA 在开源 Chipyard 下使用 RISC-V 芯片配置 SoC，并通过测试（包含测试程序）和完成了调试，如图 9.1 所示。它会综合出比传统的 NVIDIA 深度学习加速器少大约 7% 的晶体管。

开源版本的 soDLA 更多侧重如何根据一个任意算子，设计出一个功耗比和 NVIDIA 深度学习加速器类似的算法加速器。开源版 soDLA 的原理如图 9.2 所示。CPU 和一个算法加速器

（data processor）组成一个 SoC，CPU 通过上路的控制总线（control bus）预先配置算法加速器的寄存器，然后触发算法加速器，算法加速器会通过数据总线（data bus）读取 CPU 或内存的数据，计算完毕后返回给 CPU。

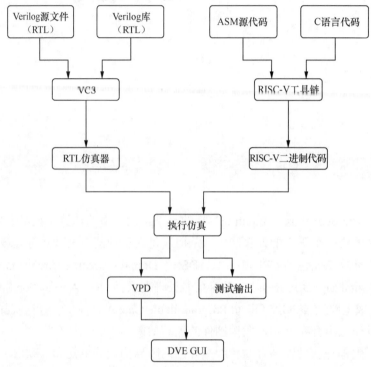

图 9.1　VCS 负责编译硬件模型，RISC-V 工具链负责生成 RISC-V 的二进制代码，RISC-V CPU 对 soDLA 配置寄存器并调用 soDLA［图片来自 *Simulating Verilog RTL using Synopsys VCS CS250 Tutorial 4 (Version 091209a)*］

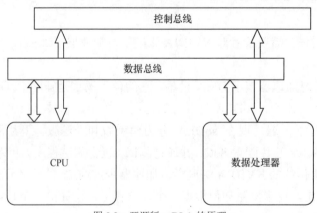

图 9.2　开源版 soDLA 的原理

NVIDIA 深度学习加速器的作者李远志指出，NVIDIA 深度学习加速器的核心就是在使能（enable）信号出现以后，让加速器最快地接收计算结果。所以其中涉及微架构范畴的内容。NVIDIA 深度学习加速器中出现的模块在 soDLA 里做了模块化处理。下面按照从小到大的顺序，做一些详细介绍。

9.2.1   FIFO 模块

先进先出（First In First Out，FIFO）模块负责数据的缓冲。chisel 库本身的 FIFO 模块使用的是 chisel 库中的存储，只能配置数据的宽度和深度。NVIDIA 深度学习加速器里的 FIFO 模块是根据 IP 组生成的片上存储创建的生成器，该生成器不是开源的，不仅能够配置数据的宽度和深度，还提供了其他方面的选项，例如，配置片上的存储类别［rws（1 拍读取和 1 拍写入的片上存储）、2rws（2 拍读取和 1 拍写入的片上存储）、异步与否、旁路与否］，以及 wr_reg（在写入端插入寄存器）、rd_reg（在读出端插入寄存器）。

片上的存储类别由 IP 组或内存编译器生成。

wr_reg 与 rd_reg 分别在 FIFO 模块的写入和读出端插入寄存器，这两条优化需要观察 FIFO 模块内部的存储状态，要保证 FIFO 模块能够存放下一轮数据并不发生数据冲突。

开源版本 soDLA 的 FIFO 模块不完全和 NVIDIA 深度学习加速器的 FIFO 模块一样，但是它是足够使用的。

9.2.2   RDMA 和 WDMA 模块

RDMA（read DMA，不是 remote DMA）模块负责从 axi4 读入数据，从而直接传给计算模块。可以把它想象成一个管道，它的一端是来自片上网络（Network on Chip，NoC）的输入，另一端传给计算单元，并且它需要提供数据的缓存和分辨 axi4 的数据节拍。RDMA 的内部会穿插很多 FIFO 模块，进行片上的缓存，但是主要的 FIFO 模块只有一个，它的深度在 NVIDIA 深度学习加速器的 spec 里有一个计算公式，对应 soDLA 里 spec/projects.scala 的第 86～91 行，这是一个粗略地计算深度的公式。

```
val NVDLA_VMOD_CDP_PDMA_LATENCY_FIFO_DEPTH = max(4,ceil(NVDLA_PRIMARY_MEMIF_
LATENCY*NVDLA_VMOD_CDP_RDMA_OUTPUT_THROUGHPUT_USE/
(NVDLA_MEMIF_WIDTH/NVDLA_BPE))).toInt
```

RDMA 分为两种，RDMA 直接接入计算单元，或者 RDMA 先接入缓冲区再接入计算单元。前者对应卷积的情况，后者对应池化或者激活。

WDMA（Write Direct Memory Access，写直接内存访问）是指指令和数据分两路写回，这样做是为了提升写回效率。卷积的写回路径是 SDP（Single Data Point Processor，单数据点处理器）模块的 WDMA。

9.2.3　Retiming 模块和 pipe 模块

图 9.3 所示为 Retiming 模块和 pipe 模块的总体框图。

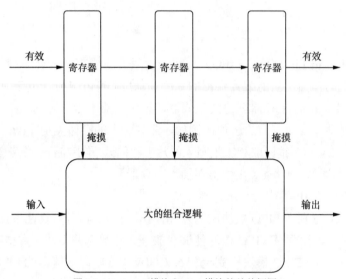

图 9.3　Retiming 模块和 pipe 模块的总体框图

Retiming 模块常用于插入大的组合逻辑部分（在 NVIDIA 深度学习加速器里是 CMAC），将一整个计算逻辑的部分分割为若干延迟，减少一个时钟周期，分为 rt_in、rt、和 rt_out 这 3 个部分。rt_in 的作用是等待前置的顺序处理器将运算前的结果提供给计算单元，rt 的作用是将计算单元的运算时间分为若干个，rt_out 的作用是允许多个时钟将运算后的结果提供给后置部分。

Retiming 模块在本质上属于附加在计算单元的部分，从物理实现的角度来讲，是伴随着计算单元一起实现的，所以这部分是不适合用 FIFO 模块来替代的。

pipe 模块用来修正不合理的时序。在出现不合理的时序的时候，在寄存器传输级（Register Transfer Level，PTL）代码中插入 pipe 模块。

Retiming 模块和 pipe 模块都可以通过插入寄存器获得更好的时序。

9.2.4　CSC 和 CMAC 模块

CSC（Convolution Sequential Control）模块是顺序生成器，CMAC（Convolutional Multiply and Accumulate）模块是实现一轮原子操作的硬件单元。顺序生成器读取 RDMA 的数据，生成正确的顺序，传递给 CMAC。CMAC 将计算好的数据传递给 WDMA。

配置空间总线（Configuration Space Bus，CSB）的控制方式如图 9.4 所示。每个参数存在一个相应的地址，CPU 看到的是参数的地址，并且可以修改分散的数据处理器的参数值。

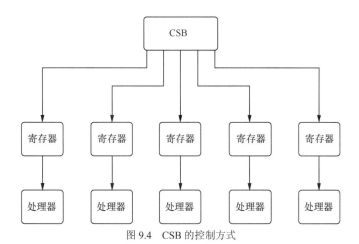

图 9.4 CSB 的控制方式

CSB 的写入方式参见 nvdla.c 和 nvdla.h。NVIDIA 深度学习加速器在 RISC-V CPU 中的示例驱动文件如图 9.5 所示。

```
#include <stdint.h>

#include "nvdla.h"
#include "mmio.h"
#include <riscv-pk/encoding.h>

#define NVDLA_BASE 0x10040000
#define reg_write(addr,val) reg_write32(NVDLA_BASE+addr,val)
#define reg_read(addr) reg_read32(NVDLA_BASE+addr)

int main(void)
{
    //----------## Layer:CDP_0: cross layer dependency, begin----------
    //----------## Layer:CDP_0: cross layer dependency, end----------
    //----------## Layer:CDP_0: set producer pointer, begin----------
    reg_write(CDP_S_POINTER_0, 0);
    reg_write(CDP_RDMA_S_POINTER_0, 0);
    //----------## Layer:CDP_0: set producer pointer, end----------
    //----------## Layer:CDP_0: LUT programming, begin----------
    reg_write(CDP_S_LUT_ACCESS_CFG_0, 0x30000);
    reg_write(CDP_S_LUT_ACCESS_DATA_0, 0x0);
    reg_write(CDP_S_LUT_ACCESS_DATA_0, 0x1);
    reg_write(CDP_S_LUT_ACCESS_DATA_0, 0x2);
    reg_write(CDP_S_LUT_ACCESS_DATA_0, 0x3);
    reg_write(CDP_S_LUT_ACCESS_DATA_0, 0x4);
    reg_write(CDP_S_LUT_ACCESS_DATA_0, 0x5);
    reg_write(CDP_S_LUT_ACCESS_DATA_0, 0x6);
```

图 9.5 示例驱动文件

reg_write()用于写入寄存器，这个例子展示了如何配置 CDP（Cross-channel Data Processor，跨通道数据处理器）模块的查找表。reg_read()用于读出寄存器，读出寄存器的常见情况是需要观察输入在查找表中是否击中。除 reg_write()和 reg_read()以外，还以 op_enable 作为使能信号。

以上介绍了一个加速器的基本模块、控制路径（CSB 和寄存器）、数据路径（DMA 和计算单元）。但是还有很多的细节，例如，op_enable 信号是如何关闭不使用的模块的，乒乓寄存器是如何配置的，建议读者查看 soDLA 的源代码。下面会介绍如何根据 soDLA 对应一个新的算子，设计一个新的算法加速器（可能需要几个月）。

9.2.5　DMA 类型的选择

soDLA 默认使用 AXI4 总线协议传输，在数据读取量大的情况下，选择 RDMA 与缓冲区，或者选择直接 RDMA。前者需要配置 RDMA、状态机、读取顺序（在 soDLA 中以 CDMA 作为模板进行设计），后者较直接，仅需配置 RDMA（在 soDLA 中以 PDP（Planar Data Processor，平面数据处理器）的 RDMA 作为模板进行设计）即可。

顺序控制器和后置的计算单元的设计可以使用 HLS（High Level Synthesis，高层次综合）或直接写 Chisel 实现。Chisel 的硬件算术单元有 berkeley hardfloat，可以直接使用，hardfloat 的数据格式和传统的 IEEE 格式稍有不同。HLS 可以使用商用设计工具（例如 Cadence 的 stratus、Mentor 的 catapult）实现，也可以使用开源的工具实现。HLS 在流水线和解除循环的部分比直接编写 RTL 更方便，RTL 可以作为参考模型，与 RTL 模型进行对比，确认结果无异后，在 RTL 模型上进行优化。

CSB 的配置可以直接使用 soDLA 作为模板。

以 soDLA 的 cora 为例。cora 拓展是按照上述思考过程，针对无人驾驶常用算子进行设计的闭源硬件加速器，它是 soDLA 的拓展。拓展一共分为 3 类，分别是控制类、定位类和路径规划类。

- ❑　控制类：直接配置 RDMA，在顺序控制器里控制计算单元的输送，交还给 WDMA。
- ❑　定位类：直接配置 RDMA，在计算单元外部拓展更多类型运算，通过顺序控制器控制，交还 WDMA。
- ❑　路径规划类：配置 RDMA 与缓冲区，顺序控制器控制计算单元，交还给 WDMA。

9.3　Intel 神经网络异构加速芯片

随着人工智能的发展，神经网络计算这类要求极高性能的计算负载成了异构计算典型的应用之地。在 2019 年的 Hot Chips 大会中，不仅 Intel、NVIDIA、AMD、Xilinx 等公司纷纷展示该技术，不少初创企业也展示了该技术。

在 2019 年的 Hot Chips 中，Intel 分别展出了两款 AI 芯片，用于神经网络（neural network）

推理（inference）加速的 Spring Hill（NNP-I 1000）及用于神经网络训练（training）加速的 Spring Crest（NNP-T 1000）。目前，这两款芯片是 Intel AIPG 首批对外公布的 AI 芯片。其中，Spring Hill 于 2019 年 5 月正式对外宣布，已于 2019 年年底投入生产。

本节将会介绍其中的神经网络推理加速芯片——Spring Hill。

与通用 CPU 和通用 GPU 不同，Spring Hill 是一块面向数据中心的高能效神经网络推理专用加速芯片，它可以大幅度缩短神经网络的延时（latency），增大吞吐量（throughput），降低能耗。

9.3.1 Spring Hill 硬件架构

Spring Hill 使用 Intel 10nm 工艺制造，芯片设计上使用已有的 Ice Lake SoC 架构，集成了高效电源管理模块，并在其上扩展神经网络运算加速模块。

Spring Hill 的目标定位是一款兼具高性能、高可扩展性的神经网络推理加速芯片，其主要应用场景为数据中心，可以应对大多数来自数据中心的神经网络推理负载，如图 9.6 所示。

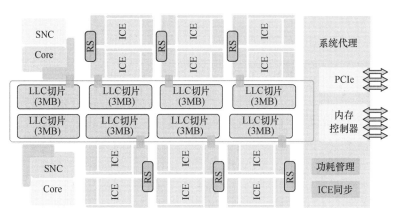

图 9.6　Spring Hill 芯片的硬件架构

为了在硬件上保证芯片具备高扩展性及高可编程性，Spring Hill 芯片内部包含了两个通用 Intel IA Core（支持 AVX 和 VNNI 指令），12 个可编程推理计算引擎（Inference Compute Engine，ICE）。在内存方面，其配置了 24MB 逻辑链路控制（Logical Link Control，LLC）内存，用于在 IA 和 ICE 间共享数据。此外，通过 DDR I/O 控制器，Spring Hill 芯片最高可搭载 128GB DRAM（4×32GB 或 2×64GB）。同时，为了提高 I/O 效率，Spring Hill 芯片内部还集成了支持专为深度学习定制的 DMA 存储器，支持稀疏网络权重的压缩和解压缩。最后，在电气连接上，Spring Hill 芯片与主机通过 PCI-E 连接。

下面介绍 Spring Hill 芯片上的硬件资源。

- ❑ 计算单元包括如下部分。
  - 两个 Intel IA Core。
  - 12 个 ICE。
  - 定制的 DMA 存储器。
  - Tensilica Vision P6 DSP。
- ❑ 存储单元包括如下部分。
  - 2MB 紧耦合存储器（L1 缓存）。
  - 48MB 深度 SRAM（L2 缓存）。
  - 24MB LLC（Last Level Cache，最后一次缓存），作为 L3 缓存。
  - 32GB DRAM（内存）。
- ❑ 接口形式包括如下几种。
  - PCIe。
  - M.2 接口。
  - 企业与数据中心存储专用接口。

9.3.2　推理计算引擎 ICE

Spring Hill 芯片在设计上使用了 Ice Lake SoC 的架构，并在其上扩展了 ASIC。本节将进一步介绍其上扩展的 ASIC。

ASIC 在异构计算加速芯片中十分常见，芯片设计厂商通常在异构硬件上使用 ASIC 实现某些应用专用的算法逻辑。例如，在神经网络计算中常见的乘累加（Multiply Accumulate，MAC）运算（如卷积及矩阵乘法）大多使用 ASIC 实现。

Spring Hill 芯片的推理计算引擎（Inference Compute Engine，ICE）内部同样使用 ASIC 来加速 MAC 运算，但与一般 ASIC 不同，ICE 在内部集成了可编程 DSP 来权衡性能和扩展性。ICE 的架构如图 9.7 所示。

在 Spring Hill 芯片内，每个 ICE 都是可以独立处理推理负载的计算单元，这也意味着 Spring Hill 芯片在 ICE 的利用上，具有极高的可并发性。

ICE 内部有以下 4 个主要组成部分。

- ❑ 1 个深度学习（Deep Learning，DL）计算网络（ASIC）。
- ❑ 1 个可编程矢量处理器。
- ❑ 256KB 高带宽紧耦合存储器。
- ❑ 4MB 的本地 SRAM。

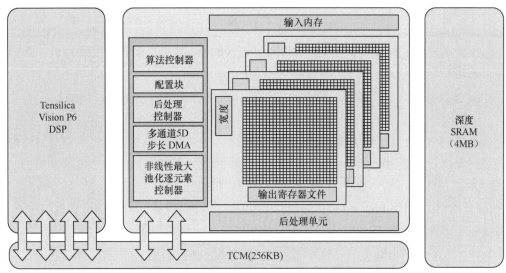

图 9.7 ICE 的架构

9.3.3 DL 计算网络

DL 计算网络为 ICE 提供了十分强大的算力。图 9.8 所示为 DL 计算网络的内部架构。

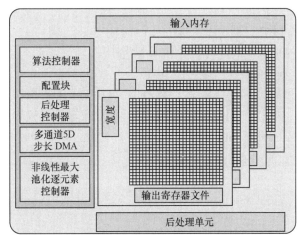

图 9.8 DL 计算网络的内部架构

DL 计算网络被设计成大 4D 结构来提供 4 种形式的并行，如进行卷积运算（NCHW 格式输入）时，可以提供以下并行。

- ❑ 每批并行。
- ❑ 每通道并行。

    ❑　　每高度并行。

    ❑　　每宽度并行。

DL 计算网络被组织成一个 32×32×4 的 4D 网络结构。其中，每个单元都可以在单个周期（cycle）内执行一次 MAC 运算。这意味一个 DL 计算网络在一个周期内，可以执行 4000 多次 MAC 运算（Int8 类型）。DL 计算网络支持的运算数据宽度包括 FP16、Int8、4 位、2 位、1 位。

当 DL 计算网络执行算法控制器配置的算法时，输入数据并不需要在计算网络中来回搬运，而通过数据广播的方式在整个计算网络中共享，每层计算网络内也通过数据窗口的左移和右移最大化共用数据，减少数据读取的次数。当然，根据模型的做法这并非一成不变。这类策略是在编译模型的时候由 Spring Hill 的配套软件栈中的图编译器（graph compiler）决定的，编译器会根据模型将其转换成最符合硬件布局的形式，从而实现最佳性能。

DL 计算网络内部集成了一个后处理单元（post-processing unit）作为硬件加强器，其主要目的是支持非线性激活算子（例如 ReLU/Sigmoid）、池化（例如 MaxPooling/）及 Element-Wise（Element-Add）算子。

DL 计算网络的行为是若干控制器决定的，而控制器采取的策略是在图编译阶段决定的，这也意味着模型编译完成之后，对于执行性能的评估并不需要在实际硬件上进行，而可以通过硬件模拟器实现。

DL 计算网络内的存储配置如下（可理解为寄存器）。

    ❑　Weights Buffer Size：1546KB。

    ❑　Input Feature Maps (IFMs) Buffer Size：384KB。

    ❑　Output Feature Maps (OFMs) Buffer Size：3072KB。

因此，对 DL 计算网络而言，当算子（卷积或矩阵乘法）的权重的数据小于 1.5MB，输入的数据小于 384KB 时，DL 计算网络可以避免从外部加载输入和权重，其性能将最大化。以 1.5MB 的权重存储为例，当执行 Int8 类型的模型图时，其可以容纳 196 608 个 Int8 类型的数值，这个数字可以满足大多数算子的需求。

9.3.4　矢量处理器

为了获得更高的灵活性，每个 ICE 内部都集成一个的矢量处理器——定制的 Tensilica Vision P6 DSP。配置 DSP 的目的是为 ICE 提供 DL 计算网络不支持的操作的可编程扩展性。

Tensilica Vision P6 DSP 有两个 512 位的矢量加载端口，5 个支持超长指令字（Very Long Instruction Word，VLIW）的 512 位矢量处理器，并搭载了 Scatter Gather Engine。运算支持的数据类型有 Int8、Int16、Int32 及 FP16。Intel 已经为 DSP 定制了一套额外的自定义指令，以加速开发人员在推理模型中可能遇到的各种神经网络模型和各种其他操作。

DSP 和 DL 计算网络之间不仅共享本地存储（深度 SRAM），还通过 256KB TCM 彼此紧密连接。DSP 和 DL 计算网络之间拥有一条全双工双向流水线，数据的同步和通信均由硬件实现。

9.3.5 内存架构

Sprill Hill 的内存架构可分为 3 个层级。按读写带宽从高到低排序，分别如下。

❏ Tightly-Coupled Memory (TCM)。
  - 容量：每个 ICE 的容量为 256KB，芯片内有 12 个 ICE，共 3MB。
  - 带宽：68TB/s。
❏ Deep SRAM。
  - 每个 ICE 的容量为 4MB，芯片内有 12 个 ICE，总计 48MB。
  - 带宽：6.8TB/s。
❏ LLC。
  - 每个分区的容量为 3MB，芯片内共有 12 个 ICE，共有 24MB。
  - 带宽：680GB/s。
❏ DRAM。
  - 容量：32GB。
  - 带宽：67.2GB/s。

9.3.6 负载灵活及可扩展性

目前，AI 算法模型（model）大多基于算子（Operator，OP）实现的模型图（graph）。随着 AI 算法模型不断推陈出新，OP 也越来越多，越来越复杂，但硬件对于 OP 的直接支持无法在短时间更新，因此便要求加速卡具备一定的可扩展性和可变成性。

在 Spring Hill 上，Intel IA Core 和 ICE 均可编程，从而可以在不牺牲性能及能效的前提下，实现高可扩展性。

9.3.7 神经网络推理计算优化

神经网络推理指的是神经网络的前向传播部分，神经网络在训练中还包括后向传播部分。在利用神经网络解决某个具体任务时，一般需要经过如下步骤。

（1）分析任务，设计大致网络结构。

（2）初始化模型，根据训练效果调整模型结构及参数。

（3）保存神经网络进行推理。

神经网络经过训练，达到具体任务要求的精度后，模型结构一般并不适合直接进行推理计算。这是因为在训练过程中，网络参数还需要不断更新。但在推理时，网络参数已经固定，因此，网络原本为了网络参数更新的部分便不再需要了。

此外，一般网络训练和网络推理对硬件计算力的需求并不一致。例如，训练时批一般会更大，以此来提升训练效果，但推理时，则更关注延时。

这种对于计算力需求的不一致，经常会导致网络训练和网络推理在不同的计算硬件上进行。例如，一般大规模训练目前还主要使用 GPU 集群，但在推理时，则会存在多种选择，如 GPU、CPU、NPU、FPGA 等。

针对不同的硬件，有不同的神经网络推理优化，根据是否是硬件相关的，神经网络优化可分为以下两种。

- 通用神经网络优化。
- 硬件相关神经网络优化。

下面分别介绍这两类优化。

9.3.8 通用神经网络优化

通用神经网络优化一般是指对神经网络模型进行等价的图优化，所采用的优化手段并不假设神经网络将会在何种硬件上运行。常见的优化手段如下。

- 最小图优化。神经网络模型的拓扑结构一般可以表示为一个有向无环图（Directed Acyclic Graph，DAG），神经网络模型的计算可以理解为从某一组顶点到另一组顶点的遍历过程。一般而言，一个完整的神经网络包括前向传播部分和后向传播部分。由于推理时只需要用到网络的前向传播部分，因此将神经网络的输入节点指定为 DAG 遍历的节点，将神经网络中前向传播的节点指定为 DAG 遍历的终点。根据输入、输出的最短遍历路径，就可以找出网络推理中的最小图。最小图一般使用的优化手段是死码消除（Dead Code Eliminate，DCE）。DCE 是一种编译器原理中编译最优化技术，它的用途是移除对程序运行结果没有任何影响的代码。在神经网络场景下，从输出顶点往输入顶点回溯，没有遍历到的顶点和边都可以标记为死表达式。

- 常量化。常量化是神经网络模型推理中常用的方法。常量化一般是指在推理时，神经网络中部分运算节点的运算结果和模型输入不相关，输出的结果是一个不变化的常量。因此，用事先计算好的常量替换这部分运算节点，达到减少计算量的目的。

- CSE。公共子表达式消除（Common Subexpression Eliminate，CSE）在神经网络优化中也较常用，一般用于把若干分支中都出现的重复计算简化为共用的表达式，从而达到减少计算量的目的。

用数学公式可以表示为如下形式（公式中的 *a*、*b*、*c*、*d*、*r* 代表一个向量或一个矩阵）。

优化前，$r = (a+b) c + (a + b) d$。

优化后，$r = (a+b)(c + d)$。

9.3.9　与硬件相关的神经网络优化

与硬件相关的神经网络优化一般是指对神经网络模型进行一些针对某个具体硬件的优化。因此，所采用的优化手段要依赖具体的硬件，如硬件是否支持某种操作，某内存布局对于该种硬件是否最佳。本节介绍几种优化方式。

内存布局调整是指调整神经网络模型计算中数据维度的排列。以图像处理模型为例，模型输入的常见格式有 NCHW、NHWC。由于对不同硬件的计算采取的并行方式不一样，因此不同硬件上最佳的内存布局也不尽相同，例如，GPU 更偏向 NCHW，而 CPU 则更偏向 NHWC。为目标硬件选择合适的内存布局可以大大提高硬件的计算效率。

算子融合是目前神经网络模型优化中最重要的优化手段之一。算子融合一般是指将多个可以一起计算的算子合并为一个特殊算子，在 GPU 上可以减少内核启动的次数，在 CPU 上可以减少函数调用的次数。

常见的算子融合组合有 Conv+BN+ReLU、FullyConnect + Add +ReLU 等。当然，各个硬件厂商会开发更多针对其硬件的融合算子，如 NV GPU 的 Faster Transformer。

神经网络的量化是指将原先在单精度浮点数上表达的权重和输入映射到整数（integer）。量化的优势有两个方面。

❑　减少网络参数所需的内存。一个单精度浮点数有 3 位，占 4 字节，而一个 Int8 类型的整数有 8 位，占 1 字节，因此量化可以大大降低网络参数所占用的内存空间。

❑　加快网络的计算效率。一般浮点数的计算所需要的时钟周期高于整数计算所需的时钟周期。此外，浮点数运算一般需要用到浮点计算单元，所需功耗也会增加。

量化依赖具体硬件是否支持某位的加速运算（如 Int4、Int8、Int16 等），因此，并非所有硬件都可以使用量化加速。此外，量化加速是有损加速，浮点数在映射为整数时会降低精度，因此量化在一些对于模型指标十分敏感的场景下并不合适。

9.4　SystemC 框架

SystemC 是一门 EDA（Electronic Design Automation，电子设计自动化）语言，由 Accellera 组织（由 EDA 公司组成的联盟组织，专门制定一些行业标准）推出，现今也成为 IEEE 标准，即 IEEE Std 1666。严格来说，SystemC 并不是一门语言，而是一套 C++库。

SystemC 可以用来编写 RTL，即可综合的 SystemC，但未能推广开，目前业界还习惯使用 Verilog 或者 SystemVerilog 等语言来编写 RTL。SystemC 通常使用不可综合的代码，主要用于建模、体系结构研究、芯片架构评估、芯片验证等。与 Verilog 等编写的 RTL 的代码不同，SystemC 一般编写的是基于事务级传输（Transaction Level Modeling，TLM）的代码，是一个更高级别的抽象，可以类比开放系统互连（Open System Interconnection，OSI）分层结构。

9.4.1　SystemC 的用途

通常在芯片架构阶段，会使用 SystemC 来验证架构的可行性，评估架构的性能等指标。架构的评估可能是模块级别、IP 级别甚至系统级别的。现在，很多开源和商业的 SystemC 库（例如 soclib、ARM Fastmodel）可用于系统级别的建模。

此外，在芯片验证领域，SystemC 常常用来编写模块的参考模型（reference model）。芯片验证流程如图 9.9 所示。把测试激励（stimulus）同时灌入 RTL 和参考模型，采集 RTL 和参考模型的输出，而后送到记分板（scoreboard）中的比较器并进行比较。通常，RTL 和参考模型由不同的人根据相同的规范编写，这样可以避免同一个人对规范的理解存在偏差。

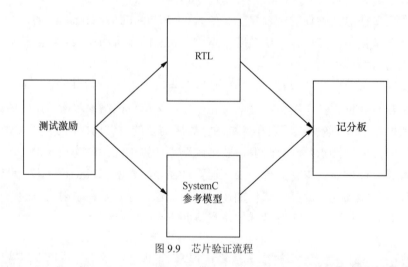

图 9.9　芯片验证流程

现在芯片行业中一个比较流行的概念叫作虚拟原型验证（virtual prototyping），即使用各个 IP 的 SystemC 的模型搭建一个完整的 SoC，在 RTL 还没准备好的时候就开始软件的开发，这样就可以让验证和软件开发在整个周期内向左移，极大地缩短芯片的开发周期，加快产品上市流程。常用的虚拟原型验证方案有 Synopsys 公司的 Virtualizer，开源的 QEMU、Gem5 等，例如 NVIDIA 开源的 NVDLA 项目就使用 QEMU+SystemC 实现虚拟原型验证。

此外，在硬件加速器（emulator）中，现在 SystemC 也应用得比较广泛，主要用于实现混合（hybrid）方案。所谓混合指不仅用 SystemC 这种纯粹软件的模型，还用 Verilog 编写 RTL 代码并运行在硬件加速器中。在 IP 开发中，如果没有混合方法，要进行系统验证，就需要搭建一个真实的 SoC，将其放到硬件加速器中并进行测试。然而，除这个 IP 之外，其他的 IP（如 CPU 等）其实不是验证的重点，需要验证的只是它们能发出相应的激励，可以使用 SystemC 的模型将它们代替。虚拟系统（Virtual System，VS）是 SystemC 模型的纯软件，它运行在 PC 上时，系统根据需求可以运行在裸金属架构上，如图 9.10 所示。硬件系统（Hardware System，HS）则是编译、综合之后运行在硬件加速器上的 RTL 代码。纯软件系统的执行速度很快，几秒就可以运行一个操作系统。如果整个 SoC 都是 RTL 代码编写的，就算在硬件加速器上运行，启动一个操作系统也要数小时甚至几天。因此混合方案的加速效果非常好。

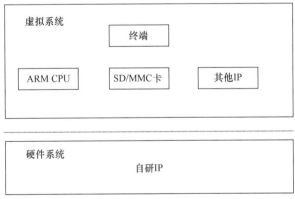

图 9.10　虚拟验证方案

9.4.2　SystemC 环境搭建

SystemC 在 EDA 业界用得比较多，各大 EDA 公司的仿真工具（如 Sysnopsys 的 VCS、Cadence 的 Xcelium、Mentor 的 Questasim）都支持编译 SystemC。但 SystemC 本质上就是一套 C++库，用 GCC 就可以编译和运行，这或许是各大 EDA 公司对于 SystemC 的推广不那么积极的原因之一。

下面采用 GCC 在 Ubuntu 系统上安装 SystemC 库。

```
$ wget http://www.accellera.org/images/downloads/standards/systemc/systemc-2.3.3.tar.gz
$ tar -xzvf systemc-2.3.3.tar.gz
$ cd systemc-2.3.3
```

```
$ sudo mkdir -p /usr/local/systemc-2.3.3/
$ mkdir objdir
$ cd objdir
$ ../configure --prefix=/usr/local/systemc-2.3.3
$ make
$ sudo make install
```

9.4.3　一个简单的 SystemC 例子

本节结合一个开源的 SystemC 例子进行说明，详细代码参见 EDA Playground 网站。EDA Playgroud 是一个非常好的网站，如果不想自己搭建 EDA 环境，可以在该网站查找现成的 EDA 工具。上面有各大 EDA 公司的仿真和综合工具，可以免费使用。

设计文件 design.cpp 的代码如下所示，这里设计了一个简单的 4 位计数器。3 个输入分别是 clock、reset（高电平有效）、enable（使能），输出为 4 位的计数器。SC_MODULE 类似于 Verilog 中的 module 语句，是一个模块。SC_CTOR() 是模块的构造函数。SC_METHOD 类似于 Verilog 中的 always 语句，sensitive 语句向它传递了所需的敏感信号列表。

```
//-------------------------------------------------
// 实现一个 4 位计数器，同步高电平复位，高电平使能
//-------------------------------------------------
#include "systemc.h"

SC_MODULE (first_counter) {
  sc_in_clk      clock ;              // 设计时钟输入
  sc_in<bool>    reset ;              // 高电平有效，同步复位信号
  sc_in<bool>    enable;              // 高电平有效，同步使能信号
  sc_out<sc_uint<4> > counter_out;   // 4 位计数器的输出

  //------------内部变量定义----------------------
  sc_uint<4>     count;

  //这个函数实现计数器逻辑
  void incr_count () {
    // 每次在时钟上升沿，检测复位信号是否有效
// 若有效，加载复位值 4'b0000 到计数器的输出
    if (reset.read() == 1) {
      count =  0;
      counter_out.write(count);
// 如果 enable 有效，增加计数值
    } else if (enable.read() == 1) {
      count = count + 1;
      counter_out.write(count);
```

```
            cout<<"@" << sc_time_stamp() <<" :: Incremented Counter "
               <<counter_out.read()<<endl;
        }
    } // incr_count()函数结束


    // 计数器构造函数
    // 由于计数器在时钟上升沿采样,因此这个模块使用时钟的上升沿作为敏感列表
    // 同理,使用复位信号电平作为敏感列表
    SC_CTOR(first_counter) {
        cout<<"Executing new"<<endl;
        SC_METHOD(incr_count);
        sensitive << reset;
        sensitive << clock.pos();
    } // 构造函数结束

}; // 计数器模块结束
```

验证文件 testbench.cpp 的代码如下所示,sc_main()是整个 SystemC 的主函数,类似于 C++中的 main()函数。与 sc_trace 相关的语句用于采集信号,导出波形,这里的波形类型为 VCD 文件,可以通过 gtkwave 查看。

```
//-----------------------------------------------------
// 寄存器模块测试激励 ---------------->
//-----------------------------------------------------
#include "systemc.h"
#include "design.cpp"

int sc_main (int argc, char* argv[]) {
    sc_signal<bool>    clock;
    sc_signal<bool>    reset;
    sc_signal<bool>    enable;
    sc_signal<sc_uint<4> > counter_out;
    int i = 0;
    // 连接 DUT
    first_counter counter("COUNTER");
    counter.clock(clock);
    counter.reset(reset);
    counter.enable(enable);
    counter.counter_out(counter_out);

    sc_start(1, SC_NS);

    // 打开 VCD 波形文件
    sc_trace_file *wf = sc_create_vcd_trace_file("counter");
```

```
sc_trace(wf, clock, "clock");
sc_trace(wf, reset, "reset");
sc_trace(wf, enable, "enable");
sc_trace(wf, counter_out, "count");

// 初始化变量
reset = 0;
enable = 0;
for (i=0;i<5;i++) {
  clock = 0;
  sc_start(1, SC_NS);
  clock = 1;
  sc_start(1, SC_NS);
}
reset = 1;    // 复位
cout << "@" << sc_time_stamp() <<" Asserting reset\n" << endl;
for (i=0;i<10;i++) {
  clock = 0;
  sc_start(1, SC_NS);
  clock = 1;
  sc_start(1, SC_NS);
}
reset = 0;    // 移除复位
cout << "@" << sc_time_stamp() <<" De-Asserting reset\n" << endl;
for (i=0;i<5;i++) {
  clock = 0;
  sc_start(1, SC_NS);
  clock = 1;
  sc_start(1, SC_NS);
}
cout << "@" << sc_time_stamp() <<" Asserting Enable\n" << endl;
enable = 1;
for (i=0;i<20;i++) {
  clock = 0;
  sc_start(1, SC_NS);
  clock = 1;
  sc_start(1, SC_NS);
}
cout << "@" << sc_time_stamp() <<" De-Asserting Enable\n" << endl;
enable = 0;

cout << "@" << sc_time_stamp() <<" Terminating simulation\n" << endl;
sc_close_vcd_trace_file(wf);
```

```
  return 0;// 结束仿真


}
```

我们可以在 EDA Playground 网站上运行该示例，也可以在本地编译、运行该示例，这需要指定头文件 system.h 的路径及 SystemC 库文件的路径。

```
g++  design.cpp testbench.cpp  -I/usr/local/systemc-2.3.3/include -L/usr/local/systemc-
2.3.3/lib-linux64 -lsystemc  -o sim
```

运行结果如下。

```
[2021-06-17 00:15:25 EDT] g++ -o sim -lsystemc *.cpp  && echo "Compile done. Starting
run..." && ./sim
Compile done. Starting run...


        SystemC 2.3.3-Accellera --- Sep 21 2020 10:55:34
        Copyright (c) 1996-2018 by all Contributors,
        ALL RIGHTS RESERVED
Executing new

Info: (I702) default timescale unit used for tracing: 1 ps (counter.vcd)
@11 ns Asserting reset

@31 ns De-Asserting reset

@41 ns Asserting Enable

@42 ns :: Incremented Counter 0
@44 ns :: Incremented Counter 1
@46 ns :: Incremented Counter 2
@48 ns :: Incremented Counter 3
@50 ns :: Incremented Counter 4
@52 ns :: Incremented Counter 5
@54 ns :: Incremented Counter 6
@56 ns :: Incremented Counter 7
@58 ns :: Incremented Counter 8
@60 ns :: Incremented Counter 9
@62 ns :: Incremented Counter 10
@64 ns :: Incremented Counter 11
@66 ns :: Incremented Counter 12
@68 ns :: Incremented Counter 13
@70 ns :: Incremented Counter 14
@72 ns :: Incremented Counter 15
@74 ns :: Incremented Counter 0
@76 ns :: Incremented Counter 1
```

```
@78 ns :: Incremented Counter 2
@80 ns :: Incremented Counter 3
@81 ns De-Asserting Enable

@81 ns Terminating simulation
```